高 等 学 校 教 材

设计心理学

第二版

任立生　编著

化学工业出版社

· 北京 ·

《设计心理学》（第二版）是在 2005 年 8 月第一版的基础上，经过教学实践的应用与验证而修订的。

　　为了使教学更加顺畅，更加符合学习的心理进程，第二版教材将原来的两部分内容调整为三部分。第一部分（第 1～4 章）为心理学概述，系统介绍了人的感觉、知觉、观察、记忆、思维、想象等认知的心理过程；注意品质、意志行为、情感反映等心理状态；动机、需要、兴趣、气质、性格等个性心理。第二部分（第 5～7 章）是以设计心理为主要内容，在探索设计心理的认识过程、实施过程与更新过程中，介绍了设计心理活动的特征与规律。第三部分（第 8～14 章）介绍了设计中的创造与审美、艺术与文化、消费与营销及心理学实验等相关学科的联系与融合，设计心理活动的全面发展与日臻完美，力求创造一门指导设计实践的心理学的分支科学。

　　本书可作为高等院校工业设计、艺术设计等相关设计专业基础课的教材，或心理学专业的分支教材，也可作为指导设计与开发及鉴赏设计成果的心理学参考书。

图书在版编目（CIP）数据

设计心理学/任立生编著.—2 版.—北京：化学工业
出版社，2011.1（2017.1 重印）
高等学校教材
ISBN 978-7-122-06745-6

Ⅰ.设… Ⅱ.任… Ⅲ.工业-设计科学-应用心理学-高等学校-教材 Ⅳ.TB47-05

中国版本图书馆 CIP 数据核字（2009）第 176301 号

责任编辑：潘新文　　　　　　　　　　装帧设计：刘娅婷
责任校对：吴　静

出版发行：化学工业出版社（北京市东城区青年湖南街 13 号　邮政编码 100011）
印　　刷：北京永鑫印刷有限责任公司
装　　订：三河市宇新装订厂
787mm×1092mm　1/16　印张 14½　字数 289 千字　2017 年 1 月北京第 2 版第 3 次印刷

购书咨询：010-64518888（传真：010-64519686）　　售后服务：010-64518899
网　　址：http://www.cip.com.cn
凡购买本书，如有缺损质量问题,本社销售中心负责调换。

定　　价：33.00 元　　　　　　　　　　　　　　　　版权所有　违者必究

序

化学是研究物质的变化和规律的一门学科。设计是研究形态或样式的变化和规律的一门学科。一个是研究物质，包括从采掘和利用天然物质到人工创造和合成的化学物质；一个是研究非物质，包括功能和形态的生成，变化及其感受。有物质才有非物质，有物才有形，有形就有状，物作用于人的肉体，形作用于人的心灵。前者解决生存问题，实现人的生存价值；后者解决享受问题，实现人的享受价值。一句话，随着时代的进步，为人类不断创造一个和谐、美好的生活方式。

其实，人人都是设计师，人们都在自觉或不自觉地运用设计，在创造或改进周边的一切事与物，并作出判断和决定。设计是解决人与自然，人与社会，人与自身之间的种种矛盾，达到更高的探索、追求和创造。通过设计带给人们生活的意义和快乐。尤其在当今价值共存、多样化的时代下，设计可以使"形"获得更多的自由度，使物从"硬件"转变成与生活者心息相通的"软件"，这就是"从人的需要出发，又回归于人"的设计哲理。有人说设计就是梦，梦才是设计的原动力。人类的未来就是梦的未来。通过设计可以使人的梦想成真，可以实现以地球、生命、历史、人类的智慧为依据的对未来的想象。

化学工业出版社《工业设计》教材编写委员会成立于2002年10月。一开始就得到各有关院校的热情支持和积极参与。大家一致认为，无论是"由技入道"还是"由理入道"设计教育的目的都是让学生"懂"设计，而不只是"会"设计。大家提交的选题，许多都是自己多年设计教学实践的经验、总结和升华，是非常难能可贵的。已出版的书在社会上和设计教育界引起广泛的关注，并获得专家的好评和被大多数院校选用，认为这套书起点高、观念新、针对性强、可操作性高。经过编委会的讨论、交流、结合国内现有设计教材的现状，在第一批教材的基础上，又列选以下工业设计专业的教材或参考书准备陆续出版：

《设计与法规》(武汉理工大学陈汗青、万仞)；

《积累、选择、表达——德国现代设计教育方法研究与实践》(齐齐哈尔大学宗明明)；

《设计方法论》(深圳大学李亦文)；

《设计信息学》(昆明理工大学徐人平)；

《设计管理》(昆明理工大学徐人平)；

《设计美学》(上海大学张宪荣)；

《设计心理学》(长春工业大学任立生)；

《设计的视觉语言》(南京航空航天大学薛红艳)；

《设计表现技法》(福州大学林伟)；

《设计数学》(昆明理工大学徐人平)；

《设计与视觉法则》(上海大学张宪荣)；

《快速设计开发与快速成型技术》(昆明理工大学徐人平)；

《产品数字化设计技术及应用》(北京服装学院孙苏榕)；

《工业设计的创新与案例》(北京工商大学高楠)；

《产品形象设计》(桂林电子工业学院宁绍强)；

《标志设计》(兰州理工大学李奋强)；

《布言布语——服饰手工艺》(齐齐哈尔大学宗明明)

以上工业设计专业教材及参考书的出版力求反映教材的时代性、科学性与实用性，同时扩大了设计教材的品种及提高了教材的质量。最后，我代表编委会感谢化学工业出版社的大力支持和帮助，使这套系列教材能尽快地与广大读者见面。

《工业设计》教材编写委员会

主任 程能林

2004年7月5日

第二版前言

　　第二版《设计心理学》是在 2005 年 8 月出版的第一版教材的基础上进行的修订。修订的理由：一是通过教学实践体会到将教材的章节与部分内容调整到现在的状态，不但符合认知心理规律，而且教学更加顺畅；二是吸纳了使用本教材的老师与同学们提出的意见与建议；三是由于本教材使用量很大，应当修订，改进不尽之处。

　　修订中调整幅度较大的有两处：一是将原第 1 章普通心理学概述与原第 6 章设计与设计心理学合并成现在的第 1 章。这样，可以开门见山地介绍设计、心理学及设计心理学的概念；二是对原教材中的第 8、9、10、11 章进行重新撰写。

　　这样，第二版教材调整为三个部分：第一部分（第 1～4 章）有设计心理学概述；认知的心理过程；人的心理状态；人的个性心理。介绍了设计与心理学的基本概念与常识，是教材的理论基础；第二部分（第 5～7 章）有设计心理的认识过程；设计心理的付诸过程；设计心理的更新过程。介绍了设计中的心理活动规律，是理论基础指导下的设计实践的再现；第三部分（第 8～14 章）有设计的创造心理；设计的审美心理；设计的艺术意蕴；设计的文化旨归；面向消费的设计思考；面向营销的设计思考；设计心理学实验。介绍了设计心理活动所涉及的相关学科，是增强设计心理素质必需的修养。

　　修订后的教材仍将心理学的常识与设计活动相结合，并以亲历的设计与教学的实践现身说法，继续实现两个目标：一是探索心理学在设计领域形成的新的分支学科；二是促进心理学对设计活动的指导，使教师有所教，学生有所学。

　　这里，再次真诚地感谢化学工业出版社，程能林老师及领导下的编委会各位老师，是这个大家庭的温暖催生着这本教材的新绿。

　　同时，真诚地感谢使用这本教材的老师和同学们，并恳请教学设计与心理学界的行家，针对教材出现的不尽之处，给予批评指正。

编者
2010 年 11 月

第一版前言

　　《设计心理学》是为高等院校设计专业编写的基础课教材。编者总结了多年来设计与心理学课程的教学体会，参阅了心理学、美学、创造学等多种教材，总结编写而成。

　　作为设计专业基础理论课和入门课的教材，应用了普通心理学学科在科学上已定论的一般规律、基本理论和常识，对设计心理活动进行剖析与总结，实现心理学理论为指导的设计、使用与鉴赏心理活动的深化。

　　近百年来，普通心理学的学科发展日臻成熟，而且不断产生新的分支科学。普通心理学几乎涉及了人类活动的一切领域，因为每一个人、每一件事都必有心理活动。同样，人类的设计活动不但从未停止，反而日趋复杂，所以，从事设计的人，尤其是设计专业的学生，确实需要心理学的基础理论与基本常识的补充。

　　普通心理学走进了人类的设计活动，这样，心理学才真正成为人类活动舞台的主要角色，因为人世间万事皆由设计开始。

　　本教材共14章：第1章普通心理学概述，简介了人类的心理现象与普通心理学的概貌；第2章认知的心理过程，介绍了人的感觉、知觉、观察、记忆、思维、想象等；第3章人的心理状态，介绍了人的意识、注意、意志、情感等；第4章人的个性心理，介绍了人的需要、动机、兴趣、气质、性格等；第5章创造心理与创造能力；第6章设计与设计心理学；第7章美与设计审美；第8、9、10章介绍审美心理过程即认识、情感及意志过程；第11章设计的审美创造；第12章艺术美的审美创造；第13章面向消费与营销的设计思考；第14章设计心理学实验。

　　本教材将心理学的普通常识与设计活动相结合，力求实现两个目标：一是探索心理学在设计领域形成的新的分支科学，二是促进心理学对设计活动的理论指导。使教师有所教，学生有所学。

　　在本教材的编写过程中，始终得到程能林、孙苏榕、李亦文等老师的热忱指导与全力支持，在此，谨表衷心谢意。

　　由于编者能力所限，使得教材有许多不尽如人意之处，恳请心理学界与设计界的行家，特别是使用这本教材的老师与同学们给予批评指正。

编者

2005 年 5 月

目　录

第1章 设计心理学概述

- 设计
- 心理学
- 设计心理学

1.1　设 计

1.1.1　设计的概念

人们在日常生活和工作中，其实都在不知不觉地从事设计活动。比如：想做一只风筝，首先要想一想怎样牵动风筝逆风而升、平衡与对称的制作原理；构想或勾画风筝的形状、模样；再来选择材料，制作骨架，贴面料，点缀装饰；最后在放飞试验中，还要检查兜风、稳定、是否惹人喜爱等效果，进行调整和校正。又如，应幼儿园的阿姨之约，制作一批小座椅，制作前也要想一想孩子们身体幼小，活泼爱动的特点，揣摩座椅的结构与样式，画一幅图样，征得阿姨满意后，才能制作。这些事情虽小，但都是在制作之前，按照具体要求，事先想好制作的样式、步骤、方法或记在心里，或画在纸上。然后，一步一步制作。这些不为人们所意识的设计活动，如同说话走路一样自然，设计不单给人类增添生活的意义与快乐，而且遍及人类活动的各个角落。

按照中国《现代汉语词典》的定义："设计是在正式做某项工作之前，根据一定的目的要求，预先制定的方法、图样等。"《牛津词典》对设计的定义："头脑中的计划、方案、目的、观念等结论；按构想制定计划与目标，绘制图样，借以实施头脑中的计划与计谋。"

设计的两种解释，虽然出于不同地域不同国度，而且还有许多关于设计的解释，尽管视角或述说各异，但对设计的理解几近相同。

设计还有"意匠"的含义：如工业意匠，便是英语 Industrial design 的对译。指的是人类对工业化物质生产成果的一种能动的创造，也是人类在现代大工业条件下按照美的规律造型的一种创造活动。

远在中国的晋代，就已使用"意匠"一词。在唐代，杜甫在《丹青引》的诗中写有："诏谓将军拂绢素，意匠惨澹经营中"，意指费尽心思的构想。晋代陆机在《文赋》中写有："意司契为匠"。契指图案，匠为工匠，均有诗文或绘画等精心构思的意味。

设计之所以有"意匠"的含义，是由于人类在很长的历史时期内，设计活动与技艺创作是融为一体的，可称作是装在头脑中的设计，各种器具都是由意匠边琢磨边制作的。从 50 万年前的旧石器时代的石器工具、新石器时代的彩陶、商代的玉器、商代以前的刻纹白陶、四千年前奴隶社会的青铜器等等。时至今日，传统工艺中的玉雕、陶瓷、编织、漆器、金属工艺等仍在延续这种"意匠"的制作方式。

在音乐学院的教学科目中，都设置一门乐器的制作课程。比如，小提琴演奏专业的学生必须自己设计制作一把小提琴。设计制作乐器，是最典型的"意匠"行为活动：首先要按使用功能构想结构，绘制图样，按要求备料，用手工制作，还要经历定音，调音的检测等等。从 16 世纪意大利的安德烈亚·阿玛蒂家族制作第一把小提琴起至今的几百年时间里，音乐大师必须是制作乐器的手工艺大师。他们凭艺术的天赋与专业的造诣，不但能敏锐地品位乐器的音质，而且还能凭手工工艺进行高贵典雅的造型。可见，艺术大师们不但实践了艺术的物化，而且也成为现代设计中的一种审美创造活动。

今天，设计的触角虽然已经深入到人类活动的所有领域，而且分工越来越细微，但是，设计是造物活动的本质没有改变，只不过造物的苦思冥想的程度越来越艰难。这里，试将设计划分为工程设计、工艺美术设计与艺术创作等三大领域。

对于工程设计，可以做这样的理解：凡是以特定使用功能为设计目标进行使用功能、工作原理及结构关系的设计，都属于工程设计。由于要依靠自然科学的基础理论及科学研究成果，形成了专业系统理论知识，进行科学的、严谨的、思辨的逻辑思维，所以又叫作技术设计。

今天，工程设计的范围非常广阔，从大型工程开发、生产、制造业到日用轻工业，从一座水电站到一款小巧的手机的设计，都是为了实现一种功能的设计。

而工程设计中，最基础的设计应属工作母机的设计。工作母机是指有产生出其他工具设备的能力或作用的基础机械与设备：如车床、铣床、刨床、磨床、钻床，等等各种金属切削机床，又称冷加工机械；还有铸造、锻造、焊接等热加工的各种设备。可以说，工作母机的设计是工程设计中最典型、最有代表性的技术设计方式。

有了工作母机设计与制造的基础，才有工程各领域的设计与制造；如农业、林业、水利、地质、矿山、石油、交通、军工、航天等重工业系统的设计；以及粮油、食品、纺织、服装、家电等轻工业系统的设计。

工程设计的成果是物质产品，而且以实现一种使用功能为目标，所以传统的设计思想是以产品的功能结构愈先进，科技含量愈高愈好。但是，随着产品竞争的形式日趋激烈，对产品的文化价值及精神需求的日益高涨，迫使工程设计不得不深思设计活动中"意匠"的涵义，思考在现代大工业条件下按照美的规律，费尽心思的构想。

所以，现代工程设计不断借鉴与沿用工艺美术设计与艺术创作的方法，强化了意匠的设计思想。开始在产品的艺术造型、色彩与宜人性等方面像工艺美术家与艺术家那样进行艺术构想与创意。而且，除了设计工程图样外，还要绘制产品的外观图、制作产品的模型、策划产品的宣传与展示的视觉传达设计与环艺设计等等。工程设计与工艺美术设计及艺术创作联姻，实现了技术与艺术的结合。

　　如今，工程设计的物质产品，既有工程图样与技术文件，又有设计的外观图及模型，还有产品宣传的标志、广告用语、样本与展示文化，工程设计的物质产品不亚于一件工艺美术作品，如图 1-1 所示。

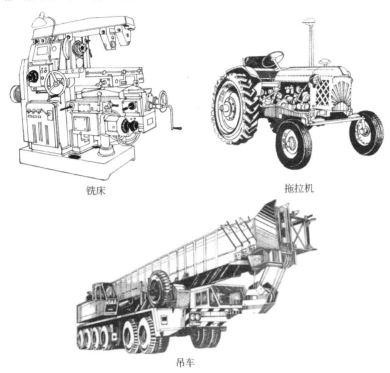

铣床　　　　　　　　　　　　　　拖拉机

吊车

图 1-1　工程设计

　　尤其建筑设计的外观图，本身是一幅美术作品，而服装设计的时装模特画，时装模特的表演，都很难界定是属于工程设计还是属于艺术创作，如图 1-2 所示。

故宫角楼　　　　　　　　　　　　模特画

图 1-2　建筑与服装设计

对于工艺美术设计，可以做这样的理解：凡是以视觉欣赏为设计目标，进行艺术加工制作的方法、技艺的构想与设计，都属于工艺美术设计。

工艺美术设计一般分为两类：一是日用工艺，即经过装饰加工的生活用品，如陶瓷工艺、家具工艺、染织工艺等；二是陈设工艺，即专供欣赏的陈设品，如玉石雕刻、装饰绘画、点缀饰物等。

工艺美术设计的成果是工艺品，由于工艺品是用各种物质材料塑造形象，所以既是造型艺术，又是实用艺术；既有塑造形象直观性的特点，又有实用功能服务的特点，所以，工艺美术家是从事介于工程设计与艺术创作之间的一种设计创作活动：既要像工程设计那样，构想实用功能、工艺方法，又要像艺术创作那样实现艺术审美的物化。

在工艺美术设计与制作中主要是传统工艺，又叫传统手工艺。它是在手工技艺基础上形成与发展的，经过精巧的技艺加工来实现构想的方式。同时有明显的历史传承性，比如：4千年前的奴隶社会的青铜工艺传承至今，成为金属工艺；1万年前的新石器时代的制陶工艺成为现代的陶瓷工艺等等，都以在头脑中琢磨，以手工制作为特点，设计的意匠意味浓厚。

传统工艺的技艺有：编织、印染、刺绣、陶瓷、玉雕、石雕、木雕、牙雕、漆器、金属工艺等。

对于艺术创作，可以做这样的理解：凡是运用特定的物质手段，按照美的规律，塑造典型的艺术形象，反映社会生活，表达艺术家思想情感的创造活动，都属于艺术创作。

艺术创作是艺术家对人类审美意识集中化和物态化的表现，是人类通过与现实的审美关系全面掌握世界的最高、最自觉的形式，是人的本质力量的体现，是极大丰富和满足人类高层次审美需要的创造活动。艺术创作是对人类物质世界的精神升华。

艺术创作的类型有：语言艺术，如诗歌、散文小说、剧本等；实用艺术，如书法、印刻、模型等；表情艺术，如音乐、舞蹈等；造型艺术，如绘画、雕塑、摄影等；综合艺术，如戏剧、电影、电视、曲艺等。

艺术家是艺术创作的主体。艺术家的审美感受能力、创造性的想象能力、丰富的情感和纯熟的艺术表现技巧、丰富的生活阅历和敏锐的洞察力等是必须具有的素质。而且艺术家的创作讲究灵感与个性的张扬，具备艺术天赋，是人类精神生活与灵魂的设计师。

艺术创作的成果称为艺术作品。艺术作品是艺术家为了表达审美观念和审美理想，借助物质媒介，通过艺术技巧有意识创造出来的精神产品，是艺术的物化形式，是专门供人欣赏品味的审美对象。

这里，之所以把工程设计、工艺美术设计及艺术创作都归结为设计，是由于归根结底，这些活动都是为了预定目标，进行构想、计划的苦思冥想的造物过程，都是从无到有的审美创造活动。

不消说工程设计、工艺美术及艺术创作各自的艰苦卓绝的构想与审美创作的活动，仅仅一段冰上舞蹈，只有几分钟，就已是工程设计、工艺美术与艺术创作的共同劳动结晶：冰舞的花样冰鞋，需要工程设计从运动的受力、强度及结构进行构想；需要工艺美术的技艺进行加工制作与造型；而舞蹈与规定技术动作的衔接与编排，不但需要舞蹈艺术家，而且还需要冰上教练的共同策划；服装的设计及内涵的寓意需要服装设计的大师，音乐配制的韵律与意境需要音乐家等等。几分钟的表演往往要历时几年，汇集各专业的专家与大师的创造智慧进行设计，结果还不一定获得预期的成果。这就足以说明设计到底是什么，设计为什么这般艰难。仅仅一段冰上舞蹈优美韵律的展现，为了实现生理运动与情感表现的结合，实现美感、愉悦感与艺术享受的结合，为了通过形体的空间造型来传情达意、悦情悦性、以情感人、以艺引人、以技惊人、以舞娱人、以美动人等等，可以充分体会为什么把设计称作审美创造的活动。

设计成为综合的审美创造活动，设计者、工艺美术家、艺术家为了人世间物质世界与精神世界的美好，必然要携手并肩，共同开辟设计之路。

1.1.2 设计的心理活动

设计心理是指设计者在产品的功能原理构想、结构设计计算、设计方案表达、工艺规程制定过程中的一系列心理活动。"设计是人类特有的一种实践活动，是伴随着人类造物与创形而派生出来的概念。无论是远古时代还是科学技术迅猛发展的今日，人类要生存和发展，要在自然和社会中获得和谐的生存空间和生活环境，就一时一刻离不开对造物的苦思冥想和实际的造物活动，借此调节主客体之间的关系"❶。这种造物的苦思冥想正是设计中的心理活动过程。人和动物最根本的区别和无法比拟的实践活动就是有目的、有意识的造物并能制造和使用生产与生活工具。因为人的认识有感觉、知觉和思维、有接收、分析与处理外界刺激与信息的能力。

"人猿相揖别，只几块石头磨过。"自380万年前起，古猿学会了用火，打造石器，意味着人与动物的分离，因为"没有一双猿手曾经制造过一把即便是最粗笨的石刀"❷。同时也意味着设计的心理活动从此开始。

人类依靠自身特有的头脑，不但能将人类活动的结果，尽量符合自然规律的制约，而且善于克服不利于实现目标的困难，学会了借助客观规律去驾驭自然。如同恩格斯所说："人离开动物越远，他们对自然的作用就越带有经过思考的、有计划的、向着一定的和事先知道的目标前进的特征。"设计的心理活动，对应了马克思评价的"人类的特性——自由的自觉的活动。"人类这种自由的自觉的认识世界、改造世界的能力，称为人的本质力量。而人的本质力量在感觉与知觉上的显露与表现，是设计心理活动的本质。

人类的设计活动及设计心理的开始与萌发，是在15世纪的欧洲文艺复兴时期：开始将预先设想的方法写在纸上，或绘制图样。比如，1452年至1519年间，达·芬奇不但留下了蒙娜丽莎不朽的艺术作品，还设计了很多机器设备的草图：有兵器、舰艇、锻压设备等，构想了传动轴、齿轮、曲柄连杆等机械传动的零部件等。如图1-3所示。

---

❶ 程能林主编《工业设计概论》第1版，机械工业出版社，2003年1月，第3页。
❷ 恩格斯《自然辩证法》，人民出版社，1956年版。

(a) 设计草图   (b) 样机

图 1-3　达·芬奇的飞鸟飞机草图与样机

从 16 世纪近代科学的产生开始，人类在各个领域的基础理论研究都实现了重大的突破，自然科学相继分化出来。不但为设计活动奠定了雄厚的理论基础，也为设计理性的推理与分析提供了科学的方法，

设计中的思维方式及心理活动开始受到重视。今天，自然科学领域在迅猛发展，环境科学、能源科学及空间科学等综合学科、系统论、控制论及信息论等边缘学科的兴起，极大地促进了设计的科学方法的发展。尤其在当代，当人类清醒地意识到，人的造物活动必须与社会、自然之间求得和谐的关系时，设计活动才成为协调社会、自然、科学与文化艺术的一种物化手段。设计不仅要满足人类生活中的物质需求，而且还要满足精神文化方面的需求。所以，设计与设计心理面临重大发展的时代。

1.2　心理学

1.2.1　生理与心理

也许很多人都未曾留意，甚至都被认为已是不值得一提的事情：比如，每一个人都要一刻不停地呼吸；在饥渴难忍时，都要饮水进餐；在疲惫不堪时，都要睡眠休息等等，这些习以为常的本能，是机体的生命活动和体内各器官的机能，这是人的生理现象。

人类的一切活动，哪怕是最简单的生命活动，也要受到高度发达的神经系统和大脑的决策指挥。人的头脑反映客观现实的过程，是人的心理现象。

人的生理活动与心理活动相伴相随，交织在一起。如果说生理活动是身经百战的士兵，那么，心理现象就犹如运筹帷幄的统帅。

1.2.2　心理与客观

（1）客观现实引发心理活动

人生活在大千世界中，在客观现实的作用下，人的心理现象是纷繁的、复杂的，甚至是神秘的。恩格斯曾将人类的心理现象比喻为人世间最美丽的花朵：举目凝望如画的风景，人会心旷神怡；聆听悠扬悦耳的琴声，人会心驰神往；嗅着沁人肺腑的花香，人会如醉如痴；迎着凉爽扑面的清风，人会倍感惬意，这是人对客观世界的感觉与知觉。此外，人能入木三分地观察、倒背如流地记忆、灵活多变地思维、海阔天空地想象等等，都是客观世界引起的人的各种各样的心理活动。

（2）心理现象的多样性

感觉、知觉、观察、记忆、思维、想象都是人为了弄清客观世界的性质和规律而产生的心理活动，在心理学的研究中统称认知心理过程。

而对人的注意品质、意志行为、情感反应的研究，在心理学中称为人的心理状态。

还有对人的动机、需要、兴趣、气质、性格的研究，在心理学中称为人的个性心理。

人不仅有生存的物质需求，还有身心的精神追求：社会的、文化的、审美的、创造的……心理活动此起彼伏，接踵而至。这就是说不尽、道不完的人类心理现象。

1.2.3　心理学的历程

人类的心理活动，自然会引起人类自身的关注。古往今来，心理学与人类一起，经历着漫长的发展历程。

纵观历史，人类对心理现象的关注与探索，开始于中国古代的春秋战国时期及古希腊、古罗马的先哲们。

（1）中国古人对心理的关注

公元前551年至479年间，孔子曾有："学而时习之，不亦乐乎"、"知之者不如好知者，好知者不如乐之者"的论说，已初具心理学理论的萌芽；公元前313年至238年间，荀子有"形具而神生，好恶、喜怒、哀乐臧焉"的说法，提出了先有身躯而后有精神，心理依托于机体的唯物心理观。公元前200年左右，中国的医书《黄帝内经》中就有："天有四时五行，人有五脏化气，以生喜悲忧恐"的论述：认识到大自然的变化，有春夏秋冬的四季交迭，人有心肝脾肺肾五脏，产生了喜怒悲忧恐等情态活动。时至1518年至1593年间，明代李时珍所言："脑为六神之衬"，"泥丸之宫，神灵所集"，"耳目口鼻动于内，声色嗅味引于外"，已很明确地认为脑是神经的中枢，是人的精神所在；客观事物能引起人的感官与大脑的活动。

至于中国汉语成语中流传的诸如"言为心声"、"心领神会"、"喜形于色"、"心照不宣"、"只可意会，不可言传"等等，都是对人的心理活动惟妙惟肖的刻划与写照。

（2）国外的研究

在国外，紧随中国孔子之后，公元前460年至370年间，古希腊的德谟克利特认为："感觉是物体散射的原子与人的感官接触的效应"。世界上最早的关于人类心理现象的著作，应归属于公元前384年至330年间亚里士多德所著的《灵魂论》。第一位明确提出心理学概念的是德国麻堡大学教授葛克尔，1590年以心理学为自己的著作命名。心理学成为一门独立的科学，是在1879年，由德国生理学家冯特出版了第一本《生理心理学》的著作。

心理学的历程，如同德国心理学家艾宾浩斯所述："心理学有一个悠久的过去，但却只有一段短促的历史"。揭开人类心理现象的秘密，尚待心理学的研究与发展，因为"另外一个人的灵魂是个谜"。

1.2.4　心理学的概念

历经百年，心理学发展了，成熟了。但至今为止，还没有公认权威的定义，如同心理学家柴普林在 1979 年所说："未必可能有哪一种观点或理论能包容人类行为的全部丰富性与复杂性。"

浏览众家关于心理学概念之说，都是围绕人类的心理活动规律来定义，如：

"心理学是研究人的心理现象发生、发展规律的科学"❶。

"心理学是研究人脑对外界信息的整合诸形式及其内隐、外显行为反应的一门科学"❷。

1.2.5　心理学的分类

● 普通心理学是研究人的心理过程和个性心理特征的一般规律的学科，是心理学最基本、最重要的基础研究。普通心理学按心理活动的基本过程和个性心理特征，又有分支基础学科，如：感觉心理学、知觉心理学、记忆心理学、思维心理学、情绪心理学、动机心理学、人格心理学等。

● 生理心理学是研究生理基础与肌理的学科，是心理学重要的基础研究。又有分支学科，如生物心理学、动物心理学、神经心理学等。

● 教育心理学是研究教育和教学过程中教师与学生心理活动规律的学科。分支有学习心理学、教师心理学等。

● 社会心理学是研究个体与人际关系发生及发展规律的学科。分支有家庭心理学、民族心理学等。

● 发展心理学是研究个体心理发展规律的学科。可分为婴儿心理学、幼儿心理学、少年心理学；青年心理学、老年心理学等。

● 劳动心理学是研究人在劳动中的心理问题，如操作与操作者的心理特征与规律。包括工程心理学和工业心理学。

此外，还有文艺心理学、体育心理学、医学心理学、犯罪心理学等分支。

设计心理学是普通心理学的一个新的分支学科。研究普通心理学基础理论奠基、设计的心理活动过程与规律。

1.2.6　心理学的性质与任务

（1）心理学的性质

普通心理学的研究对象是人类心理现象的本质问题，因而心理学也具有相应的特殊性质，它既是一门自然科学，也是一门社会科学，因而是一门文理交叉的科学。这是因为人类本身来源于自然，人的生理器官及一切活动必然带有自然的属性。因而心理学必然以自然科学的理论为指导，研究人类的生理现象与活动的特征与规律；同时，人类有复杂的心理现象，所以，心理学又必须应用社会科学的理论来剖析人类自身，人与社会之间的心理活动特征与规律。

---

❶ 华东师范大学心理学系，公共必修心理学教研室《心理学》第 1 版，华东师范大学出版社，1984 年 6 月，第 1 页。

❷ 孟昭兰主编《普通心理学》第 1 版，北京大学出版社，1994 年 9 月，第 3 页。

普通心理学告诉人们：从心理现象的实质上看，人的心理是社会的产物，也是自然的产物，心理是人脑对客观现实的反映，这一科学命题本身就蕴含了自然和社会的统一。这就决定了心理学的学科，必然横跨于自然科学与社会科学之间，成为一门交叉性学科。

（2）心理学的任务

学习普通心理学，要完成三项任务：

① 了解心理现象　学习普通心理学，首先是从科学心理学的角度对人类的心理现象进行科学地分析，建立有关心理现象的完整的、科学的概念体系。学会描述大到整个人类的心理现象、小到自身某一具体心理现象，是什么怎么样。比如，普通心理学研究了哪些心理现象？而具体说来，什么是情感，内涵是什么？等等。

② 熟知心理规律　深入学习普通心理学，就要在了解心理现象的基础上，学会研究各种心理现象的发生、发展、相互联系及表现的特征与规律，用来解释心理现象。初步掌握一些心理规律的理论常识，可以对心理机制进行理性的探讨，有助于学习的深入与应用。

③ 指导实践应用　人们学习普通心理学，最终目的是落实在应用上。人们不仅要认识世界，还要改造世界，因此，认识了心理现象，还要运用这些认识的成果于改造世界的实践活动中，指导人们在实践中如何了解、预测和调整自己的心理，使心理学理论更贴近人们的生活和工作，提高实践活动的水平和生存的质量。

（3）开辟设计的审美创造之路

用普通心理学的研究成果指导设计活动，专门探索设计的心理活动，是开发设计者心理潜能的重要途径。

面对市场经济全球化的竞争，人们的设计活动实在太需要普通心理学的支承了：人类有实力雄厚的基础科学研究，也有许多世界领先的设计成果。但是不能不看到，在设计的许多领域与发达国家比较起来，还有相当大的差距。比如，意大利汽车设计师乔治·亚罗说："中国的汽车设计过于模仿西方，没有形成自己的风格，所以无法像欧系或日系车那样形成自己的流派。中国汽车企业，在制造硬件的投入上不比世界上任何汽车企业差，差的就是设计。"用中国人自己的话说叫作"中国汽车设计是沦落在鸡窝里的雏鹰"（中国青年报 2005.4.7 B21 版）。还有：中国的乒乓球运动称霸世界几十年，但运动员使用的乒乓球拍全是德国或日本设计的产品；中国出口服装设计往往只限于国外的工作服，设计加工的羊绒衫出口一件，要赔出 36 元人民币；国产的电影业时时受到国外大片的冲击，等等。这些事实都说明：中国人的学识并不比别人差，差就差在对心理学知识的领略与实践。所以，用心理学开辟设计的审美创造之路，对于改变中国设计与艺术创作的面貌有深远的意义。

古人董其昌曰："文要得神气"，是说设计与艺术创作要创造出具有"神气"的作品，首先要保持自己"神气"充沛，使生理和心理处于最适合设计与艺术创作的自由状态。所以，心理学的研究一旦面向设计领域，必然会赋审美创造活动以"神气"。

1.2.7 心理学的研究方法

（1）观察法

① 观察法的概念　由观察者直接观察记录研究对象的行为活动，用以研究心理活动规律的方法，称为观察法。

知己知彼，百战百胜。无论做什么事情，首先都要尽可能多地获取信息。比如：演员要体验生活，通过观察，才能演好角色；创作一幅画，要在大量观察与写生的基础上，积累创作素材来激发灵感；中医问诊的"望、闻、问、切"是了解病情的观察方法；而最典型的观察法，是工厂的生产活动，工艺员为了确定一个零件的准确加工时间，以便客观合理地付给工人劳动酬金，计算工时的定额，最后统计核算出产品的制造成本。工艺员在工人没有察觉的状态下，用秒表记录装夹、找正零件的时间、开车走刀加工的时间、卸下零件、测量检查的时间。把工人加工一个零件从开始到完成的整个过程所用的时间记录下来；也可以利用监控设备，录制工人操作的全过程，记录时间，为分析与测算提供第一手资料。

观察者还可以直接参与被观察者的活动，将所见所闻随时加以记录，近距离地获取观察信息。近年来，很多工厂企业对外开放，欢迎到生产第一线参观。这样，前来参观的人在开阔眼界的同时，必定对工厂的产品进行议论或评价，甚至说出一些很有价值的设想。把被观察者请进来，各抒己见，每时每刻都能听到不同的意见，是一种广开门路，博采众长的信息渠道，也是对观察法的一大创造。

② 观察法的特征　观察法是一种完全在自然条件下采用的一种方法，不被观察对象所察觉，因而获取的信息客观真实。

观察之前应制定严格的规程，明确地实施与记录。观察法的使用价值在于，作为心理的初始研究，可以客观地发现问题与现象，为应用其他方法进行深入地研究，提供前期资料与依据。

（2）实验法

① 实验法的概念　实验法是按研究目的控制或创造条件，以主动引起或改变被试的心理活动，从而进行研究的一种方法。实验法主要有两种，一是实验室实验法：指在特定的心理实验室里，借助各种仪器设备，严格控制各种条件，以研究心理的方法。由于实验结果可能受到人为的干扰，并难以将实验结论推广到日常生活，因此在设计心理学研究领域中较少运用。二是自然实验法：是把实验研究和日常活动结合起来的实验方法。虽然也对实验条件进行了适当的控制，但它是在人们正常学习和工作的情境中进行，克服了实验室实验法的缺点。所以，自然实验法是设计心理学中最常用的一种研究方法。

② 实验法的特征　生活与生产中的许多使用与操作问题都可以在实验室内进行研究，尤其对某项工作中人的生理与心理活动特征与规律的研究，通过设定的实验条件，借助精密的仪器进行量化处理。为心理学的研究提供了准确的依据，因而是一种很有实用价值的实验方法。

当然，实验法也有不足，对于人的情感意识等心理因素的控制与测试，尚无准确、可行的控制方法，往往由于很难按研究对象的情境设计实验条件，与客观实际难免产生误差，使实验成果的推广受到限制。比如，测谎仪是根据实验法制造的心理测试仪器，用来记录被测者的心跳、脉搏、呼吸、体温等参数；作为分析与判断的依据。假若说谎者心理素质稳定，不管怎样讯问，都脸不变色心不跳；反过来，说实话者反而因紧张使神态失常，那么，实验的结果很可能产生错误。

（3）测验法

① 测验法的概念　是以研究对象所了解或关心的问题为范围，预先制定科学的量表或问卷，由被测者自由地按题目回答，以获取研究资料的方法，称作测验法。

这种方法已被各行业大量应用，人们都已熟知问卷调查，访谈调查的测验方法。

比如，对住房、听广播、看电视、一种杂志刊物、一种生活日用品的民意测验的问卷，接踵而至地走进了人们的生活。

② 测验法的特征　测验法的优点是，科学的量表或问卷可以针对具体问题，对专门的对象展开大量的调查。比如，随产品发放的问卷调查，可以直接送到人们的手中，是了解产品使用效果的有效测量工具。但是测验用的量表或问卷的设计与制定，必须尊重心理学科的科学性，才能获得准确的信息。

（4）虚拟法

① 虚拟法的概念　借助计算机虚拟现实的图形技术，进行心理实验的研究方法，称作虚拟法。

在虚拟的操作环境中，使用与操作心理相类似的技术模块或数字模块，编制程序，录入计算机后，数字化地研究心理现象及规律。

② 虚拟法的特征　由于虚拟法是以数学模型进行研究，因而实验客观而准确，是一种很有发展前景的实验方法。但是由于涉及数学建模的理论知识，普及与推广还有一定的困难。

在心理学科的研究中，有专门的实验心理学课程，已形成一个专门的分支系统。尤其在专门的心理学实验中，实验的设计、运行、分析等都要应用数学中的数理分析等统计计算方法，有极强的专业性。

但是，随着心理学研究及现代技术的发展，普及与推广心理学的实验方法，为心理学各分支应用学科使用，正在成为一种研究方向。比如由量化研究向质化研究的过渡，应用计算机数字化研究的便捷实验方法，都有可能为各行业提供一种科学普及式的方法。

1.3　设计心理学

1.3.1　设计心理学的概念

设计心理学是以普通心理学为基础，以满足需求与使用心理为目标，研究现代设计活动中，设计者心理活动的发生、发展规律的科学。设计心理学属于心理学科的一个新的分支。

设计心理学所研究的是设计者在设计活动中以特殊形式表现出来的一般心理规律。对设计活动中一般心理规律和行为表现的研究，构成了设计心理学研究的基本内涵之一。

1.3.2　设计心理学的研究意义

迄今为止，中国对设计领域的心理研究尚处于刚刚开始的起步阶段，尽管广大设计者在设计实践中自觉或不自觉地应用心理学理论知识，调整自己的心理，完善设计成果，在有的著作中也有所涉及，但系统地从心理学的视角研究设计与设计者的著作很少，而且设计心理也是近年才形成的新概念。

随着经济全球化的发展和各国经济贸易活动的增加，产品在世界市场上的竞争愈演愈烈：产品的性能、质量与价格、产品的附加值、产品的低能耗、低污染，可持续开发的程度等等，都向产品的设计者提出了严峻的挑战。设计者究竟以怎样的设计心理素质，设计专业的学生怎样面向未来，求得知识、能力与素质的和谐与强化。设计心理学无法提供解决这些问题的全部答案，但愿能够提供获取答案的方法。

（1）增强心理素质

设计心理学将借助心理学科基础知识，研究现代设计活动中设计者的心理素质的形成与发展，探索人们与设计者的感觉与知觉、观察与记忆、思维与想象等认知过程；人们与设计者的注意、意志与情感的心理状态；以及动机与需要、兴趣与气质、性格的个性心理，借以奠定设计者的心理素质基础。

设计心理学还将以心理学科与相关学科的交叉，研究设计与使用的审美创造心理、艺术的审美创造、消费心理与购买行为等，力求扩展设计视野，提升设计价值。

（2）利于人才培养

设计专业的学生在学习与成长阶段，究竟学什么，怎么学，早日成为中国设计大军的后备人才；未来的设计者怎样决定面对现实与未来的态度与趋向，决定自己的行为方式，形成良好的心理品质；怎样增强创新精神与创新能力；怎样具备独特的思维品质、合理的知识结构。设计心理学将着眼于人才培养的教育课题，为设计专业的学生学习心理学常识，增强心理素质而架桥铺路。

思　考　题

1-1　名词解释

　　设计　心理学　设计心理学

1-2　设计可以划分哪三大领域？

1-3　举例说明什么是心理学研究方法中的观察法。

第2章 认知的心理过程

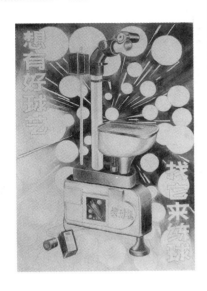

- 感觉
- 视觉
- 人的视觉感受
- 听觉
- 其他感觉
- 知觉
- 人对产品的知觉
- 观察
- 记忆
- 思维
- 想象

2.1 感觉

人有眼睛、耳朵、鼻子、舌头、皮肤和肢体等，是人的感觉器官。使人能看得见、听得到、嗅得清、摸得准。可见，感觉是认知的开端，是一种最直接的、最初始的心理现象。感觉作为客观世界信息与刺激的接受器官，因而，感觉是心理活动的先导。

2.1.1 感觉认知简介

什么是感觉：感觉是客观事物的个别属性在人头脑中引起的反应。也就是"物质作用于我们的感觉器官而引起感觉"[1]。

感觉的产生应当具备三个条件：一是有物才有感；客观世界中的具体事物，是引发感觉的对象。假若置身于一个无声无光的封闭环境中，除了产生难以忍受的感受之外，就没有任何感觉。二是有觉才有感；人的生理器官各司其职，是感觉的生理基础。盲人看不到客观世界、聋哑人听不到声音、呼吸道感染时嗅不到气味，食之乏味，都说明，只有感觉器官的存在与正常，才有感觉。三是有脑才有感；感觉器官接收的信号，由神经传给大脑，使客观事物在大脑中留下了映像与痕迹，形成了表象。

---

[1]《列宁全集》第14卷，人民出版社1957年版，第319页。

2.1.2　感觉的种类

人的感觉有视觉、听觉、味觉和触觉，是属于人的机体表面的直接感觉形式。心理学中称作外感觉。

人还有机体的感觉，如饥渴、病痛、疲劳、困乏等，是来自身体的内部器官和组织，接受机体内部发生变化的信息，在心理学中称作内感觉。见表2-1。

表 2-1　感觉的种类及成因

感觉的种类	感觉受到的外界刺激	感觉的接收器官
视觉	光	眼睛视网膜的视细胞
听觉	声音	耳道中鼓膜及听细胞
嗅觉	气味	鼻黏膜的嗅细胞
味觉	味道	舌部的味细胞
肤觉	冷热、压力、伤害	皮肤的冷点、温点、压点、痛点
机体感觉	对体内器官的刺激	体内器官的神经末梢
平衡感觉	身体运动及位置变化	前庭平衡器官细胞
运动感觉	机体动态变化	肢体神经

表中所列人的各种感觉的肌理在普通心理学、生理学等著作中都有详尽的分析与表述，在设计心理学中，对感觉的肌理，可以直接沿用。

除此以外，人受外界影响而引起相应的感情或动作，即感应；受到感化和召唤的感召；因感触而悲伤的感伤；因感激或感动而怀念的感念；因感动、感激而兴奋或奋发的感奋；有所感触的感慨；与事物接触而引发思想情绪的感触等等，是人接触外界事物得到的感受，都属于人的不同的感觉方式。

同时，人还常常发生对客观世界的错误感觉，即错觉；还可能产生主观意识中的虚幻，即幻觉，也是感觉的生理现象。

2.1.3　感觉的意义

感觉的普遍意义是人类认识世界，获得知识，适应客观世界的赖以生存的基础。人类从感觉的最简单、最初始的心理现象开始，了解客观事物的个别属性，成为认识的源泉。进而，沿着这条通往主观的通道，才有人类高级的认识活动、思想意识等复杂的心理活动。感觉使人获取了客观世界的信息，占有了生存与发展的必须的重要线索和依据，为心理活动提供了无穷无尽的原料，使人知道为了生存去做什么、怎么做。

感觉对人类心理活动有特殊的意义：破解未知的世界、了解的心理特征，分析与评价活动的成果，都要靠感觉，获取信息。可见，感觉是人类心理活动的开端，是心理活动生存土壤与源泉。

今天，无论谁都知道，坐井观天、闭门造车的活动显然是愚蠢的行为。都在为提高工作的竞争力而费尽心思。所以，一个聪明的人应当首先重新审视感觉现实功能及对工作的重大意义。在人们对感觉几近遗忘、习以为常的状态中，靠感觉洞察客观世界，贴近人们的心理活动，以感觉为各项活动的源泉，开阔视野，活跃思维，创造有竞争力的劳动成果。

2.2 视觉

光进入人的眼睛时，人就能看到自己及周围的客观世界，这是人的视觉感受。

光是诱发视觉的外界刺激。光通常是指发光的物体以及照射在物体上又反射回来的物质。发光的物体叫做光源，宇宙中的恒星，如太阳、织女星等，是能够发出光和热的天体。太阳是主要的光源，此外，还有人造的光源，如照明灯具等。

因为光是一种电磁波，所以又叫光波，光在真空中的传播速度约为每秒钟三十万公里，而且一般情况下是沿直线传播的，所以又叫光线。

日光通过三棱镜后折射分解出红、橙、黄、绿、蓝、靛、紫，七种颜色的光叫光谱。是人眼可以看到的光，又叫可见光。这些光主要来于太阳光及其照射在物体上面又被物体反射出来的光。

其实，人能看到的光，在电磁波谱中只占极小的部分，按光的波长计算，人能看到的光的波长在700nm到400nm之间，这个区间两侧以外的光电磁波，视觉不能感受，都属于不可见光波。如图2-1所示。

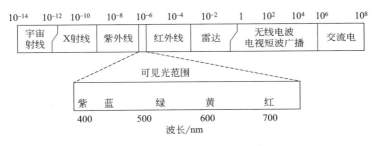

图 2-1　光电磁波与可见光谱

在普通心理学的研究中，把人对刺激物的感觉能力称为感受性。感受性的强弱程度是用一个心理学专门的术语——感觉阈限来度量的。"阈"字原意为门坎。所以用阈限来形容感受性的临界值或界限值。把能够引起感觉的最小刺激强度的物理量叫做这个感觉的绝对阈限。

人的视觉的绝对阈限的物理量值很低，"一个光子可以使1个视杆细胞兴奋，5个光子就可以引起感觉"[1]。通俗地说，人的视觉阈限，即能感受到光刺激的最小物理量是：在清晰的夜空环境中，可以看见30英里外的一枝独光。

2.3 人的视觉感受

人们识别事物，主要靠视觉感觉实现。视觉在各种感觉的认知中占90％的分量。也就是说，人的知觉主要是由视觉支配的，通过视觉传达，来获取各种各样的信息。

---

[1] W·休斯《生物物理学概论》上海科技出版社，1983年，第270页。

视野及视野特性，如图 2-2 所示。

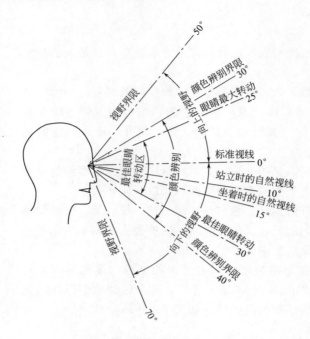

图 2-2　视野及视野特性

图 2-2 中，单眼平均视野范围是：以眼球视野中心线分，眼睛向外侧可看见 90°～94°，向内侧为 60°～62°，向上为 55°～60°，向下为 70°～72°，形成一个偏于视野中心的视觉圆锥。而且，人的视野中心 3° 以内为最佳视觉区间。人的视距在 380mm 至 760mm 距离内，以 700mm 为最佳视距。

图中还可见，人的视觉中，眼睛水平运动快，舒服而不易疲劳，对水平方向的物体判断准确，都优于眼睛的垂直运动。而且人的视觉习惯是从左到右，从上到下。

眼睛还有分辨细节的能力，叫做视敏度。视敏度的高低主要取决于物体与眼睛所成的视角大与小，视角越大，越易辨别，所以，分辨的物体与眼睛所成视角小，则视敏度高。人的眼球不转动时，能看到的空间范围，是人的视野。近视眼的分辨细节能力要比远视及老花眼强得多。

2.3.1　颜色视觉

人能看到的颜色有彩色和无彩色两大类，颜色的视觉特性可用图 2-3 的色立体简图说明。

色立体表示颜色有三个重要的属性：一是色相，即色彩的名称，由于色光的波长不同，人可以看到色相环上分布的各种色彩，如红、黄、蓝、绿等。而且红又可细分为朱红、洋红、玫瑰红等色相。二是明度，又称光度，是色彩的明暗程度。同一种色彩因光线强弱不同，其明度不同。不同的色彩明度不同，大致近黄、橙的色彩较明亮，近蓝、紫的色彩较暗。如果用颜料来验证，一份紫色，用一份黑色加进去就难以辨别紫的色相，而要消失黄的色相，至少要加进四份黑色。图 2-4 表明的是色彩的明度曲线。

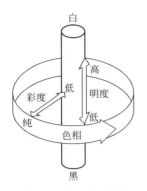

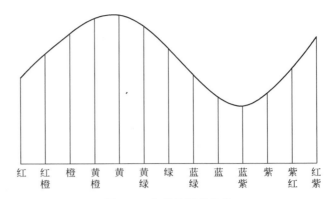

图 2-3 色立体简图   图 2-4 色彩的明度曲线

色彩的明度还可以用图 2-3 中的明度轴为比较的参照，将明度最高的白逐渐变灰，向明度最低的黑逐渐变化，那么白的明度为 100%，黑的明度为 0。各种色彩与明度不同的白、灰、黑混合明度就发生改变。三是色彩的纯度，又称饱和度，也就是接近标准色的程度。标准色，是不掺杂有黑、白、灰的饱和状态，最能表现色彩的固有特性。普通颜料总不及光谱色饱和。

色彩的混合，又给人复杂的视觉感受。人看到的光谱的三原色是红、绿、蓝，而使用的颜料的三原色是红、黄、蓝。这是混合出其他颜色的母色。它们不可能由其他色彩混合而成。

两种原色混合，产生间色，又叫第二次色。如红与黄混合成为橙色，黄与蓝混合成绿色，红与蓝混合成紫色。当然，二原色混合配比不同，间色趋向也不同，所以，间色的色彩是无穷无尽的。

如果三种原色或两种间色混合，就成为再间色或叫第三次色、复色。若将色相环中相隔 180°的色彩以一定比例混合在一起，成为补色，又叫余色。如黄与紫、蓝与橙混合，成为有壮丽感受的补色。

此外，色彩给人的视觉感受，还有寒暖感，这是人对自然物象感受过程中建立的一种联系。近于黄橙的颜色是暖色，近于蓝紫的颜色是冷色；色彩中紫、蓝、绿属于退色，使人感到深远，黄、橙、红为近色，让人感到浅近；色彩还有透视现象，即近处明朗，远处色彩不明显。同时物体或产品必有其所在的环境，受环境周围的各种光线映射，除本身固有色彩外，还蒙上了一层环境的色彩，形成条件色，使色彩相互联系起来，给人以和谐的视觉感受。

颜色使人的视觉产生视觉后像的感觉。比如：注视红色一段时间后，再去看白色，会隐约感到白色中有蓝绿的色彩。视觉后像在眼睛中暂留的时间大约为 0.1 秒左右。

色彩刺激会使人产生不同的视觉反应：如红色容易引起视觉疲劳；淡雅的间色，如黄与蓝混合的绿色，或者无色彩的黑白混合的灰色，都使人的视觉舒适。所以，从色彩对视觉的影响角度来看，常看黑白电视要比彩色电视好得多。

2.3.2　视觉适应现象

刚刚进入电影院或者暗室，人感到漆黑一片，什么也看不见，慢慢地就能适应与分辨了。这种在光刺激变化中，视觉光感受性变化适应的现象，叫做视觉适应。进入暗环境时，视觉为暗适应的过程，经过 7 至 8 分钟后开始适应，而完成整个暗适应则需要 40 分钟；由暗环境到亮环境的明适应过程较短，30 秒开始适应，2～3 分钟稳定。缺少维生素 A 的人，使视觉的生理机能很难完成暗适应，导致夜盲症。

在 8% 的男性和 0.3% 的女性中，还有对红绿不分，或完全丧失颜色感觉的视觉缺陷，即色弱或色盲。

2.3.3　设计者的视觉品质

既然产品的视觉效果是吸引人的主要渠道，因而设计者首先应注重视觉感受的训练，不断提高自身的视觉品质。工业设计中一项重要的活动，叫做视觉传达设计，核心就是研究产品视觉形象与视觉吸引力的创造。

（1）目测能力

目测能力是指用眼睛的视力推测空间、时间、速度、功能等有关数值与征候的能力。

在日常生活中，每个人都能靠目测能力来感知身边的事物；比如，目测估计一个人的身材有多高、房间有多大等等。设计者的目测能力往往又超过常人。比如：对大小、多少、高低、轻重、明暗、快慢等量值的目测能达到偏差很小的程度。建筑设计师凭目测能力就可以发现施工现场的质量问题。如：楼面的转角是否铅垂、墙面是否平整、门窗位置是否准确、建筑质量是否达到设计要求。画家的绘画艺术创作，目测写生或创作对象，就能准确的把握比例、尺度、形体、走势等特征，使绘画作品达到惟妙惟肖、令人叹为观止的程度。外行人都很羡慕艺术大师们洋洋洒洒、豪放无羁的创作风格，其实是"写气图貌，既随事物以宛转"的目测能力，才使他们达到心中有得、着手成春的美的境界。

设计专业的学生可以从目测一条直线的长度、一张桌子长宽高的尺寸开始，逐步训练与提高设计的目测能力。目测能力尤其在借鉴他人产品时，在不许测量、不许拍照的场合下，设计者的目测能力，对获取相关的技术参数有至关重要的作用。尤其在现代设计中，设计者要善于使用艺术表现手段，如外观图、模型的绘制与制作，若一丝不苟地使用尺、规等仪器，反而显得造型呆板。因此，应当借鉴艺术创作中，目测为主的感性创造风格，使产品的艺术表现也同样生动潇洒。

（2）视觉和谐能力

既然人们喜爱造型和谐的产品形态，设计者要具备创造视觉和谐的能力。善于将统一与变化、比例与尺度、过渡与呼应、对称与均衡、对比与协调、节奏与韵律、比拟与联想等和谐的法则巧妙地用于产品造型设计中。比如：产品的水平方位造型，给人以舒展、宽广、宁静的视觉感受；铅垂方位造型使人们有雄伟壮观、肃然起敬的崇高视觉感受；用充满韵味的设计，引导人们无限遐想的视觉感受等等。

（3）寓视觉特征于设计中

设计者能够熟练地运用人的视觉特性，尊重视觉的客观规律，在产品设计中增强视觉效果。使人在操作中，视觉舒适流畅，得心应手，不易出错。比如：按照人的视觉运动特征，设计中凡是涉及人机交互的部位，如仪表、显示器、旋钮、控制键、指示灯、操纵手柄、操纵杆、脚踏机构等等，都应当符合眼睛水平运动优于垂直运动，视觉从左至右，从上到下的习惯。使人在操作中迅速准确，从容不迫。有的设计为了展示新奇独特，违背了人的视觉特征，是很不可取的。

设计者应致力于设计成果符合人的视觉习惯，而不应当强迫人适应产品怪异的操作方式。比如：显示与控制装置应水平，依主次层次从左到右设置，不能为了造型的新颖而上下设置。面板与字符用明显的黑白反差，方便观测；现在有的书刊杂志，排版成竖行，或在眼花缭乱的面板上印字，不但引起视觉疲劳，而且容易因此出现事故；有的汽车仪表盘，将各种灯的操纵做成显示器，干扰了司机的视线，减弱了对车速、气压、发动机温度等关键显示器的监控；至于路边的广告牌匾，建筑幕墙的反光的污染，车体后面乱放的提示标志，车身上涂抹悬挂的大幅画面等等，都是对操作者视力的干扰与分散；在许多产品和家用电器中，使用英文缩写的拉丁字母，都给人们造成各种困难。因此，研究视觉感受的肌理，尊重视觉特征与规律，是设计者起码应知的设计常识。

（4）训练设计的独特视角

设计者运用专业知识，研究产品的使用功能，工作原理，传动结构及连接方式。因而，对产品的把握是从本质与内在的层次，独具匠心。比如：汽车的设计者，驾驶汽车最为内行，因为对车体的每个零件都了如指掌，如数家珍。设计者注视一件产品，是透过现象看本质，紧紧抓住根本与要害。设计视角的独特，在于从平常与细微现象中见到神奇。设计者要向艺术家学习，学会独具慧眼地看世界：在艺术家的眼里，一块石头、一段树根、一张废纸都有艺术价值。素描与色彩写生使用的道具，从商店购买的光彩华丽的器皿或物件反而不能使用，而是到农村去搜寻早已丢弃，甚至人们不预理睬的泥盆、葫芦瓢、木勺、油灯、陶土水罐，丢在垃圾箱中的橘子竹筐，散开的草绳，在写生室里，摆在衬布前，在灯光的照射下，焕发了艺术生命与魅力，催生了不朽的艺术创作与震撼心灵的艺术作品。

如果设计者也能像艺术家这样，训练独特的视角，开发与设计产品必定会别开生面。

2.4 听觉

2.4.1 听觉简述

耳朵是人接受声音的感觉器官。声音的发生是由于物体的振动，引起周围的空气、液体等介质产生波动，即为声波。

声波是一种机械波，只能在某种机械能的方式中传播。决定听觉属性的物理参数是声音的强度、频率和纯度。

声波的频率是指在单位时间内周期波动的次数。人能听到的声音频率在20 至 20000 次/秒，即为赫兹。于是才有高音、中音和低音的说法，即音高。

声波的强度是指波振动的幅宽，即强音、弱音的音响。

声波的纯度是指单一频率的周期振动构成，即声音的纯粹程度。有单一的纯音和复合音。

声音有悦耳的乐音，即各种纯音的频率成整比时，听起来动听和谐；还有复合音，即周期杂乱振动而发生的令人烦心的噪声。即使是音乐如果影响了学习、工作或休息，也是一种噪声。

听觉的生理结构是人的耳朵，由外耳、中耳、内耳组成。

人可以听到的声波，按声音的频率来说，20～20000 赫兹是听觉的绝对阈限。不同的声音绝对阈限也不同。比如：人刚刚听到的频率在 1000 赫兹的声波，它的强度为零分贝。分贝为贝尔的十分之一，是用科学家贝尔命名的声压单位。当声压超过 140 分贝即 140dB 时，耳朵便产生痛觉。

研究资料表明：长期处于 95 分贝的环境中，大约有将近三分之一的人会丧失听力；120～130 分贝的噪音能使人耳痛；听觉器官受到损伤。当年，协和式飞机飞行时声压超 140 分贝，强烈的轰鸣噪声，震得母鸡都不能产蛋。

2.4.2 听觉的特征

今天，无论哪种生产或活动，包括使用家用电器在内，噪声已成为一种影响人类身心健康的严重污染，人类的听觉器官愈来愈迟钝，甚至产生耳力的损伤：行走的车辆，噪声可达到 85 分贝，已经超出了耳力所能承受的范围，加之环境的嘈杂，使得任何人都难以逃脱。至于生产设备的操作者，如纺织工人、炼钢工人、汽车司机，听力都有不同程度的损伤。因而要了解听觉的生理特性，注意保护听觉能力。

（1）听觉反映

人的听觉反应时间约为 120～160 毫秒，比视觉对光信息的反应时间快30～40 毫秒，也就是说，人的听觉比视觉反应机敏。人识别声音所需的时间为 20～50 毫秒，声信号在这段持续时限内，可以辨别。

（2）听觉保护

较短时间内处于强噪声的环境中，会感到刺耳、耳鸣、不适，引起听觉迟钝。研究表明，高于人的听阈 10～15 分贝时，产生听觉不适的现象，但离开噪声环境几分钟以后，听觉完全恢复正常，这一现象称为听觉适应，是听觉器官保护性的生理反应。

若较长时间处于噪声环境中，听力会明显下降。如果听阈提高 15 分贝，离开噪声环境，也需要几小时或几十小时后听力才能恢复正常。这种现象称为听觉疲劳，也是可以恢复的。

（3）听觉损伤

产生听觉疲劳后，若继续处在噪声环境中，会引起听觉器官的生理功能性变化，导致气质性病变，这种听力损伤就很难完全恢复。

随着年龄的增长，听力逐渐下降。

2.4.3　减轻听觉负担的设计思考

设计构想中，减小噪音，保护人的听觉器官，是越来越占有重要位置的设计内容之一。尤其对技术操作工人，如列车的检修工人，每当列车停靠一站时，在短短几分钟的时间里，用列检锤敲打车轮，凭听觉检测是否正常，机修工人在设备运行时，用一把螺丝刀当成传感器具，也能清楚地判断设备内部的零部件是否正常，即使在日常生活中，一只瓷碗，也要靠听觉察觉是否有裂纹。所以，如何在设计中，减轻设计成果的噪音，设计者必须有相应的对策。现代制造业的崛起，数控技术的发展，使产品制造的精度达到极为准确与精细的程度，为设计中减少传动结构的噪音，提供了极为有利的契机，设计者除了优化设计结构，变粗犷为精细外，还要研究应用新的材料，比如用非金属材料替代金属材料，不但能减少振动，而且还能吸收噪音；用柔性制造系统替代传统的刚性系统，对消除设备的噪音，都有广阔的发展前景。

为了保护听觉，设计者要不断更新观念，一方面，对传统的约定成俗的设计进行重新地审视。比如：在钟表、玩具等用品中，添加了音乐或言语功能，在噪音日增的今天，可能使人感到厌烦；另一方面，对新设计的时尚产品，比如：手机信号音响的设置，可能也会成为令人反感的声音，青少年喜欢的随身携带的录放机，不但走路不安全，而且对听觉的刺激都可能产生不良的后果。

现代多媒体的教学中，讲台和墙面上装上了无话筒的扩音装置，表面看来，使教师讲授更为便捷，站在讲台的任何位置，都能将声音扩大。但是受传统扩音方式的心理影响，讲话的人总以为没有话筒，总要无意识的放开嗓门，大声讲话，讲话者反而加重了说话的负担，听众更加感到声音的混乱，这也成为媒体教学必须重新研究的设计课题。

为了显示时尚与品位，居住的环境中，配置家庭影院，音响设备功率很大，不断增加环绕立体声的功能，就是由于设计者欠缺声波反射和交混回响时间差等声波科学常识，在摆满家具的居室内，音响形成声音漫反射现象，使人感到心烦意乱，一度风行的家庭唱歌的音响设备，开始退出人们生活的舞台，旧物商店中，摆放廉价出售的音响设备，价值一落千丈。从客观上证明，这些设计成果违背了声音对人听觉健康与心理健康的科学规律，必定被淘汰。

追求清静，减小噪声，成为人们的新时尚，也为设计者对于声音的设计观念，敲响了警钟。

当然，任何一件产品在使用中必定或强或弱地产生噪音。如今人们用的工具多了，比如，马路上的车辆越来越多，噪音昼夜不停，确实给设计者提出难题。如果每一位设计者在设计中都有尽量降低噪音的意识，那么，才能有相应的设计思考与行动。

所以，设计者应了解生产与生活中能接触到的声音的声压值：如喷气式飞机起飞时，声压达120分贝，火车行驶时，声压达100分贝，日常对话声压约在60分贝，耳语声压达20分贝，为设计提供了参考依据。如果将设计对象的声压都能控制在 60 分贝以下，对人们的听觉将是最好的保护。

2.5　其他感觉

2.5.1　肤觉

在外界刺激作用下，遍布于全身体表神经末梢，即感觉点所感受到的触压、冷热、疼痛的生理现象，即为肤觉。

从全身来看，胸部的痛点最多，鼻尖处的压点、冷热点最多。体表同一部位，痛点最多，其次是压点、冷点、温点最少。而且肤觉的各种感受是混在一起的，很难区分。

在生活和生产中，人的机体中的痛觉有一种保护机能，对电刺激、机械刺激、化学刺激、极热或极冷的刺激，都能引起痛觉，对人体发出警示。比如：低于零下 10℃、高于零上 60℃的水，会使皮肤产生痛觉。

人如果长时间内使用设计不合理的设备或器械，对肤觉都会产生不良刺激，导致损伤：如痛觉，肢体疲劳甚至变形。

设计中，凡是人体接触的机器各部位或操作控制部位，开关结构必须符合人的生理特点。而且要充分利用肤觉优于视觉与听觉的特性，即肤觉是人动作的基础，虽然不如视觉、听觉那样反应那样迅速灵敏，但在视觉与听觉都不能看见或听见的情况下，只有靠肤觉的动作来工作。

2.5.2　嗅觉与味觉

嗅细胞和味细胞对气味和味道的感觉，称为嗅觉和味觉。

人的嗅觉相当敏锐，能分辨不同气味，但长时间接触一种气味，会产生嗅觉迟钝，上呼吸道感染或患鼻炎时，嗅觉功能大为减退。

人的味觉，一般是舌尖能感觉甜味，舌两侧感觉酸味，舌根感觉苦味，舌尖与舌周感觉咸味。

嗅觉与味觉相互配合，才使人有味道的感觉。

嗅觉与味觉对于人来说，都有报警的功能，提醒注意与防范。

由于受环境的影响，人类的嗅觉、味觉与视觉、听觉相比，逐渐退居于次要地位。同时人的嗅觉在一种气味中，产生嗅觉迟钝的现象，比如：有毒气体的泄漏，人们往往很难立刻觉察，而出现危险时，防范已晚。因此，设计者的任务是根据嗅觉与味觉功能的特点，设计出嗅觉与味觉的延伸工具，比如有毒气体有毒物质的报警器具，用来保证人的安全。又如，煤矿的瓦斯等有害气体时刻威胁着矿工的生命，急切地等待设计开发有效的产品与仪器。

设计者还应当注意人们对嗅觉和味觉的心态变化：人们对芳香扑鼻的化妆品、洗涤用品、滋味浓烈的食品、粮食等，已从心理与生理上反感。所以，以往为了强烈刺激嗅觉与味觉，使用化学元素香料，添加剂等开发产品，随着人们科学常识的增加，这种开发与设计的思路，可能不再受到欢迎。

2.5.3　运动、平衡与机体感觉

人在运动时，引起身体动作和位置适应的生理现象，是人的运动感觉。是人能完成生理活动的基础。人要洗脸，双手捧水，反复搓洗，而且向外呼

气，形成一套完整协调的动作。

人在运动时，靠身体重心的调整保持平衡的生理现象，是人的平衡感觉。人单腿独立时，会自动使身体的重心落在支承的脚上；人在跑弯道时，身体会向中心倾斜，调整身体的重心，保持平衡。中国特有的太极拳，行如猫步，动如流水，是训练平衡觉的最有效的方法之一。

人的机体各部位状态正常时，不为自身所意识，当机体某一部位异常时，产生不适的生理现象，是人的机体感觉。

平时，人们并不留意自身的运动，平衡与机体的感觉。但是，长时间的周而复始地生产工作方式，可能会使这些感觉受到损伤。比如因操作导致颈椎病变，不能控制步行，丧失了平衡感；铸造工人蹲位造型，双腿变得弯曲；钻井工人仰望机架，面部皱纹粗犷等等。都向设计者提出课题，在产品设计中，必须想到如何最大限度地减轻设备引起操作者的运动、平衡与机体感觉的危害。

2.6　知觉

2.6.1　知觉简介

知觉是人对作用于感觉器官的客观事物的各种属性和各个部分的整体的反映。是感觉的升华。

比如：了解一件产品时，首先要看产品的外观形状，颜色，有了对产品的视觉感受；触摸产品的操纵机构，如手柄、手轮，有了舒适与否的触觉感受；让产品的运动机构运行一下，对运动产生的声音有了听觉的感觉。把产品的各种属性和各个部分的信息整合起来，就产生了人对产品的基本认识。而这个信息整合加工的过程就是知觉的过程。

2.6.2　知觉的特征

（1）知觉的整体性

人在知觉活动时，能把由多种属性和多个部分构成的客观事物知觉成一个统一的整体，这一特性称为知觉的整体性。

当感知一个比较熟悉的对象时，只要感觉到了这个对象的个别属性或者主要的特征，就能根据已有的经验和印象而知道对象的其他属性与特征，而且能按照习惯将对象知觉为有一定结构的整体。如图 2-5，图（a）中虽然是四条直线段，但马上就能知觉为一个正方形；图（b）中的圆与半圆，能知觉为一段水平旋转的圆柱；图（c）中黑色的三个梯形与四个平行四边形，能从整体上知觉是一个水平放置的"土"字。

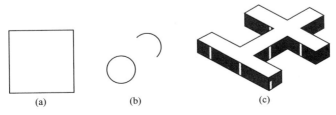

图 2-5　知觉的整体性

在感知陌生的对象时，凭已有的经验或印象不能马上判断时，知觉就能更多地以感知对象的特点为转移，按照习惯将其知觉为具有一定结构的整体。格式塔心理学派将人的这种知觉总结为接近、相似、连续与知形等规律。如图 2-6 知觉的整合性。

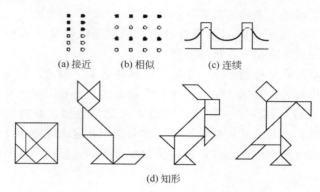

(a) 接近　　　(b) 相似　　　(c) 连续

(d) 知形

图 2-6　知觉的整合性

图（a）中，由于圆点在铅垂方位上比水平方位排得近，靠接近的知觉特性，这些点被知觉为两个竖行。

图（b）中，均布的圆点，但凭每行的黑色或白色各自相似，结果知觉为四列横行。

图（c）中，曲线在方框中虽然中断了，但凭连续的感受，会知觉为连续的曲线。

图（d）中，是流传在中国的七巧板，将正方形分成七块平面图形，用来组合，可拼出成千上万种图形。在图形的形态因素作用下，人能产生形态的感觉，将无生命的图形知觉为变幻莫测，形态万千的活生生的形态。

（2）知觉的选择性

在感知过程中，有选择地接受一部分刺激，使之得到清晰完整的知觉，是知觉的选择性。习惯上把选择出来的部分叫图形或图，是知觉对象；未选择的部分叫背景，也叫"地"。知觉的选择性能使知觉对象以图的形态突出出来，而其他部分则以"地"的形态而退让下去，成为知觉的对象，地成为背景。如图 2-7 知觉的选择性。

图 2-7（a）中，方框内可明显的知觉为一只黑熊，即黑图白地，又叫做正形，知觉选择黑色为图的形态；图（b）中，去掉方框后，又可以选择黑色图形中的空白，感知为一只黑熊抱着一个白色的牛奶瓶子，此时黑熊成为背景，奶瓶成为图形，又叫做负形。可见，知觉的选择性可对同一知觉对象做出不同的选择。

知觉的选择性与很多因素有关，从客观来看，刺激的变化、对比、运动、大小、强弱、位置等，从主观来看，知觉者的兴趣、习惯、经验等都影响知觉的选择性。图 2-8 中，本来是不动的图形，但知觉的选择性会使图形产生变化与动感，因而又称为动感图形或两可图形。

在图 2-8（a）中，知觉可能选择为一个凸出的立方体，但又可能知觉为

(a)

(b)

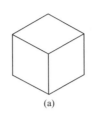
(a)

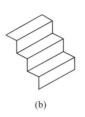
(b)

(c)

图 2-7　知觉的选择性　　　　　　　图 2-8　知觉选择的变化

凹进去的三个平面；图（b）中，可能感觉为能够脚踏的台阶，但又可能反过来感觉为介于天棚与墙壁之间的装饰柱面；图（c）是绘制外观图时常常出现的动感现象，可能感觉为凹进的结构，也可能是凸出的结构。

（3）知觉的理解性

以知识与经验为基础，对知觉对象进行了解与感悟的过程，是知觉的理解性。如文字材料中使用的标点符号："？"凭经验与知识就知道是提出问题时使用的问号；"！"是表示兴奋或警示的感叹号。

（4）知觉的恒常性

知觉不随知觉条件变化而改变，在一定范围内保持稳定的感受，是知觉的恒常性。主要表现在如下几个方面：

大小的恒常性：同一物体距知觉者距离不同，产生了近大远小的视觉感受。尽管看远处的人如蠕动的小黑点，高处俯视房子如火柴盒般大小，但总是感知成原来的大小。

形状的恒常性：改变看物体的角度，对物体的视觉感受发生变化，如盆子的边缘是圆形，但从斜上方看变成椭圆，但是知觉仍保持着盆子边缘原来的印象。

色彩的恒常性：物体受周围环境反光的影响，往往改变了物体自身固有色的色彩，比如白衬衫在红光照射下，有粉色的感觉，但知觉的恒常性使知觉者仍然知道那是一件白衬衫。

2.6.3　知觉的种类

（1）深度知觉

物体的远近或距离的视觉感受，是深度知觉，又称距离知觉。人生活在长、宽、高的三维世界中，靠眼球中视网膜接收及晶状体调节的深度线索，形成深度知觉。如平行的两条铁轨，越远越感觉变得越窄，最后汇集于一点，从而有无限深远的感受；由于空气悬尘的影响，清晰的物像被知觉为较近，模糊的物象被知觉得较远；近处的对象稀疏，远处变得密集；远近二个物体以相同的速度向一个方向运动，近处物体知觉为运动得快，远处的较慢等等，都是深度知觉的具体表现。

（2）时间知觉

人对时间长短的估计是时间知觉。准确的时间知觉是凭借计时工具，但是根据自然界变化的周期，如四季、昼夜、太阳的方位、月亮的盈亏等也能估计时间。同时，人类靠机体自身的生理节律，如脉搏，呼吸等，即生物钟更是时间知觉的一种依据。

人的时间知觉对 1 秒左右的时间段估计得较为准确，而对短于 1 秒的时段常常估计过长，而对长于 1 秒的时段往往低估得过短。

当然，人对时间的估计还受到心态和情绪的影响，比如：对特别感兴趣的事件，感到时间过得快，而且越忙越感到时间越短；反过来，无所事事，在无聊与乏味中消磨时光，会感到时间过得太慢。

（3）方位知觉

对空间方位位置等属性的判断与反映是方位知觉。

人对上下、前后、左右等方位的判断，主要靠人的视觉，即由眼睛收集客观存在的信息，作为参照，借此判断自身与客观环境的位置关系，比如太阳、植物、星斗都是判断方位的参照线索；北京的街道大多为正南北，或正东西方向，而且以天安门中轴线为对称，因而很容易判断方位，而天津的街道方向多变，判断方向较难，初到的人总有转向的感觉。

方位知觉还可以靠听觉定向，判断发声物体的方位。而且动觉、平衡觉、触觉等获得的信息，对方位知觉都有不同的作用。

（4）运动知觉

物体在空间的位移引起的视觉感受为运动知觉。其中有真动知觉，即知觉者固定不动，物体实际运动。还有似动知觉，即实际不动的物体，在视觉残留的作用下，产生运动的感觉。如图 2-9。

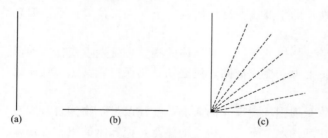

图 2-9　似动实验

1912 年，德国心理学家韦特墨做过这样的试验，即暗室中的光线出现的时间间距为 1/10，1/5 秒将光束先后按图（a）、图（b）方向放置，则会产生图（c）中光束由铅垂向水平方位运动的现象。

（5）错觉

知觉恒常性颠倒时产生的对客观事物不正确的知觉。如

空间错觉：飞行员在云层飞行，在雾气中很难判断天与地的方位，产生错觉时，甚至不相信仪表指示的方向；

运动错觉：运动靠参照物，即一个物体对另一个物体产生位移时，人们会感到另一个物体在运动。两列停靠很近的列车，当一列开始慢慢启动行驶时，另一列停靠列车上的人往往会产生开车的错觉；夜空中云月相映，因为云朵看上去比月亮大，很容易把云朵当作背景，在云朵飘移时，常错觉为月亮在云朵中穿行；近观瀑布时，会产生附近景物上升的错觉。

（6）听觉错觉

春秋战国时期的荀子曾分析过多种听觉错觉现象，在《列子·汤问篇》的著作中有："余音绕梁，三日不绝于耳"的听觉错觉的描述。此外，如"风声鹤唳"、"草木皆兵"的成语，人在夜间独行时，将自己的脚步声响误以为后面有人在追赶等等，都是听觉的错觉。

（7）心态错觉

在特定的情绪中，容易产生心态错觉。《西厢记》中"风摇花影动，疑是玉人来"描述了企盼的心态中错将花影当作人的错觉；成语中"杯弓蛇影"、"一朝被蛇咬，十年怕井绳"等都属于心态的错觉。

错觉中最多、最常见的是视觉错觉：

如日出日落时分，太阳显得又近又大。《列子·汤问篇》中说两小童争辩晨日与午日之远近，孔子亦不能作答；雨过天晴，山林、建筑因清澈而近，暮色中微亮的西边天空显得比幽暗的建筑群近；成语"鱼目混珠"、"以假乱真"都是视觉错觉的现象。

（8）几何图形错觉

几何图形错觉，历来是视觉错觉的研究对象。

① 长度视错觉：如图 2-10，图（a）中长度相等的垂线与水平线，错视为铅垂线比水平线长；同样，图（b）中正方形，总有竖边长于横边的错觉；图（c）中，相等的两条线段，因两端的附加要素不同，而产生了线段长度的错视，又称缪勒——莱依尔错视。

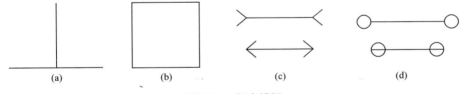

图 2-10　长度错视

② 分割视错觉：如图 2-11（a）中，斜线有相错的感觉，又称波根多夫错视；图（b）中被分割的正方形，显得变高；图（c）中等长的两条对角线显得不等，又称为桑德错视。

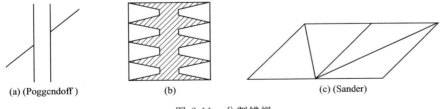

(a) (Poggcndoff)　　　　(b)　　　　(c) (Sander)

图 2-11　分割错视

③ 对比视错觉：如图 2-12，图（a）中大小圆分别相等，但对比中产生不等的感觉，又称为戴波卡夫错视；同样图（b）中，中间圆相等，但对比后感觉不等，又称艾宾浩斯错视；图（c）中，平行二线段等长，但与二斜线对比中显得上方线长，下方线短，又称尼卓错视。

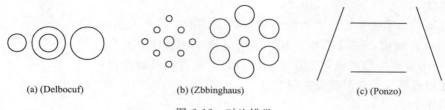

| (a) (Delbocuf) | (b) (Zbbinghaus) | (c) (Ponzo) |

图 2-12　对比错觉

④ 变形视错觉：如图 2-13。图（a）中，平行二直线段，被一组发射状线干扰后，显得弯曲且不平行，又称为海林错视；图（b）中，正方形受同心圆干扰，显得内弯，又称奥比索错视。图（c）中，六段平行线，受短线干扰，显得不平行，又称佐尔纳错视。

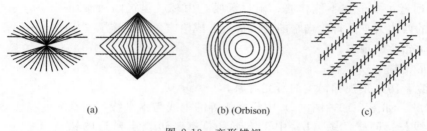

| (a) | (b) (Orbison) | (c) |

图 2-13　变形错视

2.7　人对产品的知觉

2.7.1　人靠知觉选择产品

身处琳琅满目的同类产品中，几乎每时每刻都在接收许多刺激，人的感觉器官会不断地了解产品的各个属性，如产品的形态、色彩、声音、气味、质感等。但是，有心计的人绝对不会因喜欢产品某一个属性，比如看中产品的色彩，就轻而易举的做出选择。而总是要把产品的各个属性整合起来并加以理解，只有这样才能真正把握产品。

人的知觉是在生活与生产活动中发展起来的，并随着不断地知觉而逐步完善，如：商场的营业人员与常逛商场的顾客，对商品的流行款式、价格变化、使用效果有很强的知觉，不但能准确选择货真价实的用品，而且还能达到物尽其用的效果；反之，从不光顾商场，对商品从未有过知觉实践的人，很可能去充当猎物。

人的知觉不仅需要具体的产品为客观对象，还需要凭借积累的知识或经验的帮助，用来补充部分感觉信息的缺欠。比如：专业技术人员查看产品的外形，甚至只看产品样本或使用说明书，凭借丰富的专业知识或经验，会去伪存真，由表及里地知觉产品，而绝不被外观所迷惑。这也是许多新产品不允许专业人员参观的重要原因之一。

人的知觉过程不是对产品信息的简单堆积，而是经历知觉的整体性，将产品各个部分和各个属性有机整合起来，形成知觉产品的整体性；继而经历知觉的选择性，根据需要选择产品的关键信息作为知觉对象，从而获得产品的关键知觉；再而经历知觉的理解性，运用知识或经验为基础的理解，以便对知觉的产品提出自己的评价与见解；最后，经历知觉的恒常性，完成对产品的稳定的认识，而不随知觉条件或感觉映像模式的改变而动摇。这就是专业人员选定一种产品时的主见与固执，决不因他人意志而人云亦云。真正的缘由，在于知觉是一个非常严谨，有组织、有规律的过程。

2.7.2 人的操作知觉

人的操作知觉是各种感觉系统的联合活动。知觉过程是一个复杂的机能系统，这个系统依赖于大脑许多区域的协同指挥与活动。

人的操作知觉就像人们平素烧一壶开水的过程一样。在人与水壶构成一种人机交互循环的系统中，当水被烧开时，沸腾的水和水蒸气会顶起壶盖，或吹响壶盖中的音哨，于是，人们知道水烧开了。水壶发出的信息被人的感觉系统接收，经中枢神经处理后，再发出指令，由人的运动系统完成操作。比如：人就知道将炉火关闭或拔掉电水壶的插头断电。可见，在人机交互的过程中，最本质的联系是信息交换。人的操作知觉不但完成信息的整合、传递与处理，而且又能做出相应的决策，靠知觉产生高级适应与迅速的反应完成指令与控制。

操作的空间知觉是通过人对操作对象的形状、大小、方位、距离等空间特性进行采集，经过视觉、触觉、动觉等多种感觉器官的协同活动，加之经验及其互相联系后所形成的知觉。比如：对一只透明的玻璃水杯的形状知觉，是由人的视觉、触觉、动觉共同完成的；水杯先在人的视网膜上产生形状的影像，提供了视觉信息；目光沿着水杯的轮廓进行扫描，提供了动觉信息；手在水杯表面触摸，提供了触觉信息。这些信息在大脑内被综合加工，就产生了对水杯的空间知觉。

此外，为了工作和生活的需要，人还有试一试、练一练的尝试知觉；判断东西南北、上下左右的方位知觉；估计短暂或冗长的时间知觉；以及对物体位移产生的运动知觉等。

操作者知觉中的错觉，可能引发操作的失误。比如：新操作者由于经验欠缺，往往以为高速旋转的轮盘或卡盘是静止不动的；飞行员在机身翻转时，因坐姿不变，离心力又指向座椅，便有正常坐姿，不是倒飞的错觉；勘探人员在森林或茫茫雪原、沙漠中，往往会因为参照线索很少，很难辨认方位等等。尽管错视对操作不利，但许多错觉还是被人们巧妙地运用：比如身体较胖的人，穿着竖条衣裤，瘦人穿着横条衣裤，用视觉错觉改变形态；在窄小的房间装一面镜子，会感到宽敞；将居室的一面墙装上窗栏，设置一幅由近及远的风景画，会产生凭栏远眺，湖光树影尽收眼底的感觉。

2.7.3 设计的知觉特征

设计的知觉是设计者或艺术家对设计对象的认识，是与设计活动相关的信息整合加工过程。他们在设计与创作的实践磨炼中，逐步形成了以下设计的知觉特征。

① 知觉的理解性较强。设计者都能以知识和经验为基础，对设计的新课题、新任务进行了解与感悟，使自己很快进入设计状态。设计者或艺术家

的发明与创造没有止境，完成一项设计任务后，紧接着开始下一项，周而复始，常变常新。设计工作的性质与规律使他们既能从原有的课题中走出来，又能以知觉的理解性投入到新的设计项目中去，而且不断增长新的知识与设计的经验，促进知觉的理解能力的发展。

② 知觉的选择性与整体性突出。设计者都有不受干扰、能透过现象知觉本质的特性，比如：审视一件设计或艺术创作的成果，不受表面现象的迷惑，往往是入木三分，单刀直入地知觉本质与精髓，也就是俗话所说的"行家看门道"；而且，凭设计或创作的阅历与见识，能从局部的、个别的细枝末节中，以知觉的整体性来知觉事物的整体。所以，国内外很多企业不敢让设计专家或大师们前来参观，即便是走马观花地看一看，自己的先进或保密的设计成果也会被一览无余地知觉到大师们的头脑中。

③ 知觉的恒常性稳定。设计的知觉在一定范围内保持稳定，不随条件变化而变化。比如：设计成果的种类、形式可以千变万化，异彩纷呈，但设计者靠知觉的恒常性，能时时刻刻地抓住设计的本质，即设计的创新与质量是永恒的话题。

至于设计者运用错觉进行设计，使人产生听觉、心态、图形等错觉，如产品的色彩、形态、艺术创作的虚构等等，都能达到以假乱真、引人入胜的错觉程度。

2.8 观察

2.8.1 观察认知简介

（1）观察的概念

有目的、有计划、相对持久的知觉过程叫做观察。观察者有明确的目的，选择固定的观察对象，使知觉有单一的指向。围绕观察对象，经过概括了解，逐步深入，最后达到透彻把握的程度。在博物馆，展览会上常常可以见到这样的现象：大多数参观的人是信步浏览，对感兴趣的展示偶尔驻足，稍作欣赏或评论；但总有很少数的参观者，长时间地对一个展品边看边想，甚至抄画或记录，这是观察的表现。他们想方设法获得更多的素材，目的很明确：或是增长知识，扩大视野；或是想临摹仿制，启发借鉴。

（2）观察的特征

观察有明确的目的和任务，拟定具体的计划，并按计划对固定对象进行系统而持久的知觉，属于有意知觉的高级形式。

观察伴随积极的思维活动，所以又属于思维的知觉。

观察是认识世界，学习科学知识，开展科学研究的出发点，是发明创造的基础。

（3）观察的方法

做好观察的充分准备，明确观察任务，制定观察计划，确定观察具体方法。

按计划、有步骤、有系统地观察，尽量使更多的感觉器官参与观察活动。

及时做好记录，获取素材宁多勿少。尽可能用拍照、录像、速写、草图等方式，提高观察效果。

观察能力是在实践中逐步训练与提高的，而且相关的知识与经验，感觉器官的敏锐、细微程度，思维的质量等都直接影响到观察的效果及深度。

2.8.2 人对产品的观察能力

人们对生活用品的观察大多运用形状知觉与大小知觉，靠视觉、触觉来实现。在兴趣、爱好、需要等因素的参与下，借助知觉的选择性来观察。知觉停留在表面程度：比如对家用电器、家具、自行车等的观察，注重的是外观造型、颜色、表面有无划痕等，其实对功能、材料、耐用程度等内在质量，由于知识的欠缺而缺少了解。

操作者对生产设备的观察，凭借丰富的专业经验和知识，观察的层次深入，注重实质，是有理性、有思维的高级知觉活动。可以判断产品的功能原理是否先进，结构是否合理，操作是否舒适，甚至开车试验一下。操作者以行家里手的身份，观察是有主见的，不被表面现象所干扰。知觉的整体性、选择性、理解性与恒常性等知觉特性在观察中运用自如，很少出现观察的差错。

2.8.3 设计者的观察能力

（1）观察习惯

观察是设计者的职业习惯，从自然到社会，从宏观到微观，从天然到人工，人世间的一切几乎都是观察的对象。他们无论见到什么，都要研究是什么、为什么、怎么办，从中丰富设计的思路与素材。正是由于这种经常的、细微的、理性的观察习惯，才使设计能"借他山之石，可以攻玉"。

艺术大师们观察生活，从一物一景、平凡琐事中，以小观大，以少纵多，"皆以小景传大景之神"积累着艺术创作的素材。使观察习惯达到"观夫兴之托喻，婉而成章，称名也小，取类也大"的境界。

（2）观察能力

设计者占有丰富的专业理论与知识，积累了设计经验。观察时的知觉活动善于由浅入深，由表及里，有极强的逻辑性与推理性。

善于捕捉事物的主要特征来加以整体观察，通过归纳和判断，了解事物的主要属性和特征。对即使没有经历过的或不熟悉的观察对象，知觉也会以感知对象的特点为转移，将它组织成具有一定结构的整体，观察知觉的组织性很强。

（3）观察方法的训练

设计者的观察活动必须遵循客观、全面和典型的原则，训练科学的观察方法。对周围的事物有强烈兴趣，坚持长期的、系统的观察。既观察事物的实质，又能注意细枝末节，留心意外现象，寻找有价值的富有启发的线索。

观察能力不是一种孤立的能力，与思维和知识，特别是与积累的经验有密切的联系，所以，设计者应当发挥自身的优势，坚持观察方法的训练。

2.9 记忆

2.9.1 记忆认知简介

（1）记忆的概念

记忆是过去的经历在人头脑中的反映。

人类的记忆力非常惊人，据数学家冯·诺伊曼在《计算机和人脑》一书中的研究表明：人有 150 亿个脑细胞，一个人一生总的记忆信息存量相当于 3～4 个美国国会图书馆 2000 万册藏书量的信息量；前苏联学者伊尹尔菲莫夫指出，一个人可以学习记忆 40 种语言，记忆一套大百科全书的全部资料，还可以有充分的能力去完成 10 种不同的大学课程的教研活动。

记忆是一个复杂的心理过程，共由三个基本环节构成：首先是识记：是识别和记住事物，积累知识和经验的过程；第二是保持：是巩固已获得的知识经验的过程；第三是回忆和再认：经历过的事物不在面前，能把它重新回想起来称回忆，经历过的事物再度出现时，能把它确认出来称再认。识记、保持与回忆、再认三个环节是相互联系、相互制约的。

可以说，有"记"才有"忆"。没有识记就谈不上对经历的保持；没有识记和保持，就不可能对经历过的事物的再认或回忆。

（2）记忆的分类

按记忆的内容划分，记忆有以下四种。

① 形象记忆：以感知过的事物形象为内容的记忆，称形象记忆。显然记忆的是形象。比如：对自己熟悉的人，在记忆中总能很快地回忆起他的音容笑貌，再见面时一见如故，就属形象记忆。

② 逻辑记忆：以概念、判断、推理等逻辑方式为内容的记忆，叫逻辑记忆。比如：对数学、物理公式、化学反应方程式的记忆，就属逻辑记忆。

③ 情绪记忆：以体验过的某种情绪或情感为内容的记忆，叫情绪记忆。比如：被蛇咬过的人对伤痛难忍心情的回忆，就属情绪记忆。于是，才有"一朝被蛇咬，十年怕井绳"的成语之说。

④ 运动记忆：以做过的运动或动作内容的记忆，叫运动记忆。比如：练习太极拳时对一招一式的连贯动作的记忆，就属运动记忆。

当然，在记忆活动中，这几种记忆都不是单一进行而是互相关联的。

如果按记忆保持时间划分，又有以下三种。

① 感觉记忆：又叫瞬时记忆，是指外界信息瞬间一次呈现后，一定量的信息在感觉通道内被迅速登记并保留一瞬间的记忆。是记忆的起点，所以，又叫感觉记忆。感觉记忆时，对信息保持的时间极短，比如：视觉的感觉记忆保持时间仅为 0.5 秒以内，听觉记忆保持时间为 4 秒左右。

② 短时记忆：是指保持在 1 分钟以内的记忆。比如：初到的陌生人介绍姓名，寒暄过后，有可能忘记，就属短时记忆。

③ 长时记忆：1 分钟以上长达多年甚至终生不忘的记忆为长时记忆。比如：大多数人对童年趣事记忆犹新，就属长时记忆。

不同时间间隔的记忆成绩如表 2-2 所示。

表 2-2　不同时间间隔的记忆成绩

时间间隔	保存量/%	遗忘数量/%	时间间隔	保存量/%	遗忘数量/%
20 分钟	58.2	41.8	2 日	27.8	72.2
1 小时	44.2	55.8	6 日	25.4	74.6
8~9 小时	35.8	64.2	31 日	21.1	78.9
1 日	33.7	66.3			

2.9.2　遗忘

（1）遗忘简介

对识记过的材料不能再认或回忆，或表现为错误的再认或回忆称遗忘。遗忘与记忆相对立，记忆的丧失就说明遗忘的出现。如果识记过的内容，不经复习，保存量随时间而日趋减少，即为遗忘。当然，遗忘是人的正常的生理与心理现象，对无用途的信息的遗忘，有利于减轻记忆负担，但对应记忆信息的遗忘，则是消极的。

德国心理学家艾宾浩斯（1850—1909 年）是记忆和遗忘现象研究的创始人。艾宾浩斯根据实验结果得出下列公式：$b = \dfrac{100k}{(\lg t)^c} + k$

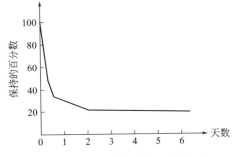

图 2-14　艾宾浩斯的遗忘曲线

式中，b 为保存量；t 为时间间隔；$c = 1.25$；$k = 1.84$ 为常数。后来学者们将此实验结果绘制成曲线图，如图 2-14。

这就是历年来一直被广泛了解的经典的艾宾浩斯遗忘曲线，也称艾宾浩斯保持曲线。曲线表明了遗忘发展的规律：在识记的最初时间遗忘很快，后来逐渐缓慢，到了一定时间，几乎不再遗忘了。即遗忘的发展进程为"先快后慢"。

（2）遗忘的原因

遗忘的重要原因在于识记后缺乏巩固复习。

无意义的材料，不符合需要的、不引起兴趣的，在工作和学习中没有重要性的材料遗忘得最快。

系列材料的开始和末尾部分记忆效果较好，中间位置的内容则容易遗忘。

抽象的材料，比如一系列数字，任意排列的字母等因无联系，无形象意义，很容易遗忘。

总之，遗忘是因为记忆痕迹得不到强化而逐渐减弱，以致最后消失的结果。这如同前苏联教育家乌申斯基所言，记忆就像建筑物，不要等快要倒塌时再去修复，否则，就等于重建，这说明及时复习是极为必要的。人们学过的知识，如果不经过复习，是不可能完整永久地保持在记忆中的，有记则有忆，是必然的规律，所以，克服遗忘的最好方法是加强复习。

2.9.3 人对产品的记忆

对日常生活用具使用方法的记忆，是凭借日复一日反复的使用而熟练，成为永久性的记忆。比如洗衣机、微波炉、录放机、照相机、手机等，都是在反复使用中巩固了记忆。

人的记忆材料呈现出由具体到抽象，由简单到复杂，由单一到多样化的发展趋势，日渐细化繁多的生活用品的使用方法，给人们增加了愈来愈重的记忆负担。比如：许多家用电器，必须按复杂的使用说明书来使用，产品生产厂家的初衷是为了简化用品使用时的按钮、键盘等识别标识，使用拉丁字母，比如"ON"、"OFF"，甚至电话号码也用"O"表示办公电话，"H"表示家用电话，却适得其反。尤其是老年人，随着记忆力的减退，老眼昏花，为了生活不得不想方设法记忆很多枯燥无味的符号，如开工资、储蓄的密码、身份证号码等等。可以说老年人对现代生活中出现的新产品，大多持反感的态度，类似手机、音响、家庭影院等用品，一般拒而不用，因为违背了他们识记与记忆的习惯。由于人们对生活用品的原理与结构缺乏必要的理论知识，处于知其然，而不知其所以然的状态，因而对使用方法的记忆，属无意义记忆，靠的是反复使用，熟能生巧。

现在，人对产品的记忆正在发生着由直观简单的传统方式向抽象复杂的现代方式变化，需要记忆的越来越多，而且越来越难；如家用电器、手机、计算机、甚至是电梯，使用的指令只是按动键钮，看似轻松简单，但若识记得不准确，产品则不会按人的意愿动作。如今，随处可见，人们不停地摆弄手机，耗费大量时间敲击计算机的键盘，付出很多，收效甚微。而且，产品还在以日新月异的变化势头，无情地冲击着人们的记忆。呈现了谁不记忆，谁就无法使用新产品的态势，谁的记忆出了差错，甚至连自己家的门都不能开启。

2.9.4 设计者的记忆

设计人员对本专业理论知识的记忆，几乎终生不忘。这是由于他们经历了长期而系统的科学知识教育，由浅入深，由简到繁，循序渐进地积累与记忆了设计必需的知识；同时，设计人员主要以逻辑思维的方式学习与记忆，在分析与推导的进程中养成了科学的记忆习惯；再有，设计人员以理性的自然科学知识为主，严谨与思辨的认真作风，使得他们的记忆精细而准确。尽管在设计过程中，要时时翻阅资料，查阅数据，但凭记忆可以迅速知道设计资料的取向。长期的设计实践，甚至能使有的设计者记忆设计手册中成千上万的枯燥无味的公式、数据。

设计人员还善于把设计中获得的新材料、新知识储存起来，使记忆的容量不断扩展。尽量做到

① 视听结合的设计：一般地说，90％以上的产品信息是通过视觉记住的，10％以上的信息是通过听觉记住的。因此，在设计中尽可能利用现代视听手段，增强了解产品使用与操作的记忆效果。比如操作机构在启动、工作中的光影显示、提示、预警的视听装置等。

② 直观形象的设计：设计者用专业理论设计了技术性很强的产品内部

结构，但产品的使用，必须能将专业理论科学普及化，有利于形象记忆。比如：操纵部位的指示标识多用形象生动的简图，少用无意义的字母。使设计符合记忆都是先从形象开始的记忆规律。

③ 简单明确的设计：由于人接受与储存信息的能力是有一定限度的，如果信息量超过这个限度，多余的信息只能在传递过程中被滤掉。根据人的这种记忆特性，为了减轻人的记忆负担，设计者必须以简单明确为原则，解决产品功能日趋增多，但让人识记尽量轻松的矛盾。比如：人的指纹绝对不同，设计开发指纹感应与识读操作的产品，只要人的手指轻轻一按，门锁自动开启、取款机自动付款、家用电器自动工作；又如，设计制造智能机器人，让它们代替人们记忆，不但记得又多又准，而且不会遗忘。

如今，人们需要记忆的信息量剧增，加重了记忆的负担。设计则应反思：产品科技含量越高，功能越先进齐全，但使用应越简单，最好的设计应当是"开机就用"。

2.9.5 怎样增强记忆力

（1）变机械识记为意义识记

机械识记是指对没有意义的材料或对事物还没有理解的情况下，仅靠其外部联系，机械重复的识记。要求识记准确，但记忆负担过重。在生活与生产中，无论人们还是设计者都需要机械识记许多数据。

意义识记是在理解的基础上，依靠事物的内在联系，并运用已有的知识经验对识记材料进行智力加工所进行的识记。

将机械识记的材料，人为地赋予一定的联系，使之意义化，可以增强记忆效果。

比如：先从机械识记开始，逐步向意义识记过渡。学生为了记忆外语单词，都随身携带自己抄写的单词本，随时随地看一看；记忆力极差的老年人、残疾人戴上名签、写明家庭地址、电话、当他们走失时，大家会帮助与家人联系；使用各种产品，不妨也将操作程序、指令、密码等用大字抄写，贴在用品上；随身携带记录本，记载生活和工作必需记忆的数字或事宜；甚至记载同学、同事、亲属的姓氏，防止见面时的尴尬……慢慢地形成了条件反射后，在熟练与理解的基础上，自然会产生意义识记的质变。

（2）直观形象识记

用感性材料为支柱理解与记忆的理性知识。如模型可以减轻记忆的负担；人的绰号比名字好记，是由于绰号突出了形象特征。眼前耳旁如同细菌般无孔不入的广告，也是以直观形象的手段强迫人们留在记忆中。

（3）多感官参与识记

既然记忆是一个复杂的心理过程，因此，多感官参与也是一种增强记忆的方法。比如记忆英语单词，参与会话，听广播，自制单词本随手翻阅，甚至把英语单词印在衣服上，互相提示识记，也可能是一种值得尝试的方法。

（4）复习

复习是记忆之母。及时复习，使即将消失的、微弱的痕迹重新强化，变得清晰，避免进入先快后慢的遗忘轨道；多样化复习，使人感到新颖，激发智力活动；高效复习，可防止大脑神经抑制的积累。心理学的研究，力图给人以有效的记忆术，然而真正的记忆术还是来自于人的主观积极性及识记的科学方法。

2.10 思维

2.10.1 思维简介

思维的概念：在表象与概念的基础上，经过分析、综合、判断、推理等达到认识事物的思考过程，叫做思维。

其中表象是指客观事物在头脑中留下的痕迹；概念是指反映事物的一般的、本质的特征。

思维与感觉、知觉一样，是人脑对客观现实的反映。人的思维属于认识的理性阶段，是更复杂、更高级的认识过程。在心理学中，思维是在特定的科学含义上应用这个词，指的是人脑的一种反映形式，一种加工过程。而在中国的语言习惯中，常常把思维说成是"心里想事"，即"想"。

比如：认识一个三角形，感知觉只能反映三角形的形状和大小。而上升到思维则能舍弃三角形的具体形状和大小等非本质的要素，而把三角形具有三边和三个角这一共同的本质特征总结出来，完成理性的高级认识过程。

在生活与生产活动中，人们对产品的认识过程，都是先从感知觉活动开始，随着感性知识的丰富与积累，开始提出新的要求与设想，产生新的思维创意。

2.10.2 思维的特征

（1）概括性

在大量感性材料的基础上，把一类事物的共同本质特征和规律抽取出来，加以概括，是思维的概括性。如铅笔、钢笔、毛笔等，能概括出笔的特征为人类制造的专门用来写字的工具，即书写工具。又如水果、粮食、工具、金属等等都属于概括性的名词。

思维的概括性使人们的认识活动摆脱了事物的局限性和对事物的依赖性，不仅扩大认识范围，而且也加深了对事物的理解。

（2）间接性

借助于一定媒介和一定的知识经验对客观事物进行间接的反映，是思维的间接性。如中医讲究的"望、闻、问、切"的诊病方法：通过观察患者的气色、倾听述说、询问感觉、触按脉搏，就能断定为直接观察所不能达到的病人内部器官的状态，并确定病因、病情和治疗处方。

思维的间接性能使人超越感知提供的信息，认识那些没有直接作用于人的各种事物的属性，揭示事物的本质规律，预见事物发展变化的进程。从这个意义上讲，思维认识的领域要比感知觉认识的领域更广阔、更深刻。

（3）时代性

思维随时代的变化而发展，是思维的时代性。人的思维受社会实践活动的制约，实践是人的思维活动的基础。不同历史时期，由于人们对客观世界的认识水平不同，思维水平也不同。比如，20世纪50年代出生的人崇尚节俭，而他们的子女这一代人，与父母在思维上产生了强烈的反差。

（4）思维与语言

语言是思维赖以进行的载体，借助语言能表达思维的结果，是思维的语言表达性。思维中的概念是用语言中的词来标意的，如水、金属、热等概念。借助概念进行判断和推理也是凭句子来进行的，如金属能传热，铁是金属，所以铁能传热。

马克思曾经指出："语言是思维的直接现实"。语言是为人类共同理解的一种符号。通过这种物质形式的符号，才能把某一类事物的共同的、本质的特性和它们之间的联系确定下来，巩固下来。

人类的语言中，不论哪类语种，唯独"妈妈"是全人类共同的语音，是人类思维共同的表现，饱含着对母亲养育之恩的赞颂。思维敏捷的人，往往语言的表达也自然顺畅。"想好了再说"，即思维在前，表达在后。反过来，不假思索地信口开河，正是颠倒了思维与语言的关系，所以才有急不择言、语无伦次的语言表达现象。思维深邃的人，往往语言的表达也充满哲理。"出口成章"，是思维质量高、语言修养好的结果，即使是即席讲演，也会言近旨远，大有"余音绕梁，三日不绝于耳"的语言震撼力量。

2.10.3 思维的类型

思维的类型很多，说法也不尽相同。但较为公认的有以下九种。

（1）动作思维

是指在思维过程中依赖实际动作为支柱的思维，又称实践思维。特点是，任务是直观的，以具体形式给予的，解决方式是实际动作。

2～3岁的婴儿尚未掌握语言，他们通过摆弄物体，在动手中认识物体的属性。动作停止了，思维也停止。他们不能在动作之外去思考，更不能计划自己的动作及预见动作的效果。

成人也有类似的动作思维，比如半导体收音机没有声音时，可能不假思索地打开电池盖，手按一下电池，或者用手拍一拍等，都是通过动作来解决问题。生产流水线上的工序工人，动作极为熟练，达到了重复动作丝毫不差的程度，也是一种动作思维的表现。当然成人的动作思维与婴儿总是有区别的。

（2）形象思维

用表象来进行分析、综合、抽象、概括的思考过程，叫形象思维。形象思维的基本单位是表象，又叫具体形象思维。3～6岁的幼儿有明显的形象思维表现，他们主要靠具体形象来思考。比如：儿童对数的思考实际是借助几个人，几匹马等实物表象支持下进行的。使用产品的人，不能离开形象思维，因为产品首先是以外观形态、线条、色彩及装饰的直观形象引起思维的。

特别是艺术家们，比如导演要构想角色的形象，化装与置景的形象；音乐家用乐音表现构想的主题与描绘的形象；即使是运用语言艺术的作家，也应该写得能使读者看到语言所描写的东西就像看到了可以触摸的实体一样。画家的绘画作品，也是形象思维的结晶。达·芬奇的"蒙娜丽莎"神秘微笑的形象，已成为人类形象思维中的最高享受。

中华民族的文化底蕴，满载着形象思维的硕果，京剧脸谱、古城名胜、桥亭塔寺……古老的北京城，几千条胡同，名字惟妙惟肖，小拐棒胡同、咸瓜胡同、烟袋斜街，前人形象思维留下的珍藏，让人回味不尽。

（3）抽象逻辑思维

运用抽象的概念，理论知识，定理公式，遵循严格的逻辑规律，逐步推导，揭示客观规律与真理的思维过程，称为抽象逻辑思维。比如：学生学习科学知识，科学工作者进行的某种推理、判断等都要运用这种思维。这是人类思维的典型形式。在个体思维发展中，只有到青春后期，才具有较发达的抽象逻辑思维。

在人的学习和活动中，尤其在自然科学领域的研究中，学习操作的程序与方法，要运用抽象逻辑思维；在产品的设计计算中，是运用专业理论知识、定理公式、资料数据进行严格的逻辑推理的思维过程，借以保证产品的结构系统合理，材料选择与强度校核可靠，使产品耐用安全。

（4）直觉思维

在知识与经验的基础上，未经充分逻辑推理的直观判断，称为直觉思维。

直觉思维属非形式逻辑思维，没有完整的逻辑过程，迅速对问题的答案做出合理的猜测、设想或突然顿悟的思维。思弗里奇在《科学研究的艺术》一书中说："直觉用在这里是指对情况的一种突如其来的顿悟或理解，也就是人们在不觉地想着某一题目时，虽不一定但却常常跃入意识的一种使问题得到澄清的思想。"爱因斯坦说："在科学创造中，真正可贵的因素是直觉。"

流传在中国民间的谚语，如"燕子低飞蛇过道，蚂蚁搬家山戴帽"是雨前的征候；农民一年四季的耕种劳作，比如看到夜空中的"三星打横"就知道东方即将破晓。

人的直觉是一种突发性的瞬间判断，刹那间便把握住主要矛盾。是智力活动的飞跃，是以经验为基础，对经验的共鸣和理解，所以直觉并非绝对正确。但是，直觉可以引起购买冲动，在各种可能很难分清优劣的情况下，更多的是凭直觉进行选择。

有经验的设计者，能够凭借非凡的直觉能力，在纷繁复杂的设计环节中，敏锐地预见到将会出现的创造与发现，所以直觉还可能引发设计的新构想。设计者对于基础理论与基本原理的把握，以及对本学科的研究方法的洞察力，凭借自己的设计直觉，往往能摆脱传统观念及世俗偏见的束缚，超越现实的预见与探索设计的未来。

（5）灵感思维

在文学、艺术、科学、技术等活动中，对百思不解的问题进行艰苦的探索，潜意识受到刺激与诱发，突然获得的顿悟，称为灵感。

钱学森在《关于形象思维的一封信》中指出："创造性思维中的灵感，是一种不同于形象思维和抽象思维的思维形式。"灵感源于古希腊文"Θεοπνε Θγcα"，即神的灵气；柏拉图称灵感是"神灵凭附"；在中国，先哲大师们对灵感也有许多描述：如庄子的"似乎无理，官知止而神欲行"的神遇；淮南子的"视丑美，别异同，明是非"的神气；陆机的"来不可遏，去不可止"的应感；刘勰的"神用象通，情变所孕"的神思；韩愈在《答李翊书》一书的"处若忘，其若遗，俨乎其若思，茫科其右迷，当其取于心而注于手也，汩汩然来矣"；等都是他们对灵感的亲历与感受。

灵感是人的全部精力、智力高度集中、升华的表现。在灵感状态下，人的注意力完全集中在创造的对象上，思维异常活跃。灵感虽然有突发性，但灵感是不会垂青于懒惰的人。前苏联一位艺术大师说："灵感是对艰苦劳动的奖赏。"从科学史看，灵感往往是在良好的精神状态下产生的，而且，常常出现在经过苦苦追求后的暂时的松弛状态。

艺术家们的创作最讲究灵感：鲁迅为了创作阿Q的形象，曾经苦苦构思几年，等待创作灵感的出现；当贝多芬谱写不出满意的乐曲时，备受折磨，无奈到广场散步，突然产生了乐曲创作的灵感，用手杖写到广场的沙地上；画家毕加索在创造灵感的冲动中，将画绘在一位乞丐的背上，尽管国家博物馆费尽心思想收藏这幅艺术的绝世之作，也毫无办法。

在生产劳动中，往往由于一个意外事件，引发诱因，激发了技术革新的灵感：钻孔用的钻头掉在地上，刃部被摔出参差不齐的豁口，却出乎意料，反而钻削效果很好，于是，灵感促成了多刃钻头的诞生；平素，人照镜子习以为常，但勤于思考的设计者却从中诱发了灵感，研究镜面反射式电视及计算机的屏幕，不但减少射线的辐射，而且保护了视力；炎热的天气里，很多人喜欢把头部伸进冰箱里清凉一下，于是，设计者立刻产生了冰箱与空调合一的设计新思路。

（6）发散思维

发散思维是以一个问题为中心，向四面八方发射，想出多种答案的思维方式。

发散思维在思考问题时信息向各种可能的方向扩散，并引出更多的新信息，使思考者能从多种设想出发，不拘泥于一个途径，不限于既定的理解，尽可能做出合乎条件的多种答案。发散思维的主要功能是求异创新。例如，列举纸的用途，可扩散出来的答案有：书写、糊墙、做灯罩、做鞋垫、扇风、擦拭用具、魔术道具、测风向、当乐器等。这些答案把纸的用途发散到各个领域，在不改变纸的性质前提下，每一个答案都应当合理。有人能用发散思维列举回形针的用途多达三万种。

人们在选定一种产品时，也要先以发散思维的方式，尽可能地更多收集同类产品的信息，几乎要将国内外生产的众多品牌产品的资料放在一起，进行购买前的分析、对比，进行预测评价，最后才能做出购买的决策。

无论做什么事情，往往都有多种方案，只要将思维发散开来，就会想得多，想得全，思路便极为开阔。比如：学生学习科学知识，不仅仅限于作习题，而且运用发散思维想到知识的更多用场；演员演戏，也不能局限于剧本规定的情节和台词，而是发散开来，演出自己的个性。

设计时时处处都在发散思维：讲究多功能，多角度，多层面，多方向，四面八方、海阔天空地发散。比如，设计构想一支笔，除了书写的主要功能外，还可以发散出更多的功能：笔中有测量体温、计时、照明等功能；还可以当作印章；像电视天线一样伸缩，用来当作教鞭或指挥棒。

艺术创作时时处处都在发散思维：只有百花齐放，才能推陈出新。只有"思接千载"才能"视通万里"，从广阔的视角中进行构思创作；只有"通度"才能"则久"等等。先哲们的训导都告诫人们，只有运用发散思维，才能在设计与创作中依当今时尚以求辞奇意新。

（7）收敛思维

收敛思维是指，为了获得一个问题的最佳方案，从不同的方向和角度，将思维指向这个答案，以达到解决问题的目的。收敛思维与发散思维的过程相反，又称集中思维或辐辏思维。收敛思维必须以发散思维为前提，而且收敛思维是纯理性的思维方式，主要功能是求同。

收敛思维的基本方法有：抽象与概括、分析与综合、比较与类比、归纳与演绎。利用这些方法，从发散思维得到的众多答案中，有方向、有范围、有条理的推理，最后产生逻辑的结论，选取一个最佳的方案。

人们在众多同类产品的品牌中，选定一种品牌；在众多的方案中选定一种认为是最佳的方案，都要经历收敛思维的艰苦过程。

（8）逆向思维

逆向思维是突破思维定式，从相反的方向思考问题。人们常说的"反过来想一想"，便是逆向思维的应用。由于逆向思维改变了人们探索和认识事物的思维定式，因而比较容易引起超常的思想和效应。逆向思维的思考方向有原理逆向、方向逆向、尺寸逆向、常识逆向等。

比如历来烫发都是热烫，反过来想，出现了冷烫；衣物水洗反过来干洗；吹尘反过来吸尘等，都是逆向思维的产物。

面对降价处理的商品，常常会反过来想一想为什么，也是逆向思维的表现。

运用逆向思维，可能会把常人认为不可能的事变成现实。俄国一位指导老师指导学生研究如何减轻电闸开关时电火花对刀闸的损伤。在研究过程中，学生反过来思考，运用逆向思维发明了电火花加工金属材料的新工艺方法。

（9）创造性思维

创造性思维是重新组织已有的知识经验，提出新的方案或程序，并创造出新的成果的思维方式。创造性思维是指有创见的思维，即通过思维不仅能揭示客观事物的本质及内在联系，而且要在此基础上产生新的、前所未有的思维成果。能带来新的社会价值，标志着智力水平的高度发展。

许多心理学家认为，创造性思维是多种思维形式的综合体。在创造性思维中，既有抽象思维，也有形象思维；既有逻辑思维，也有非逻辑思维；既有发散思维，也有收敛思维。是一种横跨于各种思维类型的高级思维方式。

创造性思维的特征包括有独特性、求异性、灵活性、敏捷性、突发性、跳跃性、综合性与联动性。都说明创造性思维中的问题是没有现成答案的，解决这个问题是孜孜不倦的劳动，要求人的全部精力高度集中，心理活动处在最高水平上运行，而且思维中的探索，从某种程度上说是一个无限的过程。

2.10.4 思维的训练

每一个人，都应开展创造性思维的训练，因为创造性思维是多种思维形式的综合活动。

（1）思维交错的训练

在解决问题的过程中，将各种思维方式交织在一起，综合运用，寻找解决问题的突破口，是思维训练的一种方法，比如：图 2-15 是思维交错训练时常用的独立钻石棋。

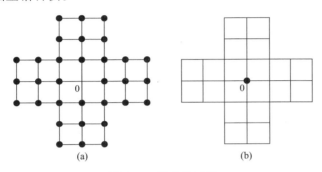

(a)　　　　　　　(b)

图 2-15 独立钻石棋

其中共 32 粒棋子按图 2-15（a）摆放。走法如跳棋，跨过一粒为吃掉。如果用 18 步完成，而且所剩一粒棋子走到中间的 0 处，证明思维质量很高。

走棋时，思维活动的每一步，都要审视向既定目标有否推进。如果有所推进，思维将继续进行下一步活动，如果不能推进，退回原处，寻找新的思路，一步一步向目标逼近。

思维过程中，可能运用逻辑思维、推导判断；也可能用发散思维沿着不同方向探索；还可能用收敛思维选择最佳的方案；甚至运用直觉思维或者在百思不解的时候可能引发的灵感。

设计者在构想产品结构时，在多种方案中会出现许多设计的结果，但最后只能选定一种方案。比如：传动结构用皮带传动会怎样，用链传动又会怎样，思维要交错进行。

（2）单一思维的训练

对一种思维方式进行侧重的训练。比如以手表为发散思维中心，想出至少 60 种用途；用七巧板摆出有意义的图形，越多越好；列举判断南北方向的众多方法等等。进行专门的发散思维练习。

又如：形象思维训练，最有效的是勤于动手，在做的过程中去感受形象。小学生的手工劳动课是创造形象的动手训练有效方式；人们与设计者对文学，比如读作品；对文艺，比如学一种乐器；一位焊接工人，爱好书法，对文字形象与风韵的感受，引发了用电焊条在铁板上的电焊书法，别开生面。

2.11 想象

2.11.1 想象简介

（1）想象的概念

结合知识与实践对头脑中已有表象加工，构成新形象的过程，叫做想象。

在中国，"想象"一词最早见于屈原《楚辞·远游》："思旧故以想象兮，长太息而掩涕。"曹植在《洛神赋》中"遗情想象，顾望怀愁"的诗句，也提及了"想象"。

想象的基础材料是表象，即客观事物在头脑中留下的痕迹与印象。

想象是新形象的创造，因而想象的内容往往出现在现实生活之前，但任何想象都不是凭空产生的，总是从现实世界中的规律出发的。想象是反映客观现实，把人脑中过去感知的各种形象进行组合的过程，也是人脑对客观现实反映的一种形式。

（2）想象的种类

想象有两种类型：一是再造性想象，是根据语言的描述或图样的示意，在头脑中构成相应或相仿的新形象的过程；二是创造性想象，是不依据已有的描述而独立地创造出新形象的过程。幻想也是一种与愿望结合并指向于未来的创造性想象。

（3）想象的功能

人们根据产品使用说明书的描绘或产品样本的示意，了解了产品，在此基础上，产生与该产品相似的新形象，于是，对现有产品有了改进的设想。

技术工人根据生产图样，准确想象零件的形状，按图样的规定加工零件、装配机器。而且由于他们反复使用生产设备，不断加深理解，因而往往可以想象改革完善现有设备的新方法。

艺术创作靠想象，在艺术作品诞生前，就已对艺术效果有所预见，胸有成竹，意在笔前的说法，就是指动手画竹之前，已想象到画面的意境与气势。

瓦特由水蒸气掀动壶盖而想象到蒸汽推动活塞在汽缸中往复运动，发明了蒸汽机。设计者正是靠这样的想象，开发新的产品与设计。在设计每个环节中，设计者都要靠想象，比如设计构想，空间状态构想，加工工艺构想，几乎设计的每一个细节都要通过想象进行，并将头脑中想象的设计成果，表现成外观图，或制作出逼真的模型。之后，才制造出现实中的产品。因此，想象是设计者创造的先导，想象激励设计者创造。

在设计者的头脑中也常常充满幻想：因为幻想常常是科学发明的先导。没有幻想，就没有设计的创造与进步。美国哲学家杜威有一句名言："科学的每一项巨大成就，都是以大胆的幻想为出发点的"。

2.11.2 想象的训练

由于想象是由语言的描述或图样的示意所引起的，所以要深刻理解并掌握语言与图样的意义。每一个人，尤其是设计专业的学生，学习科学知识，是丰富想象力的重要途径。

丰富的表象储存，表象愈多，再造想象的内容也愈丰富。所以扩大视野，掌握多学科的知识，有利于想象的形成与发展。

放宽心态，在轻松愉快的气氛中，欣赏文学、艺术作品，强化形象思维，积累表象，使想象更加丰富。

思维积极活动，用思维调解创造性想象的构思过程。尤其在常人眼里微不足道的事物，也应展开想象，从中得到启发。

建筑设计者运用想象，绘制建筑的外观图，制作建筑模型的沙盘，使人们在建筑尚未开工之前，就能领略未来建筑的优美意境。

思 考 题

2-1　名词解释

　　感觉　知觉　观察　记忆　思维　想象

2-2　简述感觉的种类与成因。

2-3　怎样保护视觉与听觉？

2-4　什么是色彩的三要素？

2-5　怎样增强记忆能力？

2-6　常见的思维有几种方式？分别说出各种思维的定义。

2-7　用自己的体会，举例说明想象的概念。

第3章

人的心理状态

- 意识
- 注意
- 意志行为
- 情感过程

人的心理状态，包括意识、意志和情感等心理过程与心理现象。

3.1 意识

3.1.1 意识简介

意识是指人的头脑对于客观物质世界的反映。意识是以认知、思维、语言等心理现象为基础的一个有系统的整体，也是一个人心理体验的总和。意识包括自身意识和对客观事物的意识，即存在决定意识，意识又反作用于存在，"意识在任何时候都只能是被意识到了的存在"❶。

意识是一种能力，经验越丰富，意识的水平越高。人能意识到自身的感知、思维和体验，也能意识到应该怎样做，应该怎样调节自己的行动。

3.1.2 意识的特征

人们在进行生活或生产活动之前，就有目的与计划意识，明确活动的目的，预见活动的效果，并有计划、办法，然后才行动。购置产品的动机，是出于使用的需要；并且对购置的方式、渠道等都有计划与方法。

靠自身的选择意识，能在纷繁复杂的客观事物中，选择最有意义、符合活动目的的事物。比如：对产品进行全面考查后，能把产品的直接印象与已有的知识、经验联系起来，加工改造，形成意识的抽象能力和推理能力，主动地调解和支配实践活动。

生活与劳动使人产生了意识，意识的内容与水平又随社会的进步与发展而日益丰富与发展。比如：今天人们的消费讲究超前意识；使用崇尚品牌意识；身份的象征意识；追求舒适安全意识等等都可能与上一代人的艰苦奋斗、俭以养德的思想意识形成强烈的反差。

设计者对自己承担的任务及活动的目的，有明确的设计意识，能以制定

---

❶《马克思恩格斯选集》第一卷，1972年版，第30页。

的设计程序，有计划、有步骤地开展设计活动，准确地向预先构想的成果逐步深入。同时，设计者又以人的需求、使用等意识为依据，主动地调节和支配设计的实践活动。

随着社会生产力和科学技术的迅猛发展，产品日益激烈的竞争，不但要求提高设计意识的水平，而且还要不断强化竞争意识、创新意识等等。

3.2 注意

3.2.1 注意的概念

注意是人的心理活动或意识对一定对象的指向与集中。是意识的一个属性。

人们生活在世界上，每时每刻都在面对应接不暇的无穷信息与感知的对象，人们不可能在同一时刻感知很多对象，只能感知有限的对象，达到集中精力，深入透彻认识对象的目的。学生以科学知识为感知对象，工人以操作技术为感知对象，设计者以产品为感知对象，都是注意的高级心理活动的表现。

3.2.2 注意的特征

作为心理活动积极状态的注意有两个特征：一是注意的指向性，是指心理活动选择某一事物为对象而抛开其他事物，比如初上舞台演出的新手，注意的选择与指向是演出的效果，对演出环境的布置装饰等并不留意；二是注意的集中性，是指心理活动全神贯注的集中到某一事物上，比如专心看书的人，心理活动完全集中在对书中内容的欣赏和理解上，而对周围发生的事情几乎没有察觉，书成为注意的中心，其余的事物变为注意的边缘。

3.2.3 注意的种类

（1）无意注意

事先没有预定目的，也无强迫意识的注意，叫无意注意。比如学生都在听课，突然一个人手机响声大作，大家会不由自主地转过头看他，这是无意注意。引起无意注意的原因，一是刺激强度大，与周围环境有鲜明的对比，容易引起注意。二是主观状态也影响人的无意注意。

产品博览会上，厂家常运用这些因素，如广告、装饰、灯光、音乐吸引参观者的注意力。

（2）有意注意

有预定目的，需要付出一定意志努力的注意叫有意注意。是一种主动服从于一定目标的注意，时常受到主观意识的主动调节和控制。比如工人正在机床上加工零件，忽然听到外面文艺演出开始，工人也会不由自主地张望或倾听，这是无意注意。但加工工作不能停下来，工人靠主观意识，仍注意集中生产，这是有意注意。

这种有意注意的能力，即使出现很多干扰的状态下，靠意志努力，也能把注意有意识地集中并保持。马克思说："除了从事劳动的那些器官紧张之外，在整个劳动时间内还需要有作为注意力表现出来的有目的的意志，而

且，劳动的内容及其方式和方法越是不能吸引劳动者……就越需要这种意志。"❶

（3）有意后注意

有预定目的，但不需意志努力而继续保持的注意，称有意后注意。设计者一般都具备这种高级类型的注意，为了实现设计预定目的，设计者锲而不舍地努力，是从事设计创造劳动的注意品质。

3.2.4 注意的品质

（1）注意的广度

注意的广度也称注意的范围，是指在同一时刻内清楚地把握较多对象的注意品质。比如：数控机床的操作工人；电脑打字人员对大量按钮、键盘符号的控制及操作；飞行员对上百个显示仪表的控制与操作；汽车驾驶员对复杂路况的大范围注意，都靠注意的广度品质，使注意范围不断扩大。

（2）注意的稳定性

人的注意能长时间地保持在操作的对象上。这是注意的时间特征。注意稳定性的标志是操作在某一段时间内的高效率。由于人的感受性不能长时间地坚持不变，总是间歇地加强和减弱，因此注意力也表现出时高时低的周期性变化，这种注意的起伏现象，在相对稳定的注意中也是存在的。所以，人才有工作或学习，休息或睡眠的生活节奏，以一张一弛的生命节奏适应注意的起伏特征。显然，将注意长时间的集中于某一目标上，比如不分昼夜、无休止地操作计算机，并不能说明注意的稳定性好。因为不仅效率不高，而且有损于生命机体的健康。

（3）注意的分配

在同时进行两种或几种活动时，把注意分配到不同的对象上，是注意的分配品质。生活和生产活动中常有注意分配的现象：教师边写边讲，还要注意学生；学生边听边记，还要回答问题；司机驾驶汽车，目视前方，手脚并用；足球运动员带球过人，既要注意对方的围抢，同时又要注意队友的位置，抓住传球的时机；乐队的演员，在演奏乐器的同时，还能兼顾乐队的指挥；至于钢琴演奏家，双手十指的分别动作等等，都是注意分配能力的表现。

（4）注意的转移

注意的转移是指根据新的任务要求，主动及时地把注意从一个对象转移到另一个对象上，或从一种活动转移到另一种活动上的特性。

一位演员在一场戏中要同时饰演两个完全不同的角色，是靠注意的转移能力，从一个角色一下子变成另一个角色；一位素质很好的飞行员，在起飞或着陆的5～6分钟内，注意的转移达200多次。

注意的转移不同于注意的分散，前者是有目的、主动积极的转移，而注意的分散是消极被动漫不经心的离开注意的对象。

❶《马克思、恩格斯全集》第23卷，人民出版社，1972年版，第202页。

3.2.5 注意品质的应用

凡是能满足人的需要，无论是生理的物质需要还是精神、文化的需要，都容易成为无意注意的对象。艺术创作、开发产品，满足人的需要，引起兴趣和注意，是选题的重要依据。由于人的精神状态对无意注意有重大影响，在精神饱满时，最容易对新鲜事物引起注意。设计中，提升产品或作品的艺术创意水准，增加文化内涵，使人对产品有亲切的感受，注意不但集中，而且也能持久。

由于有意注意是有预定目标的注意，所以设计者对设计任务的目的及重大意义理解得越清楚、越深刻，完成设计任务的愿望愈强烈，与完成任务有关的一切事物就越能引起设计者的注意。

设计者、艺术家都有优异的注意品质：不管工作任务多么复杂，他们都能同时把握多种对象，井井有条，靠注意的广度特性从千头万绪中走出来，圆满地完成工作任务；他们能把注意的目标紧紧锁定在设计与创作的对象上，而在灵感来临的某一段时间内又能获取高效率，靠注意的稳定性锲而不舍地工作；他们有同时进行多种工作，把注意分配到不同对象上的能力，使设计与创作的各项任务齐头并进，靠注意的分配能力去独当一面；他们的职责是创造，是从一个高度走向另一个新的高度，注意的转移品质使他们永不满足已有的成绩。

注意品质是设计与创作活动的基本保证，是创造型人才都应当具备的品质。

3.2.6 注意品质的锻炼

（1）明确目的，学会注意

工作或学习，首先应明确自己工作或学习的目的，使注意有明确的指向性与集中性。今天生活水平的提高，使人们不再为温饱而担忧。面对来自各方面的诱惑，如何确定自己人生的目标，才能方向明确，集中精力去实现人生的价值。为此，应大处着眼，小处着手，在细小的事情中，加深对目的的理解，学会注意的指向与集中。

（2）动脑动手，强化注意

如果结合自己的技术业务，学习科学知识，发展思维，勤于动脑又动手对保持注意有很大作用，进而对技术革新、发明创造的欲望会更加强烈。

设计者、艺术家和学生，多参加实践劳动，动手中会有助于引起和保持注意。

（3）培养兴趣，锻炼注意

选择健康有益的业余爱好，培养广泛的兴趣，是锻炼注意品质的有效途径。在紧张的工作与学习后，兴趣与爱好缓解了紧张、疲惫的心态，有利于排除不良的干扰，消除杂念，以充沛的精力，投入工作与学习活动中。

3.3 意志行为

3.3.1 意志行为简介

（1）意志的概念

决定达到某种目的而产生的支配、调节行为的心理状态，称为意志或意志行为。人总是在追求着某种目标，比如：想干好一项工作，想发明创造，想增加知识，这些活动是有意识、有目的、有计划地实现的，而且，在行动之前，已做好了支配、调解的心理准备。所以，意志活动是人的内在意识向外部行动的转化。只有转化，才能实现目标，意志体现了人的意识的能动性。

（2）意志的特征

意志以目标为前提：对奋斗的目标越是明确，越是意识到实现目标的深远意义时，意志就越是坚定。

意志以调节为基础：有目的的意志行为建立在正确的感知与最佳决策的基础上，靠对行动的方式与方法的不断调节，控制意志行为的发生、发展与达到目的的全过程。

意志以挫折为检验：无论做什么事情，要实现预定目的，总要遇到客观环境及人们自身的不利因素，比如困难或挫折，甚至是失败。是勇于跨越还是畏缩回避，是意志行为的衡量尺度。

3.3.2　人的意志行为

（1）选择产品的意志活动

为了满足使用的特定需要，人们经过思考或决策，预先确定了选择产品的目标，有计划地支配选择产品的行为，同时不断收集信息，不断调节自身的意志行为。比如：选定一个厂家的产品后，又发现另一厂家的产品有优势，善于做出决策。

购置产品或设备常常面临种种矛盾，比如：产品的价格、质量等，需要做出意志行为的调节与努力。

在考察与选择大型成套设备，尤其需引进国外产品时，巨额资金准确合理的运用，是企业最应慎重的决策。比如大型设备，资金达几十亿，稍有差错，会造成不可估量的损失。企业群体的意志行为受到严峻考验。对企业的发展方向，凡是没有充分论证可行性，缺乏实现预定目标的支配与调节的决策，盲目上马或转产，违背了意志由主观意识向客观实际转化，必定导致企业的破产。近年来，在优胜劣汰的生存与发展的竞争中，给很多企业留下了惨痛的教训。比如，原来生产医用卫生材料的企业，产品的市场在不断扩大，但为了发展而盲目转产，由国外引进了成套设备，结果新产品无人问津。尽管工人们非常谅解企业的决策者，说："虽然转产失败了，我们下岗了，但我们很理解，因为都是为了我们。"可见，学习心理学常识，懂得意志行为的特征与规律，直接关系企业的发展与生存。

（2）使用产品的意志活动

使用产品，就要有精力与体能的付出，就要劳动，因为劳动总是不如休闲娱乐那样轻松自在，因而，使用产品的过程就是意志驱动与调节的心理过程。

人们靠意志行为了解熟悉产品。比如：要学会使用计算机办公，就要耗费很大的精力学习打字、编排等操作程序；而要想扩大计算机应用领域，就要不断地学习新的软件，软件日新月异地发展，人们应接不暇，很有可能成为使用新工具的落伍者；产品的科技含量越来越高，人们的科学知识与文化素养也必须越来越丰富，才能成为使用产品的主人；要想得心应手地使用产品，创造高效率、高效益，就要动手改进产品等等。显然，没有意志行为的约束与驱动是难以实现上述这些目标的。

但是，无论生产方式如何变化，人们在生活与生产中的意志力量，是跨越困难、承受风险，最终走向成功的重要保证。

3.3.3　设计者的意志品质

设计活动是破解未知，从无到有的艰苦创造过程，充满挫折，甚至失败。因此，意志品质是设计者重要的心理因素。

（1）设计意志的独立性

意志的独立性表现在设计者独立自信的决策与行动，不受客观环境影响的特性。独立性以冷静的理性思考为基础，充分发挥设计者自身的智慧和个性，向预定的设计目标行动。

设计有多种方案，而且不同方案各有利弊，几乎没有尽善尽美的方案。站在不同的视角，观念各异的旁观者，都有不同的评价。只要设计者运用专业理论及科学方法，确定方案后，就应以坚定的意志，将设计进行到底。意志的独立性使设计者充满自信与主见，使设计充满独创性。

（2）设计意志的果断性

意志的果断性表现在设计决策的迅速与决断。工程设计中，最受欢迎的是能独当一面的设计人才，他们一旦接受设计任务，不附加任何条件，敢于挺身而出，处事果断，把握时机，按既定方针行动。

在一场战斗的白热化时刻，指挥人员雷厉风行，独断专行，才能抓住战机。战场上，狭路相逢勇者胜，当机立断是难得的意志品质。

（3）设计意志的坚韧性

设计是从无到有、为人类提供新思想、新方法、新工具的创造性劳动过程，是叩响未知之门，破解种种"不可能"谜团的探索过程。

当设计或创作取得成功时，人们的物质与精神生活会因此又跨上一个台阶。在受益与享用的喜悦中，并不需要了解谁是始作俑者。比如：人们使用的冰箱、电视等家用电器，只知道生产的厂家或品牌，而很少知道设计者的名字；当设计失败时，设计者和艺术家的名字可能不胫而走；至于对探索、迷惑的困扰，对嘲讽、责难的承受，在逆境与磨难中的崛起，都是常人难于理解与体会的。

所以，设计是艰难的跋涉，百折不挠；设计是为人类作嫁衣裳，只有奉献，这才是设计意志的坚韧性。

（4）设计意志的自持性

意志的自持性表现为设计者自我约束的自制力。设计活动的成功与失败，能给设计者带来收获的愉悦，也可能是无情的煎熬。调整设计心态，一是运用意志的激励功能，实现设计的成功目标；二是运用意志的抑制功能，控制转化冲动、盲目、沮丧等不良心态。

3.3.4　怎样锻炼意志

学习与研究了意志的常识及心理特征，应当对意志品质进行有意识的培养与锻炼。

（1）心存高远，志在抱负

人为什么活着，古往今来，话题长久。面对人生的价值，每一个人，都有思考，都要抉择。这也是锻炼意志的首要问题。生活中，人们面临物质与精神的追求；劳动中，人们面临索取与奉献的考验；学习中，学生面临进取与成才的期望。每一个人，只有把自己的一生紧紧联系在国家与民族的命运上，立志书写崇高而壮丽的人生时，才能胸怀大志，浩然正气，才能获得人生的最大幸福，才有值得欣慰的社会价值。每一个人的志气与执著，汇聚成国家与民族的凝聚力，在人生、事业、进取的激励下，锻炼意志将有无穷的动力。

（2）从小事做起，强化锻炼意志

意志是自觉地确定目的，为实现目标而决策调节行动的心理过程。人在不断地追求新的目标，不断地奋斗。在主观意识向意志活动转化的过程中，逐步积累了支配、调节行动的经验。所以，留心身边的小事，于细微处强化意识，是锻炼意志的有效方法。

教师和家长，在学生做一道题、写一个字的时候，都要不失时机地耐心启发与引导，使学生懂得小事情中蕴含着大道理，养成求真务实的习惯，学会怎样确定目标和任务，怎样调节自己的行动。在潜移默化的过程中，学生锻炼了意志。

目前，许多心理学家都在研究青少年中的自我启蒙的心理特征：一位初中毕业的学生，因家境贫寒而辍学放羊，一天，他突然想到，难道我的一生就这样渡过？他向唯一的哥哥诉说，此后，不但读了大学，而且正在攻读博士；一位高中学生，父母因忙碌而无暇顾及，从来没有苦口婆心的说教，这位学生不但学习成绩优异，甚至对有的学习内容感到浅显而自学其他知识。这些心理现象，似乎令人困惑，但意志的心理特征可以揭示这个不解之谜：表面看来，这些学生无人问津，无人关照，但实质上，来自社会、学校、家庭的积极影响通过他们的感知向主观意识转化，引起思考，受到启发，形成意识；反过来，他们又将追求人生目标的主观意识向外部转化，形成有目标、有心计的意志行动。

古人云："勿以善小而不为，勿以恶小而为之"。这告诉人们，应当去做的事再小，也要认真去做；不应当做的事再小，也绝对不能去做。果断与坚韧的意志就是来源于这些小事。

（3）磨炼意志

渡过严冬的人，倍觉春天的温暖；历经坎坷与磨难，可以造就坚强的意志。在中国，20世纪二、三十年代出生的人，饱经战乱离散之苦，树立了为中华民族的生存而牺牲的不朽志向；五、六十年代出生的人，继承父辈的光荣传统，乐于吃苦，树立了自力更生、艰苦奋斗、奋发图强、建设祖国的雄心大志与远大的理想；今天，七、八十年代出生的人，已走上工作岗位，不论做一位劳动者，或是设计者，都应当有竞争意识，激励自己，磨炼意志。善于调整自己的心态：面对成功与顺利，不冲昏头脑；面对失败与挫折，不丧失斗志。当前，在中国生产领域中，技术工人奇缺，能工巧匠的技艺失传，有些人看不起满身泥水的建筑泥瓦工匠，看不起满身油污的机械工人，实质是意志薄弱的心理表现。虽然技术工人的劳动是辛苦的，然而，正是他们不辞劳苦，坚韧不拔的意志，使他们为自己的工作而骄傲，并丰富着人们的生活。

3.4　情感过程

3.4.1　情感简介

（1）情感的概念

情感是人们对客观世界的感受与体验，或者是对外界刺激的肯定或否定。

情感中的情字，有情怀、情思、情意的含义；感字有感觉、感知、感触的含义。心理学以情感一词为术语，用来表述人的感情性的感受与体验。比如：常常可以看到很多华侨手抚天安门的红墙，如同孩子偎依在母亲的怀中，这是祖国无比温暖的情感。

（2）情感的特征

情感发生的前提是客观环境与事物，任何情感都是由一定的对象引起的，都有客观的原因。比如，聆听模范人物的报告会，许多人流下泪水，是由报告人的动人事迹引起的感动。

情感与人的意识紧密联系，是在人类社会发展过程中产生的，带有社会历史性。是具有稳定而深刻社会含义的高级感情，是社会意义在感情上的体验。每一个人，都为中国乒乓球比赛感到骄傲，都有自豪感，因为乒乓球比赛的辉煌使人感到祖国的兴旺发达。

情感是丰富而复杂的，是相对稳定的。稳定的情感是在大量情境基础上形成的。情感的转变靠沟通与交流，引起共鸣。

（3）情感与情绪

情感的外在表现形式是情绪。情绪是指人从事某种活动时产生的各种心理状态。情绪由感觉与知觉心理过程触发，是主观意识发展的最初表现。情绪与情感互为依存，情感的发展变化是通过情绪的变化而实现。

情绪有心境、激情、应激三种状态。心境是指一种微弱而持久的情绪状态，如取得成绩时精神愉悦，受挫折时情绪低落，都是心境的表现；激情是指一种强烈而暂短的情绪状态，如因某件事而欣喜若狂，情不自禁；应激是指在始料不及时的一种高度紧张状态，具有高度的紧张性，比如遇到险情都可能使人处于应激的状态。

3.4.2　情感特征

（1）情感需求

今天，人们对产品的需求已不满足于"好用就行"的水平上，对产品不但有物质需求，而且还有精神文化的需求。希望产品惹人喜爱，成为生活和生产中相依相伴的知心伙伴。一件充满文化内涵的产品，虽然本来没有生命与情感，但使用产品的人，总要付出以情感，仿佛能与产品产生情感的交流与共鸣，这就是今天产品内涵的最高境界，即产品的人性化。当人们乘坐一种新型的列车，富丽堂皇的列车让人激动不已，进入车厢，车门会自动开启，坐在软绵绵的座位上，广播、电视、饮用水应有尽有，只要看一下指示灯，就知道厕所是否有人在使用……列车使旅客心境宽松，心情愉悦。

（2）情感交流

烧开了热水，水壶会柔声轻鸣地告知主人；洗涤的衣物会自动甩干；迎面开来的汽车，车灯一闪一闪地告诉行人，车要转弯；机器不再有往日的轰鸣；工厂也不再浓烟滚滚。今天，产品仿佛心领神会，乖巧地为人们尽职尽责。不管是谁不再由于操作而产生紧张、厌烦的情绪。家务与生产劳动，仿佛成为一种娱乐的方式。所以，人对产品不但要实现人机协调的关系，而且，还追求与产品更多的情感交流。

（3）情感共鸣

当一个人对自己使用的产品非常满意而赞不绝口时，这种满意的情绪会感染另一个人，另一个人会产生这种一模一样的情绪，这时就产生情感的共鸣。

人的情感互相影响，所以情感的交流与蔓延会使产品的声誉不胫而走，引起更多人的购买与使用的欲望。对产品的情感传递与共鸣，是人们接受产品最实际的方式。

（4）情感迁移

情感迁移是指对产品的情感可能会由此及彼，转移到与产品有关的对象上。如喜爱一种产品，进而对销售产品的部门及生产厂家都产生好感，甚至想方设法向他们表达信任的情感，并以使用这个厂家的产品，成为这个大家庭的一员而自豪。

当然，个别产品出了问题，也可能城门失火，殃及池鱼。比如：一种食品因为用了过期的配料，不但失去信任，而且也砸了百年老号的牌子。人们把对粗劣产品的反感迁移到对厂家的鄙视，而且不再钟情于这个厂家，去另外选择产品。

3.4.3 设计的情感付诸

（1）设计的情感沟通

最早的洗衣机设计，是理解情感交流重要意义的经典例证：设计者从材料成型工艺及洗衣机坚固性能出发，将洗衣机设计成圆筒形状。但是，家庭主妇们大为不满，因为圆筒形的洗衣机不能摆靠在墙角，而且用具经常掉到后面，不易取出。显然，设计者对主妇们的操劳没有深切的体会，没有送来快乐，反而带来烦恼。迄今为止，设计与使用缺少直接的情感交流与沟通的现象依然普遍存在，诸多环节阻梗着面对面的情感交流，如图3-1所示。

图3-1中可见：设计者呕心沥血的设计，历经多重环节才到人们手中，反过来对产品的反馈还要多层传递。无论哪家企业让设计者与人们的直接交流的举措几乎没有。如果能按图3-2的方式，有面对面地进行情感交流，不但使设计者受益匪浅，而且可能引发创造的激情与灵感。

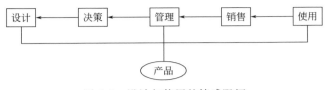

图 3-1　设计与使用的情感阻梗

图 3-2　设计与使用的情感畅通

（2）发掘设计的情感底蕴

设计者要展示产品的内在魅力，关键在于对设计课题的情感发掘。从情感的视角，充分发挥情感因素的感染与迁移功能。

今天，制造业大力提倡的人性化设计，就是要求设计者将人文、艺术、社会文化等与设计交融，一改产品冷冰冰的面貌，使情感与功能并存、可亲可爱。借用英国工业革命时期设计师欧文·莫里斯的话说："工业产品未必就是不美，让美从艺术之塔上走下来，步入工业界。"大力提倡寓美于设计中，若将这位大师的思想延伸一下，可以这样说："工业产品未必就是没有情感，让情感从设计者的情怀中走出来，步入工业界。"让探索寓情感于设计中，用产品寄托设计情思。

（3）让产品成为情感的纽带

产品是情感的桥梁，设计不仅送来了生活与生产的工具，也传递了对人们的关爱之情，让人在使用中感受到设计者的良苦用心，细微之处见深情。比如：以往的缝纫机，家庭主妇们要用油壶注入润滑油，常常弄得油污了崭新的衣料，缝制的新装散发着机油气味。而新式样的缝纫机，不再因此而烦恼。产品的细微变化，都会感受到设计者为人所想，真诚而深厚的情感。

设计者要使自己的设计劳动引起人们情感上的振动，那么，设计者就要潜心研究如何让人产生出乎意料的感觉。因为情感的心理规律告诉人们，客观事物超出预期的目标越大，情感波及的范围就越大，触发激情的机会就越多。

3.4.4　怎样深化情感

人类社会的发展形成了人的丰富多彩的情感。工程设计、艺术设计及设计专业的学生的情感同样具有社会性，反映着人与人之间的社会关系和社会生活，对人的社会行为起着积极的作用。

深化情感，每个人都应当从自身做起。

（1）树立崇高的社会责任感

每一个人的命运都与国家和民族的兴旺发达紧紧相联，对祖国的自豪感、尊严感，对他人的道德感、友谊感，对自身价值的奉献感、义务感等等，都是应当不断深化与发展的崇高的社会情感。

中国曾有一位装甲战车的女设计师，无论是谁都对她无比敬仰：驰骋疆场的钢铁战车，那威武刚阳的气势，展现出女杰的英雄风采。设计者要为天下之忧而忧，为天下之乐而乐，就应当像这位女设计师一样，陶冶崇高的情感，开阔设计的情怀。

设计者要深入生活，坚持到生产第一线去体验情感，积累第一手资料，与平民百姓心心相印，强化设计的职业感与责任感。

（2）陶冶崇高的情操

人们都有对道德、知识、审美的心理需要，因而，道德感、理智感及审美感构成了高级的情感，即人的精神境界与情操。

每一个人都在反复思考，怎样做出奉献，为经济发展，社会进步发挥作用。以此来树立明确的信念与远大的理想，成为尊重自身，鞭策自己的动力。

学会理智的看世界，勇于追求真理，讲究科学方法，在设计活动及生产实践中，尊重客观规律，既充满探索的激情，又持有平稳的心态，使设计与使用成为一种智慧活动。在愉悦与陶醉的心境中，升华对设计劳动的深情厚义，在相互尊重、相互信任的情谊中，净化心灵，陶冶情操。

思 考 题

3-1 名词解释

   意识　注意　情感　意志

3-2 简述设计的意识。

3-3 怎样锻炼注意的品质？

3-4 简述设计的意志品质。

3-5 怎样深化情感？

第4章 人的个性心理

- 需要
- 动机
- 兴趣
- 气质
- 性格

人类从事各种活动，目的是满足自身的需要或欲望。为了实现目的或目标，产生动机，引发行动。在心理学的研究中，把需要、动机、兴趣、气质及性格等心理要素称为人的个性心理。

4.1 需要

4.1.1 需要的内涵

（1）需要的概念

需要是对有机体内匮乏或失衡进行补充与满足的心理趋向。是保持体内物质相对平衡，维持生存的行为。人类最基本的需要如阳光、空气、水分和食物是补充体内匮乏，维持平衡的物质。在此基础上，产生多样复杂的需要。

（2）需要的特征

① 需要的指向性：人饥饿时要进食，饥渴时要饮水，需要的补充有明确的指向性。

② 需要的趋动性：要满足某种需求或欲望，要有实现目标的行为动作。在需要的推动下，人开始从事各种活动。衣食住行、学习工作等一切活动，都是为了直接或间接补充机体内的一种匮乏，求得机体自身的平衡，自身与客观环境的平衡。如果人的匮乏越大，求得补充与平衡的动力就越强。

③ 需要的层次性：出于本能，人与动物都有生存的需要。但在需要的层次与范围上，人远远超过了动物。人不但有生理的物质需要，还有心理的精神需要，人既有直接从自然中获取的本能，又有思维作用下的各种方式来满足需要。

（3）需要的种类

人类的需要尽管很复杂，但可以归结为以下两种。

① 物质需要：人类在衣食住行及各种活动中所依赖的实在物质形成的用品，是人类的物质需要。

② 精神需要：人类在各种心理活动中的意识抽象需要，如思想文化、

艺术审美、伦理道德等的需要，是人类的精神需要。

美国的人本主义心理学家马斯洛（1908—1970）的需要层次论，是较为公认的一种需要理论。他于1943年提出研究理论，将人类的需要分解为以下七个层次。

① 生理需要：如对阳光、空气、水分、食物的生命需要，机体运动、呼吸、休息等的行为需要，是人类最原始的、最基本的需要，是产生其他一切需要的基础。

② 安全需要：人的生命及生存过程处在安全的环境中，希望不受到各种威胁，比如远离危险，治病就医，不受侵扰，生活保障等。

③ 归属与爱的需要：人不能孤独，需要人与人之间的交流与协作，在家庭、学校、劳动部门等社会群体中找到自己的位置，得到关爱，支持等依靠与温暖。

④ 尊重的需要：人有自尊心理，以自主、自强与自信为动力，力求取得成就，展示人生价值；还有荣誉心理，希望获得他人的尊重、信任、赞赏等。

⑤ 求知的需要：人有探索心理，想弄清客观世界与自身的不解之谜，总要产生为什么的思索，是认知与理解的需要，也是跨越各种障碍的需要。

⑥ 审美的需要：是人的愉悦心理需要，在精神需要中实现审美的理想，达到某种艺术境界的需要。

⑦ 自我实现的需要：是人的个性心理需要，希望开发自身的潜能，创造人生的价值，求得人生的意义，这是人的最高层次的需要。

4.1.2 人的需要与趋向

人的需要心理的划分方法有多种，传统的划分是：生理即物质需要；社会即精神需要；还有恩格斯的生存、享受、发展需要学说；美国的马斯洛七分法；亨利·默里的十八分法等学说。

人的需要是复杂的，因为每个人的心理、年龄、职业不同，需要的心理就不同；人的需要是变化的，因为社会在发展变化，每个人的心理也在发展变化，年龄、职业的变化等使得需要的心理也随着变化。比如：每一个人，幼儿时期有物质需求、关爱的需求；学习阶段又有了求知需求、精神需求；工作阶段又有了成家立业、发展与实现人生价值的需求；晚年又偏重于关爱的需求。

（1）需要的分类

设计心理学是依据人们的需要，而做如下分类。如图4-1。

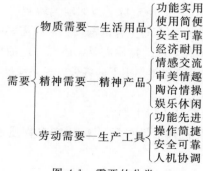

图 4-1　需要的分类

（2）需要的特征

人类的生存最基本的是物质需要，作为生命的有机体的生存，首先必须时刻维持体内物质的相对平衡，只要出现物质比例失调的失衡状态，就会立即产生一种需要，并开始满足需要的活动行为，恢复机体内部的平衡。生活用品是人类发明的，用来有效实现需求目标的用具与物品。生活用品又叫生活资料或消费资料，是供人生活需要的那部分产品。需要的基本内容有以下几方面。

① 功能实用：功能是用品的有用性、效能性，是满足某种需要的物质职能与属性。功能的实用性表现在使用时省力、有效，弥补或延伸人的能力欠缺。比如：有的台灯外观很华丽，但光线很暗，失去了照明的功能，就不实用了；又如：人要想把布料分开，使用剪刀，发挥剪刀的刃口剪裁功能，若用手扯布，边缘会很不规整。所以"工欲善其事，必先利其器"、"手巧不如家什妙"等说法，都说明使用功能的重要性。

② 使用简便：人们希望生活用品使用方法简单，操作轻松，不受知识、能力或年龄、身体等因素的限制。而且保养维修方便，没有负担。现在，有些生活用品为了占领市场，不断改制，力图满足需求，反而出现了使用复杂的问题，比如：有的电视机除了原有的亮度、色彩调整方法以外，又增添了许多细微的调试方法，遥控器的按钮将近 30 个，其实很多按钮用途不大，调试变化也不明显，而且增加了使用的难度。这就有悖于简便的需要。

③ 安全可靠：生活用品直接为人所用，直接关系人身安全、身体健康。国家标准对这类用品的用料、制作方法等都有详细的规定，生产制作时必须遵守执行。目的是保证使用的安全需要。

日用品中的家用电器、交通工具、炊事用具、家具、玩具等，直接影响到人身安全。在使用中要求必须安全可靠，没有隐患。比如这些用具不漏电，不松动，不伤害身体，无毒副作用，保证可以放心使用。

④ 经济耐用：需要有多种，但想达到全部满足的程度是很困难的。为了解决需要与满足的矛盾，调整平衡的策略往往是选择经济耐用的用品，以有限的经济实力，扩大满足的范围。所以，很多样式陈旧的、有划伤刻痕的、功能单一的用品，在降价处理时，也很受欢迎。比如：最初生产的洗衣机，大多为金属材料，牢固耐用，很多人不忍更换；一个搪瓷面盆、一个铝锅，几乎可以使用几十年。从经济耐用的角度来看，是最满意的日用品。

对精神产品，即人在意识与思维活动中的需要内容有以下几方面。

① 情感交流：希望生活用品具备满足情感需要的补偿功能。在人类社会中，人与人之间都需要相互信任、支持和依靠，希望得到关心，交流感情等。所以在使用生活用品的过程中，把个人的情绪寄托在用品上。比如：心境愉悦时，会抚摸擦拭用具；心境烦躁或在盛怒的情绪中，会敲击摔打用具，成为情感的宣泄对象；有的人在打电话时，由于通话的人惹怒了他，大为光火，但他却猛力摔打电话，无辜的电话机成了发泄的对象，其实电话根

本没有惹他生气。

大家都希望生活用品蕴含丰富的情感色彩，并与自身的心境、情绪体验相协调，以调整心态，求得情感的和谐与平衡。把用品当作与人交往的依托与媒介。比如：比赛场上运动员的激情感染了球迷，观众以更为高涨的激情回应，情感交流与共鸣达到高潮；运动员将球或脱下身上的运动衫，抛给观众，人们惊喜若狂，是人类的情感迁移现象的生动体现。球迷们对运动员迷恋，也对运动员使用的物品产生情感的迷恋。所以，名人签字、售书是情感交流的一种方式，使人们由物想人，求得情感的补偿与平衡。

② 审美情趣：对美的向往与追求是人类共有的天性，因为美能引起人们心中的愉悦，引起无限的憧憬。创造美好是一个永恒的话题，人类共同的心理需要。

生活用品陪伴人们，成为家中的摆设。高档典雅的生活用品是人们感受美的观赏对象，给人以美的享受。所以，要求生活用品拥有完美的艺术形态，拥有很高的审美价值，不但满足使用的物质需求，而且又能满足精神需求。

③ 陶冶情操：情操是一种不易觉察的心理意识，是稳定而含蓄的高级感情现象，不仅与人的高级心理需要相联系，而且还体现精神境界与价值的观念。情操是在教育的启迪，社会环境的影响，人文艺术的熏陶，情境与自身心境的融合中，潜移默化的滋润中逐渐地受到陶冶。

人们对物质的需求得到满足之后，又产生对精神的追求。开始思考对他人、对社会的义务、责任等情感；渴求知识，力图破解客观世界的谜团，开始体味社会环境中深厚的各种情感。借以探索人生的崇高境界，陶冶高尚的情操。

④ 娱乐休闲：人不能长时间，甚至不间断地从事一种活动，按照人的生物周期的循环，饮食起居周尔复始，中间要穿插娱乐休闲活动。一是放松紧张的情绪，二是满足精神需求。人们欣赏艺术作品，旅游浏览自然景观，操持琴棋书画，在宽松的环境中，将注意力集中起来，专注于一种境界。娱乐休闲使人心境良好，乐观振奋，是人们消除疲劳，不断从事各种活动的平衡需要。

人人都有劳动的需要，而且还有对生产工具技术性很强的如下特殊需要。

① 功能先进：生产工具的使用功能越完善，越能减轻操作者的劳动强度，改善劳动环境，保持体力和精力，提高生产效率。车工最初的车削方式是手动走刀，为了保证质量，双手控制走刀机构匀速运动，对动作与手感要求极高；随着车床功能的改进，只要按下操纵杆，即可自动走刀；至今，车床有了程控功能，输入程序后，全部操作自动完成。先进的功能使操作劳动发生了本质的变化，工人与科学研究人员几乎一样，在整洁清静的环境中劳动。所以，生产中最迫切的需要，就是生产工具功能的变革与完善。

② 操作简捷：在长期的生产实践中，虽然对操作程序已经十分熟练，甚至成了习惯性的动作，但是他们也希望操作方式不断简捷方便。比如：有的设备要求手脚并用，动作准确及时，稍有迟误必定引起差错。

③ 安全可靠：尽管每个劳动者都有自我保护意识，但生产工具的安全可靠性仍是他们的切身需要。很多劳动环境和作业方式中都有威胁人身安全的危险因素，操作者凭生产经验也有清醒的警觉，而且能尽最大的努力避让危险。但是在操作者的心里，时刻都在渴望消除隐患，保证安全。

④ 人机协调：现代新兴的人机工程学，专门研究生产用品与操作对象的和谐关系，减轻人在使用机器时的生理负荷与心理负荷。这是应生产的需要而产生，为满足人机协调的愿望而不断深入发展的新科学。

随着劳动者自身素质的提高，心理需求不断发生变化，比如：由传统的人适应机器到自主的操纵机器；由凭借人的感觉器官到凭智力操作；由恶劣的作业环境到舒适的作业方式；由伤害机体到无毒无害。最理想的是实现劳动方式的娱乐化，使人们在生产劳动中，如同休闲娱乐那样，轻松自如，不再有心理与生理的各种负担。

4.1.3　设计怎样满足需要

（1）关注需要的多元性

设计者处在一个相对稳定的设计环境里，受到地域、风俗习惯、生活方式、生产方式等因素的制约，使设计的主客观意识容易形成一种较为固定的模式。为了掌握不同地域，不同的需求特征，面向多元性需要开展设计活动，应不断开阔设计的空间与视野，快捷而直接地获取世界各地的需求信息，及时调整设计对策。

（2）关注需要的趋向性

人类需要的发展是永恒的，无论需要的观念或意识，需要的范围或内容，没有止境。人类社会的发展，科学技术的应用，使生活与生产领域的变革周期越来越短。沿着由低级到高级，由简单到复杂的需要轨迹，不断向设计提出新的要求。设计者除了不断适应外，还要研究潜在的需求心理，比如：人的经济条件变化时，可能出现需要的下降，抑制的心理；可能暂时放弃多种需要而满足单一需要的心理；可能在需要满足后，出现停滞，继而启动需要的心理等等。因此应使设计以前瞻性的观念，引导需求。

（3）研究生活需求的新模式

现代社会，人们在衣食住行等生活领域中，从需要的意识到需要的对象，都形成了以下需求的新模式。

① 穿衣问题：中国现存的服装布料足够15年，因而大型纺织企业实施了限产压锭的策略，中小型服装纺织企业陷入了困境。而且服装由一度使用的人工合成原料，又转而使用纯棉、蚕丝、亚麻等天然原料。目前，中国服装的消费，从幼儿到中年人，其中以青年人为主，对服装的需求，讲究档次；而老年人仍保持实用的心态。纺织服装对设计的需要是如何设计新型纺织服装机械，尽快提高中国衣料、服装的档次，缩小与国外的差距。

② 吃饭问题：人们对吃饭问题的心态是由"吃得饱"就行，变成"吃得好"，而且越来越讲究口味与营养。随着农副产品质量与数量的上升，食物的消耗反而呈下降的趋势。对此，设计者应思考农副产品的深加工，快捷食品机械设备的开发与研究。

③ 居住问题：人们对居住环境的需求，已开始追求建筑的意境，形成对自然、人文、艺术综合化的需求模式，也为设计开阔了更大的空间。从大型的建筑机械，装饰用工具，直至为生活起居用品制造所需的机械设备等等，都等待着设计来满足。

④ 行走问题：交通与通讯设备以惊人的速度缩小着人们之间的时间与空间距离。出行的快速、安全、舒适与方便，通讯的功能与方式等等，也都对设计提出很多的需求。

⑤ 材料与能源问题：物质生产的资源已成为生产活动发展的瓶颈。仅就煤炭资源只能再开采 169 年，而中国每人每天使用一度电，总共 13 亿度电的消耗相当于 50 万吨优质煤炭。据统计，中国 3 日内不进口石油，所有燃油设备与车辆全部停运。所以生产活动最迫切的需要是称为"可持续发展的设计"。

⑥ 环境与生态问题：生活与生产活动对环境的破坏，如不遏制，甚至会导致人类自我毁灭的悲剧。保护生态与环境，成为全人类的共识与主题。为了人类自身的生存及子孙后代的延续，生产活动必须减少资源的消耗与对环境的破坏。所以，生产活动最迫切的需要又称为"生态设计、绿色设计"。在设计中，除了按发展的观点构想外，还必须从相反的方向，预见可能产生的环境问题，并确定防治的措施。本着低消耗、低公害的原则从事设计活动，既满足了生产活动的需要又保护了环境。

4.2 动机

4.2.1 动机简介

（1）动机的概念

无论做什么事情，都有一定的目的及原因。

动机是指激发、指引、维持或抑制心理活动和意志行为活动的内在动力。

（2）动机的形成

需要产生动机。当人有了某种需要时，为了得到满足，产生了实现这种需要的愿望。在需求与愿望驱使下，形成了内在动力，激发或指引意志的行动，形成了动机。比如：写了错字的时候，就想到用橡皮擦掉，但身边没有橡皮，这时为了改正错字，就产生了买橡皮的愿望。

此外，某种需要的外部条件或刺激物，能激起行为活动，也是动机的诱因。比如：逛夜市的人们，常常并未打算买东西，但看到摊位上的一件物品，可能会产生购买的欲望，进而采取购买的行动。

所以，人的需要产生的内在动力及外界刺激，是形成动机的主要原因，使人能克服困难，实现目标。

4.2.2 动机的种类

人的动机有如下几种。

首先是生理性动机，是为满足人的生理需要而产生的动机。如因饥饿而择食，驱使行动，来维持体内物质和能量平衡的动机。

第二是社会性动机，是由人的社会需要而产生的动机。如劳动的动机、社交的动机等。

第三是内在动机，是由人的内在需要而引起的动机。比如，对学习的目的与意义有深刻的认识后，发自内心地对学习产生浓厚的兴趣，刻苦学习。

第四是外在动机，是指人为了某种外在目的而从事某种活动的动机。比如，为了获得生活的来源而参加生产劳动的动机。

当然，动机的种类及划分方法也是多种多样的，比如还有直接指向一种活动的直接动机；一种行为活动为主的主导行为的动机；长远的动机及暂时的动机等等。

人类为了生存，首先有生存需要的生理性动机，为了改善生存的质量，继而产生了享受发展的社会性动机。

（1）生存性动机

凡是有生命的机体为了生存，都有维持体内物质与能量动态平衡的生理需求。在日常生活中，对生活用品需求所产生的动机称为生存性动机。

人除了以生物需要为基础的生理性动机以外，不断形成新的动机。比如：追求精神生活的动机，从事有意义的活动，参与人际交往的社交动机等等。这些动机虽然是抽象的，但却是人类生活中的重要组成部分。在日常生活中，表现为对生活用品的精神追求：希望生活用品充满情趣，有美学价值和艺术欣赏价值，仰慕名望，显示身份，满足生活习惯或特殊爱好。以此提高生活质量，享受生活。

（2）发展性动机

人人都有劳动动机，追求人生价值的动机，这些动机激发和指引着人们的意志行为与活动，构成社会普遍存在的发展性动机。

在生产活动中，为满足生产需要而产生的动机表现为：对生产工具的购买动机，使用操作动机，劳动的价值动机，表现自身技能技艺的动机，改革生产工具的动机等。

4.2.3 动机的特征

（1）动机的主导性与依从性

在复杂多样的动机中，有些动机是强烈而持久的，不断驱使人们采取行动，始终向着一定的目标努力。这种主导性动机具有突出的主导性，而同时具有的其他动机都退居于次要从属地位。比如：为了创造子女学习的良好条件而节省开销，积攒资金；甚至为了学习方便，在学校附近租借住处等。为孩子创造良好学习环境的强烈愿望形成主导性动机，而生活中的其他动机都成为从属性的动机。

（2）动机的动态性与转移性

需要的变化必定导致动机的转化，人的各种动机总是在动态与转移中不断调整。比如：手机出了新的款式，添加了新的功能，很多人会喜新厌旧，马上更换；崭新的家具、一次未穿的新时装都可能由于需要的变化而淘汰。

（3）动机的潜在性与冲突性

动机往往很难被别人察觉，而且有的动机更不想让他人知晓。厂家对新产品的筹划动机要极为保密,是动机潜在性的一种表现;另外,在多种动机中,一种动机即将转化成主导性的动机,也构成动机的潜在性。厂家或商家都必须研究动机的潜在特性。

人的需要很难同时得到满足,所以,对主导性动机的选择总是处在矛盾与冲突中。比如:企业的生存活力在于技术改造,然而,技术改造的风险可能导致企业破产。所以企业生存与发展动机成为对立统一的矛盾,如同病人对手术还是保守治疗两种方案,必选其一,充满冲突和矛盾。

4.2.4 设计的动机协调

设计的动机是在生活和生产需要的基础上产生的,是客观需要的动机激发和支配着设计思路。因而,研究设计动机的调整与协调,是形成设计动机的根本依据。

(1)适应生理性动机

设计动机是需要的具体化。当人类实现动机的行为活动遇到困难时,首先想到如何破解困难,再来寻找克服困难的方法,设计活动也就应运而生。

设计首先要适应人类的生理性动机,提供物质产品,满足每个机体的生存需求。无论何时,人类的行为总有受生理需要驱动的一面,始终受到生物因素强有力的制约和影响。生理性动机会驱使一个人的机体时刻以相应的行动维持体内物质和能量的平衡。

随着生存环境与条件的改善,人类的生理性动机指向的目标越来越高,对物质产品的需求不仅有数量,而且更加注重质量,追求物质产品的品质与档次。因而,设计者的思路与动机要不断进行调整,适应人类的生理性动机。

(2)关注社会性动机

每一个人在人类社会化的进程中,都形成了社会性动机,并促使着人们去认识客观世界,改造客观世界。贯穿于人际交往,生产劳动及一切社会行为中的设计活动,必须关注社会性动机的指向与变化,满足社会活动的需求,提供社会劳动的物质资料及生产工具,创造社会活动的条件与环境,不断丰富社会的物质需求与精神需求。

(3)强化发展性动机

社会在不断地发展,每个社会成员的发展性动机的目标指向,更加复杂与多样,对于设计者来说,不但要深入了解各种各样的发展性动机,而且还要充分发挥设计的职能,助推与强化人类社会的发展与进步。在追求实现目标的活动过程中,将设计动机与发展性动机贯穿于人类活动中,不断激励社会的每一个成员,促进社会的发展。

4.3 兴趣

4.3.1 兴趣简介

(1)兴趣的概念

兴趣是人们在研究事物或从事活动时产生的心理倾向,是激励人们认识事物与探索真理的一种动机，也是一种肯定的情绪体验。比如，学习兴趣是指探究未知世界的强烈欲望。

提及兴趣，必然想到爱好。爱好是兴趣的一个侧面，当兴趣单独指向一种活动时，就称为爱好。比如，爱好运动，爱好文艺活动等。兴趣和爱好又称作喜好的情绪。

（2）兴趣的特征

① 兴趣有倾向性：是指兴趣偏重与趋向的内容或目标。比如，学生选择专业时，有指向理工科的，有指向文史科的。

② 兴趣有广泛性：是指兴趣涉及的领域及范围。兴趣广泛的人，必定见多识广，知识和经验相对丰富；兴趣狭窄的人，往往坐井观天，心理和行为受到限制，甚至可能出现障碍。

③ 兴趣有稳定性：是指能较长时间指向于一个或几个对象上，保持兴趣相对的稳定。兴趣稳定，可以使兴趣广泛的人对主导兴趣精益求精，既专注又有耐心。反之，兴趣不稳定，容易见异思迁的人，往往会导致样样通、样样松的后果。

④ 兴趣有成就性：是指人在兴趣活动中的收效与成果。凡是对活动作用明显，收获多的兴趣，成效性也更为显著。

（3）兴趣的种类

人有直接兴趣和间接兴趣。

人对接触的事物或参与的活动本身引起的兴趣，属于直接兴趣。如对事物感知时就触景生情，饶有兴趣；在活动中，因身临其境而兴趣盎然。

由传媒或一种活动成果引发的兴趣，属于间接兴趣。比如人们形容的"看景不如听景"，是一种间接兴趣的表现；学习与掌握了一门知识后，对知识的应用产生了兴趣，如掌握电工电子知识后，就有了维修电器的爱好，也属于间接兴趣。

人的兴趣是多种多样的，既有对具体事物的兴趣，又有对抽象事物的兴趣；既有持续时间较长的稳定兴趣，还有稍纵即逝的瞬间兴趣。

4.3.2 兴趣的表现

古往今来，兴趣萦绕着人类的生命活动，使生活丰富多彩。南宋严羽曰："兴"指触景生情，即是漫心；"趣"指情趣、意趣、随韵成趣；明代王世贞所论"真趣"、"天趣"、"自然之趣"，是指顺其自然，不加矫饰的生活情趣；直至近代，梁启超提出了趣味是人们生活的原动力，如果趣味丧失，生活变成了无意义。都说明生活中到处有兴趣的表现。

（1）在日常生活中的兴趣表现

① 直接兴趣的表现：人几乎每时每刻都要使用、消耗生活资料和生活日用品。直接接触和处理事物，亲身参加家务劳动，引发了直接兴趣。比如：喜好用化妆品美容，烹饪佳肴，健身娱乐等等。由于这些活动又是依靠用具或用品等物质材料进行的，所以产生的兴趣还可以叫做物质兴趣。

② 间接兴趣的表现：人有情感，有欲望，追求高尚的情操，喜好艺术的熏陶或精神的享受，这是精神情趣的表现。比如：收藏兴趣、制作兴趣、

对琴棋书画的兴趣等等。这些活动的结果，可能没有实实在在的收获与成果，但使人在间接兴趣中去追求一种精神境界，心灵受到启迪，情操得到熏陶。

③ 长期稳定的兴趣表现：比如有的人对穿着很感兴趣、很讲究时尚、追赶时装的潮流，会形成一种心理主导意识，使这种兴趣长期而稳定地持续下来，成为兴趣的定式。

④ 稍纵即逝的兴趣表现：人们在日常活动中往往会受到他人某种情绪的感染或客观环境的影响突然产生一种情趣，但随着外界刺激的变化，这种兴趣也随着消失。比如：看见别人领着的宠物，可能有兴趣逗一逗，可是当小动物排泄，或凶相毕露时，喜好的情绪立刻变化，兴趣即刻消失。

（2）在生产活动中的兴趣表现

① 探险的兴趣：设计与创作最大的乐趣莫过于涉足未知的探险活动。人们向往能像鸟儿一样自由的翱翔，设计就探索飞行的奥秘；人们想登上月球，设计就把探险的兴趣指向航天的未知世界。为了实现人类的一个又一个梦想与夙愿，设计总是怀着极大的兴趣活跃在探索的活动中。

② 创造的兴趣：为创造而劳动是设计者与艺术家的人生乐趣，他们用设计成果和艺术作品填补着人类生活的空白点，从事着人类历史前所未有的、首创的创造性劳动。

③ 享受灵感的兴趣：设计者或艺术家在艰难的创作中，思绪常常陷入百思不解的泥潭，困扰在剪不断，理还乱的谜团中。而当灵感突然降临时，他们顿开茅塞，破解迷惑的喜悦，别有一番滋味在心间。在灵感的游历与享受中，忘却自我，达到创造的迷狂状态。

④ 尽抒胸臆的兴趣：设计是无私的奉献，创作是个性的张扬。设计者与艺术家既然从事着创造性的劳动，那么，他们必然要尽抒胸臆，与众不同。所以，他们常常不落俗套，倔强，好表现，很少考虑自己在他人心目中的印象；他们好奇、自信、冒险、猎奇，不怕失败和犯规；他们仍有开阔的胸襟与幽默感，富于幻想，喜欢用新奇的方式探究问题。为了尽抒胸臆的兴趣，敢于冲破世俗的偏见，如明代袁宏道所言，设计者与艺术家们"大都独抒性灵，不拘格套，非从自己胸臆流出，不肯下笔"。

4.3.3 设计的兴趣呼应

最理想的设计是充分了解人的各种需求与愿望，赢得他们的喜爱。要了解人们的兴趣指向，达到兴趣相投，互相呼应的程度，让人们在使用与欣赏中，享受乐趣。

（1）直接兴趣的设计呼应

设计是投其所好，设计是趋之若鹜。人们需要美容，健美的乐趣，于是，设计并开发了各种"使之美"的产品，美容的器械，美容的化妆品款款而来，涌进人们的生活；人们需要时尚，显示身份的乐趣，设计则以豪华、典雅的气派，为人们送来象征富贵的产品，于是，高端电视、新款轿车接踵而至，刺激人们的消费。设计迎合着人们的直接兴趣，开发人们需求的新产品，是对各种直接兴趣的有效呼应。

（2）间接兴趣的设计呼应

人们的许多兴趣虽然指向某些对象，但这些对象只是媒介，这是间接兴趣的表现。比如：刻苦学习掌握科学知识后，运用知识去创造才是真正的兴趣，对学习的兴趣只起到媒介的作用。同样，人们使用健身的器械，并不是对健身器械感兴趣，而是对使用器械之后，锻炼身体，增进健身的效果感兴趣。

设计者对间接兴趣的设计呼应，就是善于设计开发这类产品，为人们提供追求兴趣的媒介。

由于人们还有指向精神的、指向高尚的精神情趣，表现为追求充分发挥自己的潜在能力，不断完善自己，实现人生价值的目标等等。设计者也要设计与构想各种各样的精神产品，满足人们对精神兴趣的需求，提高精神境界，实现人生的理想。

4.4 气质

4.4.1 气质简介

（1）气质的概念

气质是指在人的心理活动中，知觉、思维、情绪及意志等心理过程的强弱、快慢、稳定与否的动力特征，以及心理活动对客观或主观世界的倾向性。

气质是个性心理特征之一，与平时所说的"脾气"或"秉性"相似。比如：有的人活泼好动，有的人稳重内向，都反映出人的心理活动和行为举止的不同特征，是不同气质的个性表现。

（2）气质的类型

从古至今，心理学家们从多方面、多角度对气质类型进行了划分，形成各有千秋的学说。表 4-1 中选择几种较为公认的气质类型学说，用来了解气质。

表 4-1 气质类型学说简表

学 说	代表人物	对气质的论述
体液说	希波克拉底 盖伦 经后人 规范	多血质:活泼好动,反应敏捷,乐于交往,兴奋外向; 黏液质:稳重好静,反应迟缓,不善交际,沉默内向; 胆汁质:热情开朗,反应迟缓,冲动急躁,兴奋外向; 抑郁质:抑郁刻板,反应迟缓,观察细微,孤僻内向
高级神经 活动类型说	巴甫洛夫	与多血质类似的活泼型: 充满活力,反应敏捷,适应能力强; 与黏液质类似的安静型: 深沉好静,行动迟缓,适应能力差; 与胆汁质类似的兴奋型: 兴奋激动,表现狂热,行为难以自控; 与抑郁质类似的抑制型: 审慎小心,细腻敏感,适应能力差
气质维量说	托马斯 切斯	以量化评定行为与活动特征: 行为与活动量大与小……活动的水平; 情绪状态稳定与否……心理状态; 新事物的接受或拒绝……趋避性; 行为活动规律与否……规律性; 是否适应新环境……适应性; 反应敏捷与否……敏锐性; 反应强弱程度……反应强度; 注意力转换是否灵活……注意转移; 注意时间长短……注意坚持力

在心理学领域中，对气质还有许多论说，尝试对人的气质进行评价与分类。但是，每一个人的气质都是在先天与后天因素影响下，逐渐形成与变化的。而且每个人的气质也不绝对归属于一种类型，只是某种类型的气质特征相对突出而已。

气质的类型没有优与劣的区别，也不能决定人的社会价值与成就的大小。

4.4.2 气质类型与特征

气质对人的生活和生产活动都有一定影响。了解气质类型与特征，使设计适应他们不同的心理活动和行为方式，有很重要的意义。对应分析，可概括出人们的气质类型与特征，大致有如下几种表现形式。

（1）外向气质类型

这类气质的人在生活与生产中，善于言表，热情开朗，乐于交往，也容易激动。使用产品或操纵设备时，喜欢干净利落，追求效率，但也可能操之过急，是典型的多血质或胆汁质气质。不管在什么场合，都乐于主动与人沟通，毫无保留地介绍使用产品的经验或体会，操作的技巧或感受。活跃的情绪会产生很强的感染力。甚至对产品的宣传力度，会超过广告的效应。

（2）内向气质类型

典型的黏液质或抑郁质类型的人，行为活动趋于内向。由于行动稳重，甚至刻板，不善张扬，不喜欢与人交流，所以在生产或生活中，虽然动作迟缓，不急于求成，但无论对使用还是操作，总是显得胸有成竹，独立生活与独立工作能力很强。往往会产生后发优势，行为活动有后来居上的效果。

（3）冲动气质类型

冲动气质类型的人，往往是胆汁质的气质特征。行为活动中容易激动，情绪兴奋性高，抑制能力弱。由于精力旺盛，表现得有活力，会使生活充满生气，使生产热情高涨；当然，由于冲动或心境变化剧烈，也可在行为活动中出现失误，比如：凭一时冲动选择了产品，但没有深思熟虑，对产品的使用功能及实用效果感到不满意。

（4）理智气质类型

偏于抑郁质气质类型的人，虽然抑郁刻板，孤僻内向，但在行为活动中观察细微，有独特的思维方式。由于善于控制自己的情绪，无论在何种活动中有条不紊，通过理智分析后，再作决定，因而能实现预期的效果。

虽然可以将人划分为各种不同的气质类型，而且气质不同，行为表现也有很大的差异，但不能断定气质类型的好与坏。比如：外向气质类型的人，能很快地适应变化的环境，而且工作能力很强，待人接物热情豪爽，但又有不易集中精力，兴趣时常变化的行为；而内向气质的人，表面看来与外向气质截然相反，不善于与人交流或沟通，喜欢独来独往，但处事谨慎，善于独立思考，善于在别人尚未觉察的事物中去独辟蹊径。所以气质类型不能决定人的能力大小或自身素质的高低。同时，很难找到与某种气质类型特征绝对相符的人。因而分析人的气质，目的不在于评价气质的优劣程度，而是使设计者能依据气质的不同类型，有针对性地开展设计活动。

4.4.3　设计者的气质塑造

人的气质特征有天赋的因素，自身的神经心理结构可能会预先有倾向地控制或影响人的行为活动。但是在人类的生活与生产实践中，气质是可塑造的。在设计活动中，设计者同样可以通过神经过程的灵活性和行为活动的可塑性，调节自身的气质特征。

（1）了解自身气质类型特征

设计者学习心理学的常识，根据气质规律对照判断，可以认识自己的气质类型。每个人最清楚自己的内心世界，回顾自己在日常生活中和设计活动中，思考问题的习惯，待人接物的态度，解决问题的方法等，基本可以断定自己的气质类型与特征。比如：对新的设计任务，反应迅速，能很快适应设计要求，有信心、有活力，而且能毫不保留地表达自己的设计思路与构想，但也可能由于注意力不易集中，对设计环节的思考不尽周全，这样完全可以断定自己属于多血质的气质类型；如果在设计中最善于运用专业理论知识，乐于进行抽象的逻辑运算与推导，但对设计中的文字材料缺乏耐心，甚至感到头痛，必定属于胆汁质的气质类型；至于在设计方案或具体问题的讨论中，习惯沿用自己固定的思维方式，甚至固执地坚持自己的见解，很难接受别人的想法，喜欢独自从容不迫、脚踏实地的工作，就属于黏液质的气质类型；而总以谨慎的心态考虑设计中的可靠性、安全性，能敏锐地发现别人不易觉察的问题，缺乏设计的自信心，带着忧郁、怯懦的心态，必定属于抑郁质的气质类型。了解设计者自身的气质类型与特征，可以有意识地扬长避短，开始对气质进行塑造。

（2）正视自身气质特征，不断塑造、完善自己

应当承认，不同气质类型的人在适应设计工作的过程中，都有各自的优势，也存在着各自的不利因素。所以正确认识自身的气质特征，使自己的心理品质尽快适应设计工作的特殊要求。不同气质的设计者，同样都能获得设计的成功与业绩。

在设计活动中，充分发挥各自的气质优势，相互借鉴，气质互补，不必掩饰自己气质的欠缺之处。因此在设计人员队伍中，如同心理学家的研究结果一样，既不存在设计的天赋，也没有设计的愚人，因为每个设计者首先具备着知识、能力与素质，否则，也不能成为一名设计者。如果每一个人都抱着塑造气质的宽松心态，与不同气质类型相互磨合。比如：充满活力，但粗心大意的多血质型设计者主动与孤僻内向、但观察细微的抑郁型设计者共同承担一项设计课题，显然是完善气质的有效途径。

（3）尊重气质特征规律，丰富设计思维

设计要尊重气质的心理特征，就要思考面向不同的气质类型的人，进行不同的设计，实现人尽其才，物尽其用的目标。为了使各种气质类型的人，都能使用得心应手的产品，设计者应当花费一番心思。比如：胆汁质或多血质气质类型的人，动作灵活，反应机敏，若面向这类气质的人设计手机、照相机等产品，使用的功能与方法都可以复杂一些，因为他们都有迅速适应的能力；而黏液质或抑郁质气质的人，动作缓慢，反应迟钝，设计时要考虑尽

可能地提高手机、照相机等产品的智能化与自动化的程度，减轻他们的使用负担。现在，人们经常可以看到一架数码相机，有的人使用时感到极为困难，不管怎样按键，都无法将它调整到需要的状态，只好弃之不用；而有的人经过简单的尝试后，在很短的时间内就轻车熟路，游刃有余的掌握了使用的方法。可见，设计同一类产品，设计者要思考如何用不同的规格、不同的使用方法，满足不同气质类型的人。面向好静或好运动的、耐心或急躁的、沉稳或灵敏的林林总总的气质类型，设计只能以丰富的思维，发扬他们的气质优势，弥补他们的气质不足，而不能千篇一律，强人所难。

4.5 性格

4.5.1 性格概述

（1）性格的概念

性格是指人对现实的稳定态度和在习惯化的行为方式中表现出来的个性心理特征。性格一词来源于希腊文，原意为"标识、记号、特征"。性格是人的个性差异的主要表现。在日常生活中，通常所说的个性，主要是指一个人的性格。比如：有的人对工作恪尽职守，举止大方，乐观豪爽，严于律己，宽以待人等等，都反映出一个人的性格特点。

（2）性格的特征

① 性格的态度特征：人对客观现实总是有态度反应与倾向特征。性格的态度特征表现在对社会、集体与他人的态度；对学习、工作、劳动和劳动成果的态度；对自己的态度的性格特征。

② 性格的意志特征：人对自身行为的调节控制及行为努力程度是意志的性格特征。表现在行为活动的目的性、独立性与纪律性；自身调节的主动性、自制性；行为活动的坚韧性、持久性。

③ 性格的情感特征：是指人在情绪情感活动中，受情绪感染或情绪控制程度状态的特征。如受情绪感染与支配的程度，受意志控制的程度，情绪情感的反应程度，心境的状态等。

④ 性格的理智特征：是表现在认知过程中心理活动差异的性格特征。如人的感知、记忆、想象、思维风格的差别，观察的主动性与被动性，思维的独特性与从众性，这些差别是性格的理智特征。

（3）性格的类型

性格的类型是指在一类人身上共存的性格特征的独特组合。许多心理学家都曾试图对性格进行分类，但由于性格的复杂性，至今还很难有一致公认的性格类型标准。目前常见的分类有以下几种。

① 机能类型说。英国心理学家培因等人主张按理智、情绪和意志在性格中占据的优势来确定性格的类型。如：以理智占主导地位的性格，善于运用逻辑思辨的思考方式，行为活动主要受到理智的支配与控制；以情感为优势的性格，习惯于感情用事，行为活动受情感左右；而意志型的性格，在行为活动中目标明确，意志坚定，有较强的控制能力。

② 向性说。瑞士心理学家荣格是向性说的代表人物。他把人的性格分

成外倾型和内倾型两大类。

- 外倾型性格，即现在所说的性格外向。这类人心理活动坦白、开朗、情感外露，善于交往，独立果断；
- 内倾型性格，即现在所说的性格内向。这类人心理活动隐蔽，沉静，情感深沉，孤僻自傲，优柔寡断。

近年来受心理学界关注且流行的性格物质理论，是心理学家艾森克提出的。他把人的性格加以分析简化，从情绪的稳定或不稳定，性格的外向或内向两个角度来描述。而且构成一个平面直角坐标系，每个象限代表一种性格的类型。如图 4-2 所示。

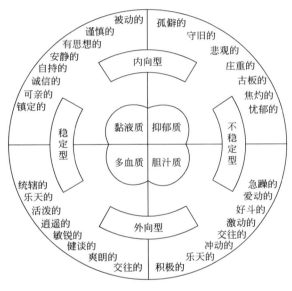

图 4-2　艾森克的性格分类

图中可见：性格的四种类型，简捷而明确地描述了人类的性格特征模式。而且也可以看到性格与气质的对应关系，说明艾森克的现代人格理论与希波克拉底、巴甫洛夫等先哲们对气质的研究与学说不谋而合。可见，他们的研究符合了人类气质和性格的基本规律与特征。

③ 独立——顺从说。这种学说是以人的独立性，把性格分成顺从型和独立型两种：显然，性格顺从的人，没有主见，人云亦云，情急时紧张失措；性格独立的人，总是见解独特，不任摆布，遇事不慌，有强烈的驾驭欲望。

④ 意识形态取向说。是由德国哲学、心理学家普兰格和邸尔太提出来的。他们按人在社会生活中对意识形态的倾向，把人的性格划分为五种类型。即

- 理论型：这类性格的人以追求知识与真理为指向，善于集中精力，专心研究，但解决实际问题的操作能力差。
- 经济型：这类性格的人热爱社会，注重社会价值，热心为他人服务，以献身于社会为最高的精神境界。

● 艺术型：这类性格的人艺术情感丰富，追求艺术审美的意境，热衷于对美的享受及艺术宣泄。

● 权欲型：这类性格的人有强烈的支配欲望和权力意识，追求仕途，刚强自负。

● 宗教型：把宗教信仰作为生活的最高价值的人，追求超脱现实，跨越自我的意念，生活在坚定的信念中，主张慈善济世，超凡脱俗。

还有许多关于性格类型的学说，研究的角度与途径不同，得出的结论也各不相同。设计者了解这些学说，有利于对性格本质的理解。在锻炼自身性格的同时，面向不同性格的人，来设计开发产品。

4.5.2 性格的特征

性格是人的一种个性心理特征，不同性格有不同的特点。因而，对人的性格的归类与划分是一件很难的事情。但是从性格构成的两个侧面：一是对人、对事的态度；二是人的行为方式，可以归纳出性格的特征。

（1）拘谨型的性格特征

这类人的性格偏于稳定与内向，处事谨慎。由于他们善于独立思考，而且又从容镇定，认为自己很有主见，所以封闭了内心的世界，很少张扬或交流，更很少倾听别人的规劝或意见。他们为人处世，总是固守"想好再干"的有条不紊的观念，凡事都要思索周全仔细，或多或少带有缺乏信心的悲观色彩，因而很难变革现实，留恋与固守已有的观念与现状。

（2）偏执型的性格特征

这类人性格偏于不稳定与内向，处事偏执。由于他们的心态内向有余、开放不足，几乎不能与人交流，因而性格的封闭性更强。但由于性格不稳定，往往又可能从一个极端走到另一个极端，对自己做出的某种变革或决定，自己都难于理解。他们的心态始终处在优柔寡断、欲干不止、欲罢不能的矛盾状态。

（3）豪爽型的性格特征

这类人的性格偏于稳定而且外向，为人处世爽朗，乐于交往。对待生活和工作的态度乐观积极，不计较琐事，不拘小节。对生活方式和劳动环境乐天随意。在选购产品或设备时，粗中有细，善于发现问题；在生产操作中艺高胆大。这类人在群体中往往有号召力，有感染力，能以豪爽的性格，超众的气质，乐观的生活和工作，也能成为管理阶层的佼佼者。

（4）冲动型的性格特征

这类人的性格偏于不稳定的外向型，为人处世急燥，容易激动。选购产品时缺乏耐心，可能受环境的影响或宣传的诱导，冲动地做出决定。处理生活和生产问题时，急于求成。这类性格的人，在顺利的环境中，可以充分发挥自身的积极性，创造生产的高效益。

4.5.3 性格的锻炼与培养

影响人的性格有三种因素：一是性格的天赋因素；二是性格的环境因素；三是性格的主观意识因素。

应当承认，性格的确有与生俱来的特征，如内向或外向的，稳定或不稳定的等等。然而，环境因素对性格的形成和发展有着直接的影响：家庭、学校、社会、父母、师长、同事等，对每一个人性格都有潜移默化的作用，可能在模仿、认同和强化的意识中，形成一种性格。所以，这些被喻为"制造人类性格的加工厂"的环境因素，首先应当承担锻炼与培养性格的艰巨使命与责任。

每一个人，除了正视性格的天赋因素，适应有益的环境因素外，锻炼与培养性格的根本途径是靠自身积极能动的主观意识。按照性格特征的规律，进行自我教育，加强自控能力，强化锻炼性格的自我意识。

（1）端正态度

了解性格的态度特征。承认性格的差别，正确对待先天因素对性格的影响，而且每个人的性格都不是生来就完善的性格特征规律。有意识地缩小现实性格与理想性格之间的差距，最大限度地发挥性格中的优势因素，在调节生理基础、环境因素和主观意识的相互作用中，塑造性格。

关心热爱集体，对他人诚恳，为人坦率正直；对自己充满信心，自尊自重，对学习、工作、劳动态度积极，始终保持旺盛的精力，敢于承担风险，富于创造精神。

（2）富于理智

了解性格的理智特征。不断增强辨别是非、利害关系及控制自己的能力。学会观察，强化记忆，求知欲望强烈，善于发现问题，追求思维的独特性。

（3）控制情绪

了解性格的情绪特征。以良好的情绪支配行为活动，心境平和，顺利时不得意张狂，逆境中不失意低落，激怒中识智慧，忧愁时不折磨自己。

（4）强化意志

了解性格的意志特征。为实现目标而坚韧不拔，不随波逐流，危难时刻镇定自若，敢于挺身而出。

思 考 题

4-1　名词解释
　　需要　动机　兴趣　气质　性格
4-2　设计怎样满足人的需要？
4-3　动机有哪些特征？对每个特征进行简介。
4-4　兴趣有哪些表现？
4-5　设计怎样呼应人的兴趣？
4-6　气质可以塑造吗？怎样进行气质的塑造？
4-7　绘图说明艾森克的性格分类。
4-8　怎样锻炼和培养性格？

第5章

设计心理的认识过程

- 设计的感觉与知觉
- 设计的观察与记忆
- 设计的思维与想象
- 设计的表象与意象

设计心理的认识过程是指设计者对设计任务感知的初始启动过程。

设计者在感觉与知觉的基础上，经过观察与记忆，引起思维与想象。沿着由局部到整体、由现象到本质、直观到抽象、感知到理解的认识规律，从是什么、为什么到怎么办，形成对设计对象的意会与掌控。

设计与艺术创作活动，是由接受设计对象刺激，调动心理积淀，激发能力的本质力量，完成设计对象的内化，获得设计的表象与意象。

5.1 设计的感觉与知觉

5.1.1 设计的感觉

设计的感觉是指设计与创作对象的特性直接作用于设计者的感官，引起头脑中的主观反射与反映。

按心理学的分析，感觉是对事物个别特性的反映，如对事物的色彩、形状、声音、质地的感官印象，是通过感官与对象的直接接触而获得的。普通心理学的常识已使人们知道：人的眼、耳、鼻、舌、躯体和大脑神经系统专门组成了听、视、嗅、味、触的感觉分析器官，接受和传达外界各种信息，感觉是一切复杂心理现象的生理基础。

设计的感觉是整个设计心理活动的原发阶段和前提。一方面设计者与艺术家通过感觉与设计或创作对象直接发生联系，把握对象的感性特征后，产生设计的生理快感；另一方面，设计中的知觉想象、情感、思维等更高级、更复杂的心理现象，都需在通过感觉所获得的感性材料的基础上产生。

设计者或艺术家都属于有专门能力的人，所以，首先要具备设计感觉的敏锐性，善于在人们习以为常的事物中发现设计与创作的思路。比如：游人观赏盛开的丁香花，尽享沁人肺腑的芳香，属于一般层次的感觉；而设计者与艺术家则要仔细察看，发现每朵丁香花都是四片花瓣，这才是设计感觉的敏锐性。设计感觉还有深广性，即由表及里，逐步深入的感觉，善于抓住事物的本质。设计感觉的视野广，是指见多识广，阅历丰富的感觉。画家画一幅人的头像画，旁观者总是评论与写生对象相像与否，而画家注重的是对象深层的气质如何表现。而丰富广博的设计感觉，对于扩大设计与创作的思路更为重要。美学理论家王朝闻曾指出："只有诉诸感觉的东西，才能引起强烈的感动。"设计对象只有经过设计者与艺术家的感觉，才能被了解与把握。

影视的编剧、导演与演员去体验生活，为的是寻找创作与演出的感觉，在与剧情相近的环境中，感觉那里的生活习俗与风土人情；音乐家、戏曲家只有聆听民歌或地方戏曲，品味其中的行腔字韵，才能找到鲜活的创作素材，艺术作品才真实感人。

对艺术的感觉，有只可意会，不可言传的滋味，需要慢慢品味，才能领会。比如：京剧的各个流派，都是由名角为师一代一代言传口授传承过来。老师先讲述一出戏的故事情节，角色的特征，学生了解后，再来一句一句教唱。一句唱腔，一个眼神，都在老师严格地监督之下，苦苦磨炼，直到师傅满意为止。学京剧就是一个反反复复的感觉过程，从眼耳口手到心领神会。试想，按乐曲简谱学京剧的唱调，无论如何也找不到京剧大师的那种感觉。

又如：艺术家研究的个性，来源于对生活的感觉。说一位演员有戏，是因为他注重感觉。善于通过感觉，把生活中的人和事变成艺术表现的素材。编剧、导演与演员不妨思索一下，怎样将张飞、鲁智深、李逵、沙僧表现得各有特色，而不雷同。如果这些角色都是满脸胡须，双目圆瞪，说话瓮声瓮气，行为鲁莽，如同一样的草莽汉子，则说明艺术家们尚未找到角色的感觉。古人曰："真者，精诚之至也！不精不诚，不能动人：故强哭者虽悲而不哀，强怒者虽严而不威，强亲者虽笑而不和。"可见，设计感觉是设计与创作活动的重要开端。

5.1.2　设计的知觉

普通心理学告诉人们：知觉，是对事物个别特性组成的完整形象的整体把握，甚至还包括对这一完整形象所具有的种种含义和情感所表现的把握，设计知觉是在感觉基础上发展起来的，又是在社会条件下形成的。

狭义的知觉以感觉为基础，是将感觉材料经过综合后而形成的形象知觉，具备了知觉的综合性、整体性、连续性和不确定性；广义的知觉是在感觉基础上调动了已有的心理积淀，渗透了回忆，并将已有的知识、经验、情感、兴趣、意志等融入知觉中，使知觉的内容附着特定的理念和情绪，成为理性的、情感的知觉。

由感觉向知觉的升华，可以这样体会：挑选缸、坛等器皿时，需用木棒敲打，能听到有裂纹与无裂纹的声音不同，这是感觉的阶段；接着，根据对声音的感觉，就可以准确判断缸、坛等器皿的优劣，这就上升到知觉的层次。

从设计的感觉到设计的知觉，是由感性到理性的了解设计对象的心理过程。首先，设计者与艺术家的感官接受了设计对象的、表面的、形式的外在表现形态的感受，如产品的外观造型、色彩、线条、音质、比例，艺术作品的场面、人物、情节，音乐家的乐曲与歌声，画家脑海中浮现的画面等等。凭感觉感受了设计对象的概貌与总体形象。

进而，设计者与艺术家进入对设计对象的知觉阶段：凭借知觉的理性步入所能到达之境，去探索和触摸，深入研究设计对象，寻找其内在的意蕴。这种心理过程如同一位学者所说："知觉的基本过程不是被动的记录，而是一种获取结构的创造性活动。"如思考产品的使用功能、内部结构、装配关系、工作原理、先进制造技术等科技含量；艺术作品的意境、神韵等。

可见，设计的感觉不同于一般的感觉，设计者与艺术家都能排除设计对象的外在干扰，特别注重对象的全部感性，丰富性被感官所接受；而设计的知觉与一般的知觉明显的区别是一种有选择，有对比的主动积极的心理活动，是外在形式与内在理性的契合。设计知觉的最终目标是创造丰富的外部世界与曲折深邃的内部世界，并融为一体，构成设计与创作的独立的设计知觉世界。

马克思、恩格斯在《德意志意识形态》中指出："人创造环境，同时环境也创造人。"为了创造美好的客观世界，更要从已有的客观世界中，以特有的设计感觉与知觉积累设计与创作的素材。

5.2 设计的观察与记忆

5.2.1 设计的观察

设计的观察是指对设计对象的仔细察看，审视等特有的心理活动。共有两层含义：一是观审，即不仅注意事物的现象，而且关注事物的本质；二是静观，即注视，设想与期望，既不受旁物干扰，又不受功利所累，无所为的凝视、观照。

设计活动中的观察要比普通心理学中研究的观察有所扩展，因而不同于一般的观察。设计的观察不是被动的感知，而是一种主动积极的感受。是以设计与创作对象为知觉心理特征，经过知觉，在观察中领悟到设计的思路或创作的灵感。

比如：设计者通过观察发现，人们为了身材苗条，在健身活动中消耗了能量，做无用之功；同时又使用电动洗衣机洗涤衣物，导致发胖。而且，使用洗衣机让人感到心中烦躁……这样，是设计者从设计的视角，发现将健身器械与洗衣机结合于一体的设计新思路。所以，健身洗衣机正是设计者以积极的设计观察、发现和感悟的成果。

唐代张操在《历代名画论》中有"外师造化中得心源"的观点："外师造化"即要求画家善于观察，体会创作对象，掌握其中的规律并从中汲取创作原料；"中得心源"要求画家对他所要表现的对象进行分析、研究，根据自己的感受，认识与情趣在头脑中进行艺术加工，说明设计与创作过程中观察的作用。

一位作家，谈他在旅途中看到的对一位老者发怒场面的观察，就是在大家都感到平常的事情中，作家能以独特的观察获取鲜活的创作素材：在列车上，一位老者的茶杯随意放在小茶桌上，这时，对面几个后生想借小茶桌游戏娱乐，就将老者的茶杯向里面挪了一下，老者并未在意。但是，几个后生的喧哗与吵闹激怒了老者，然而老者表情依旧平静，只是将茶杯又放回原来的位置，并且注视着茶杯。见此情景，几个后生立刻安静下来。作者说，人在发怒时表情千姿百态，这位老者发怒很有特色，若用于作品中，就比"双目圆睁、怒发冲冠"的俗套生动得多，而且贴近生活。

关于观察，古人有"观物取象"的说法。在《周易·系辞下》的著作中，有"古者包牺氏之王天下也，仰之观象于天，俯则观法于地，""近取诸身，远取诸物，于是始作八卦"。意为八卦等周易就是由观物而取象得以生成的。说明无论设计还是艺术创作，都要借鉴，学会从"观物"到"取象"。只有观察天地之万物，才能源源不断地获取设计与创作活动之象。

5.2.2 设计的记忆

设计的记忆是在普通心理学所论述的记忆基础上，专指对感知过的对象的特性以及设计者的经验、观念、情感在大脑皮层的储存与积累。包括表象记忆、意象记忆、观念记忆、词语概念记忆、情感记忆、逻辑记忆等记忆形态，构成一种综合性的记忆结构系统，并且成为设计心理积累的具体材料与设计心理结构的重要组成部分。

记忆的材料愈丰富、愈生动、愈牢固，设计活动则愈有活力；愈深广，则愈有创造力。

设计与创作的记忆应当是一种综合性的记忆系统结构，为了强化设计的记忆，不妨借鉴以下苏格兰心理学家布朗提出增强记忆的规律，即

① 显因律：设计对象对设计者的刺激愈强烈，原先的设计感觉、知觉表象就越新鲜生动，思维系列内的相应部分的联系就越牢固，设计记忆就越牢固，越深刻；

② 频因率：设计对象刺激的次数越频繁，以往的经验，事物重现的次数越多，印象就越深刻；

③ 近因率：设计对象刺激发生的时间越近，感觉印象就越新鲜、深刻，记忆就越鲜明，回忆也越活跃。

设计与创作活动需要记忆的能力。比如：面对稍纵即逝的美好景象与事物，要留下清晰的记忆，变成大脑中所存储的审美表象。画家正在写生一匹站立的马，过了一会马俯卧在地，画家要凭借记忆，完成写生。设计者靠过目不忘的记忆能力，对需要记忆的场景、情节、氛围、结构原理、运动状态与轨迹，内外形状等，凭记忆如同一幅幅画面清晰地再现，浮现在设计者与艺术家的眼前。这种特有的记忆能力，训练是极其艰难的，但又是至关重要的。因为往往在观察阶段，大脑的记忆活动还处于次要状态，尚未强化，因而时过境迁时，才知道记忆的欠缺与模糊。

人们从读小学开始，都经历了记忆的训练，到了高考前夕，记忆达到了人生的顶峰：古诗古词、名言佳句、经典范文；乘法的九九歌；特殊角度的三角函数值；化学元素周期表；数的平方、立方值；外语单词等等。读书期间的记忆训练，是加固人生的根基，无论未来从事何种工作，都是一种不可缺少的能力。

设计者与艺术家具备专业的记忆能力，记忆的素材则准确无误，不但节省了查找考证的时间与精力，而且如数家珍，信手拈来，设计与创作活动会跨越时空，步入捷径。

5.3 设计的思维与想象

5.3.1 设计的思维

设计的思维是指在设计表象与创作素材的基础上，经过分析、综合、判断达到认识设计与创作对象的思考过程。是对外显的设计与创作对象的心理内化过程。

体会设计与创作思维的构思的基本过程及心理特点，可借鉴南朝梁刘勰的《文心雕龙》下篇《神思》所述：即"文之思也，其神远矣"，意为设计与创作的思维是因为受到感触才会萌生；"故思理为妙，神与物游"，是说设计始终与设计对象相联系，经设计者或艺术家的感觉，由"居胸臆"的"神"进行内化，进入"思接千载"，"视通万里"的境界，为之"悄焉动容"在海阔天空的时空中进行设计的构思与创作。

对设计与创作方案的思考首先要经历畅想众多设计方案的发散思维，即以设计对象为中心，构想的设计方案越多越好。

构想中，一是要突破思维定式，不受拘束，向四面八方发散。比如设计开发何种产品，创作何种艺术作品，要不受时间、空间，传统习俗的限制，不要认为想得天真幼稚，不切实际。只有海阔天空地想，思维才能发散。二是要多层面、多指向、多角度、多方位地想。比如：想一想冰箱与猫有何相同之处？冰箱与猫都喜欢趴在墙角处，都有四只脚，都有尾巴，外观都很漂亮，都打呼噜，内外都隔热等等。三是随心所欲地想，不要争论与评价，防止干扰发散思维的大方向。为了将思维发散到天地四方为宇，古往今来为宙的极尽处，要牢记庄子的教导："精神四达并流，无所不及，上际乎天，下蟠于地，化育万物。"

比如：在艺术创作中，无论拍影视作品，雕琢一件工艺美术作品，创作一幅美术作品，都要应用发散思维，以使获取的创作素材越多越好，并以此拓展艺术创作的最大空间。这样，才有可能将经典之作网络其中。

在动手制作洗衣机之前，老师与学生就运用发散思维充分讨论了设计的方案：购买一台洗衣机，构想用何种健身器械与之联结相配。健身器械有自行车、划船器、跑步机、举重器械、拉力器等待，都能用来作为与洗衣机配套的部件。

选定最佳设计方案要运用收敛思维。

收敛思维是在发散思维的基础上，将思维从四面八方指向一个中心，在众多方案中选择一个最佳方案的思维过程。

古人云："以小观大，以少纵多"，"皆以小景传大景之神"，"博观约取，取一于万"，"言有尽而意无穷，天下之至言也。"等等，都是对收敛思维的论说。

收敛思维是一种极其艰难的思维方式，在众多的方案中只选一个方案，往往是难以割舍，举棋不定。一旦认定了这种方案，又觉得那种方案好，这是由于各种方案都各有所长，又有所短，所谓最佳方案只是相对地选择。所以，收敛思维要讲究一些科学的方法，是一种纯理性的思维。常用方法有以下几种。

（1）抽象与概括

① 抽象是从许多事物中，舍弃个别的，非本质的属性，抽出共同的本质的属性，是形成概念的必要手段。比如：在几何学中研究的点不计大小，直线不计粗细，平面不计薄厚，就是高度的抽象；在工程设计中，国家标准规定了机构简图的符号，比如：轴只用一条直线表示，轴承用两段短线表示。这样将复杂的工程结构简化为点、直线等几何要素，可以"去其繁章，采其大要"，将研究的方向直指问题的实质。

② 概括是把事物的共同特性归结在一起。比如：高粱、谷子、稻米、玉米的共同属性是可食之物，所以概括为粮食。

抽象与概括好比"逐鹿者不顾兔"的说法，设计对象是纷繁、庞杂的，只有大刀阔斧地舍弃枝根末节，才能显现主干。影视的导演都擅长绘简笔画，寥寥几笔就将场景人物表达清楚，让演员与拍摄人员一目了然；飞行员手擎简单的飞机模型，就能研究作战的方案；球场上，短短几分钟的暂停时间里，教练员在小画板上圈圈点点，队员们立刻明白比赛方案的变化；工程设计中，不管机器与设备多么复杂，一幅机构简图则能将其中的工作原理，装配关系，传动方式等核心问题表达清楚。可见，抽象与概括的方法有助于实现大道至简。

比如：对于健身洗衣机的抽象与概括，其中用于健身的划船器部件，可以自行制作，而洗衣机部件可以购置成型的商品，这些都暂不作考虑，而将研究问题的重点放在用何种机构将健身器械与洗衣机联系起来，将健身的运动转换为洗衣机的洗涤运动。这样只画几条直线表示轴、画几个小长方形与梯形表示圆柱齿轮及圆锥齿轮，机构简图便完成了。在一目了然的简图上，可以清楚地表达出传动关系。只要集中精力，将其中的传动比，受力状态等分析与计算清楚，就已解决了根本问题。把握了这个成功的基础，详细的设计就很容易了。

（2）分析与综合

① 分析是把事物、概念、现象合成较简单的组成部分，找出这些部分的本质属性和彼此之间的关系。

② 综合是把分析过的对象或现象的各个部分，各属性联合成一个统一的整体。

电影艺术创作中最为经典的分析与综合是蒙太奇理论。20 世纪 20～30 年代，苏联电影大师爱森斯坦首创，即电影各分镜头的组合与连接，画面与画面、画面与声音等的剪辑技术。

健身洗衣机的分析过程也是先把它分成较简单的组成部分，即工程上所称的部件，如划船部件、齿轮传动部件及洗衣机部件。本质属性分别为健身部分、换向与变速部分及洗涤部分，联合成一个统一的整体，即装配成一台健身洗衣机。

（3）比较与类比

① 比较是就两种或两种以上同类的事物辨别同异与高下。

② 类比是一种推理方法，根据两种事物在某些特征上的相似，做出它们在其他特征上也可能相似的理论。

运用比较与类比来辨别设计与创作方案的同异高下，完成用收敛思维选定一项最佳方案的思维过程，是最为艰苦的阶段。比如，在众多健身器械中，选定划船器械与洗衣机匹配，是由于比较与类比之后，总结出船式健身洗衣机有全身运动，实现正反转机构简单的优势，甚至应用列表，数理统计等理性手段，但在实践中最佳方案的选择还是让人费尽心思。

（4）归纳与演绎

① 归纳是由一系列具体的事实概括出一般原理，即由特殊到一般的推理方法。

② 演绎是由一般原理推出特殊情况下的结论，即由一般到特殊的推理方法。

归纳与演绎是相互依存的科学方法。演绎的依据是来自对特殊事物的归纳与概括，所以，演绎离不开归纳。同样，归纳又离不开演绎，因为归纳是对特殊现象的研究，又必须以一般原理为指导，才能找出其特殊的本质。

比如：艺术家汇聚了客观世界的千姿百态，创作出艺术形象，这是由特殊到一般的归纳过程；同时，每一位观赏者都能与创作的艺术形象心灵相通，这又是由一般到特殊的演绎过程。

运用收敛思维选定最佳设计与创作方案时，要保持良好的心理状态：

一定要运用科学方法，通过理性推导，不要凭直觉，碰运气地主观臆断。将众多方案进行充分的对比，如晋代葛洪所著《抱朴子》所述："不睹琼琨之熠烁，则不觉瓦砾之可贱；不觑虎豹之或蔚，则不知犬羊之质漫。"

既然没有完美，就应确信选定的方案是最佳的，已经达到了"海到尽处天是岸，山登绝顶我为峰"的境地。

收敛思维是以发散思维为前提，既然已充分地听取了各方面的意见，所以，一旦方案落定后，要敢于特立独行。

5.3.2 设计的想象与联想

（1）设计的想象

设计者与艺术家在设计与创作对象的刺激、诱导下，大脑皮层将积累的诸多信息、表象进行组合、加工而引发设计与创作思路的心理过程，称为设计的想象。

设计想象的心理机制是记忆的复合，是大脑皮层储存的众多信息的新组合，是暂时神经联系的重新复苏。

设计想象的心理过程是设计者接受感觉设计对象时，并不以固有的感受为满足，而是调动与改造记忆中的表象与素材，进行加工、创作，进行新的结合，从而充实和丰富表象，并创造出新的形象。设计想象是一种高级的创造能力，吸纳的是设计对象的刺激，用于加工头脑中的表象，而赋出的则是全新的形象。这种心理活动要经历三个阶段：一是集中注意力，接受新信息，提取头脑中的新信息，并加以联结，成为设计想象的阶段；二是对新旧信息加工处理阶段，融入设计者的目的、动机、思想与情感，展开设计与创作的构想；三是设计与创作的新形象孕育的成熟阶段，实现新形象的物化，成为设计想象的归宿阶段。三个阶段层层递进，成为设计想象的系统工程。

设计想象的类型有：无意想象、有意想象、单纯想象、再造性想象与创造性想象。

① 无意想象：即无预定目的，无特定指向的非自觉的想象。比如：欣赏一段音乐，头脑中常浮现出种种形象和乐曲描绘的意境，但自己并未意识到在想象。这种无意遐想，在睡眠中就形成梦境，所以谁都不能预见明天夜晚会做什么梦。有一种意识流的说法实则是无意想象的表现形态。

② 有意想象：是有预定目的、有特定指向、自控的想象。

③ 单纯想象：是由某一感知对象回忆起记忆中的另一特定事物的简单想象。

④ 再造性想象：是根据语言、文字描述或符号、图样的示意，经过加工，再造而再现相应事物形象的想象。

⑤ 创造性想象：在特定事物的刺激下，既不依赖现成描绘，又不限于反射当前事物，而是根据自己的经验、目的，将感知对象与各种记忆力加以组合改造，从而独立创造新形象的想象活动。

设计者与艺术家在设计活动中，要注意发挥想象的作用，用来激活创新意识，发挥内在潜能，这是科学发展，艺术创作，设计活动的根本动力。高度的想象力，能使人不墨守成规，不因袭前人不重复自己，而是以创造性的思维，创造新的形象，创造新的世界；同时，又能穿透对象，开掘对象的内涵，创造出对象本来没有的意蕴，使想象的创造物比对象更丰富。比如：天空本来是空旷的、寂寞的，但古人却以丰富的想象力，把天空描画得丰富多彩，栩栩如生，犹如真有这般神仙的妙境。

设计与创作活动需要靠想象超越传统和现实，形成预前构想和超前意识。学会以想象找准指向未来的憧憬，探索中的预测行动的计划与蓝图，将想象变成现实；学会以想象推动认识、情感、意志和创造。所以，设计想象的最高表现是在设计实践中，根据历史及其发展规律改造现实的愿望而展开想象的结果。历史和现实等待设计去超越，等待设计将想象和憧憬变为现实。也许平常人并不关心未来会怎样，但从事设计活动的人，身在今天的设计中，就要构想明天的设计。

如果说设计活动中传统的想象方式只限于科学的超前意识，是严格从现实水平出发，按客观规律向前延伸与扩展，表现出超前性，那么，在今天的设计想象中，就要学会更为自由，更为广阔的想象方式，甚至敢于超越科学规律，创造现实生活中尚未出现的美好境界，敢于以幻想与神话般的想象设计未来，在科学想象与艺术想象的自由空间中，来扩展设计的想象天地。

可见，设计的想象不但推动了设计活动，使设计者自身的本质力量得到最大限度的发挥和展现，同时，创造的成果在使用与欣赏的认同中，达到激励人们改造世界，面向未来的社会效果。

（2）设计的联想

在想象中，感知或回忆特定事物时连带想起其他相关事物的心理过程，叫做联想。

联想最早由英国洛克于1690年在《人类智慧论》的著作中提出。在中国迁想妙得、聆类不穷、由此及彼、触类旁通及举一反三等说法都是联想。

设计的联想是设计对象对设计者的刺激程度，如强度次数，对象之间在时空上的邻近性，新鲜事物与记忆事物固有的联系。

联想的生理机制是大脑皮层神经联系的复苏，陈留的兴奋痕迹在新鲜对象下的重新复现。

设计的联想是一种高级的心理意识活动。设计者必须具备一定的心理条件，如记忆的丰富性，回忆的活跃性，目的的明确性，知识、经验的广博性，以及特定的情绪状态，一定的思维能力等。

联想的类型共有二十多种，柏拉图、亚里士多德曾提出相似律，对比律和接近律的联想方式，休谟又提出相似接近，因果关系等类型，一直为心理学沿用。

按传统联想分类方式，应当了解以下类型。

① 接近联想：是事物在时间、空间上相临近所引起的联想。比如作者写小说，构想中必然由小说中的人物联想到情节环境，由怎样刻画人物，想到故事的情节。

② 相似联想：又称类比联想。是指事物之间在性质、形态上相似所引起的联想。如欣赏列宾的油画《伏尔加船夫》，必然联想到俄罗斯歌曲《伏尔加船夫曲》。是相似联想深化了对这些作品的理解与体会。

③ 对比联想：是指事物之间在性质上，形态上的差异或相反所引起的联想。如画家以对比联想的方式，构想用稀而薄的颜料，轻盈柔润的笔法渲染出缥缈的云天和明净的水面；如何用浓而重的颜料，重叠堆砌的笔触塑造坚硬的岩石和厚实的土地；如何用枯而涩的笔触刻画苍颜老者，而如何以细而腻的笔法描绘如玉少年的脸庞等。

细化联想类型，还有表象联想、意象联想、观念联想、情绪联想等类型，这些都是不同心理特征，心理内容的运动形式。

对于设计来说，联想有重要作用，是一种不可缺少的心理形式，更是感受、体验，创造中展开形象思维的重要环节。

锻炼设计的联想能力，应注意以下几个方面。

① 善于把零散、杂乱的对象按特性加以筛选、整理、深化设计的感知、理解，丰富和巩固记忆。这样，联想不仅加深了对事物的认识，沟通了心与象的联系，推动了设计意象的创造，而且还将认识和创造的表象、形象、观念等加以定型并积累于脑际，加深印象。比如：参观一次产品博览会，琳琅满目的产品会使人眼花缭乱，但设计者却能理出清晰的启发、借鉴的头绪，为自己设计所用。

② 学会以联想突破有限对象的时空、形态、内容的限制，善于以一当

十、举一反三。在设计中由此及彼、由实见虚、由形知质，使联想无穷无尽。正因如此，才有一种产品的系列化及多功能的创造。

③ 在联想过程中，注意将自己与对象沟通，激发自我意识，使对象人性化。只有通过联想，才能将自在之物变成为我之物，才有物的价值。联想是物我交流，相互作用的过程，设计者与艺术家如果以参与者的身份、态度介入对象进入角色，就必然将对象与自己的思想、情感联系起来，引起思索和情感的激荡。比如：音乐指挥家虽然自己不唱歌，不演奏乐器，但他必须吃透乐曲的内涵，融入乐曲的意境中，用自己的理解、体会情感调动与感染演唱者与演奏者，共同进入物我两忘，物我合一的境界。借助联想还可以引起设计者与艺术家情感的自我扩张、转移、旁及，产生感觉转移、注意转移等心理现象。比如：普希金在《灿烂的城》中写小城寒冷、破旧，但却使他留恋，因为那里有他钟爱的人，所以本来令人不快的东西仿佛也变得可爱了。

④ 联想还是设计活动与艺术创作中表达的烘托、陪衬、夸张、象征等手法的心理基础。设计要运用这些手法，在物我之间展开联想，才能使设计与创作成果丰满深刻。此外，联想的训练还要与想象、意识、意志等心理活动联系起来，在设计与创作活动中，加以运用。

5.4　设计的表象与意象

5.4.1　设计的表象

设计的表象是指与设计相关的客观事物作用于感官，在头脑中留下的痕迹或完整的映像。

设计的表象来源于工程界中诸事物的直接感知，又称工程阅历；创作的表象来源于对生活的体验。都是大脑对眼前的、过去的感觉与知觉材料进行加工的结果，并保存在记忆中。

比如：设计者对工程技术的直接感知，阅读工程图样中的图形、尺寸、技术要求与所标的符号，凭借专业知识，就能将机器设备的技术性能感知得清清楚楚，甚至可以判断设计的领先程度；至于察看一下现成的机器设备，会对制造的质量了如指掌。所以，设计的表象愈丰富，工程的阅历愈宽广，设计的想象能力与创造能力则愈强。

为了强化对设计与创作表象的记忆，设计者喜爱画一画设计的草图，设计对象的外观图，积累丰富的感知材料；艺术家们的手册则随身而带，以备目睹心仪已久的人物或场景、创作灵感突然来临之用。设计者与艺术家的习惯与爱好，如同清末大家王国维所述："必有重视外物之意，故能与花鸟共忧乐。"

5.4.2　设计的意象

在设计与创作活动中，将形成的感知表象的感性形象与自己的心意状态融合后而成的蕴于胸中的形象，称为设计的意象。

形成感知表象以后，设计并不停留在认识阶段，而是发挥设计者自身的潜能，经过分析、综合，加工等主体意识的改造，并融入设计者的思想、情感，想象于感知表象之中，进行能动的创造，于是才形成蕴于胸中的设计意象。

设计的意象一旦形成，便产生巨大的内在驱动力量，促成了设计者的意志活动和创造行为，使设计由认识过程进入付诸过程，是物化设计构想和艺术创作的实质内容。

设计意象可以激起设计者和艺术家的创造冲动，促成设计构想与艺术构想，并实现设计与艺术创造的物化。设计意象联结了设计者、艺术家的心理，设计与艺术形象心理，使用与欣赏心理，使设计与艺术创作发挥创造的功能。

为了丰富设计与艺术创作的意象，设计者与艺术家要了解意象的特点。

① 设计意象是多类型的、丰富的、又是各自不同的，如景物意象、人物意象与情感意象等。

② 设计意象既有客观现实性，理智性，又有虚幻性，创造性，在设计活动中，善于在纷繁杂乱，时隐时现的表现中，善于捕捉对设计有用的意象。

③ 设计意象的发生、发展既有渐进性，又有突发性，设计者对意象的认识是循序渐进的，但有时又是突如其来的，是一种领悟与灵感。

④ 设计意象既有个人的独创性、独特性，又有群体、时代、民族的共同性。当设计者与艺术家将设计意象物化为设计成果或艺术形象时，就确定了独特的设计与艺术风格。但是，不同时代、不同民族或群体的观念与情趣对同一表象可能形成相似相通的意象，也可能有所不同。所以，设计意象是同中有异、异中有同。

设计者与艺术家要运用设计意象的功能，实现从了解设计对象到创造的飞跃，从设计构思到设计成果与艺术形象的过渡，使设计意象成为设计、使用、欣赏的纽带。

思 考 题

5-1 名词解释
　　设计的感觉　设计的知觉　设计的观察　设计的记忆
　　设计的思维　设计的想象　设计的联想　设计的表象　设计的意象
5-2 举例说明设计感觉的敏锐性。
5-3 怎样锻炼设计的观察与记忆能力？
5-4 怎样用发散思维构想设计方案？
5-5 收敛思维常用的方法是什么？
5-6 设计想象有哪几种类型？
5-7 怎样积累设计的表象与意象？

第6章　设计心理的付诸过程

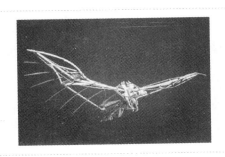

- 设计的论证阶段
- 设计的表达方式
- 设计的修正与总结
- 设计的文献与资料

设计心理的付诸过程是设计者与艺术家将构想与思路表达出来的操作与实施的心理活动过程。

设计者在设计心理的认识过程中，对设计与创作对象已有了充分的认识与了解，在头脑中形成了设计的构想。在设计心理的付诸过程中，设计者与艺术家运用理论知识与经验体会，对设计方案进行论证、表达与总结，成为技术与艺术物化的纲领与文献，也是加工制造的最根本的依据。

设计心理的付诸过程，犹如清代书画家郑板桥在《题画》中所注：画家的"手中之竹"，即将"竹"的意象物化成艺术作品的"竹"，是经历"眼中之竹"与"胸中之竹"两个阶段的酝酿与准备，才落笔画成的。

6.1　设计的论证阶段

设计的论证阶段是指对设计方案进行科学分析、理论推导与设计计算的理性心理活动过程。

设计论证的实质是根据设计要求为已知条件，应用科学理论、设计数据、定理公式等等，经过详尽的运算，达到设计方案的每个环节完全与客观规律吻合的程度。

比如：平面性质公理："不在同一直线上的三点确定一个平面"是颠扑不破的客观规律。所以，三条腿的坐椅无论放在多么凹凸不平的地面上，也十分稳定，无丝毫撼动。精密仪器都是使用三条腿的支架，是严格地遵循平面性质定理，即使是行走不便者，不曾知晓什么是平面性质公理，但双脚加一枝拐杖三点落地，也在步步实践这个公理。

又如：欲将卫星环绕月球飞转，需精确计算、调速，否则，失之毫厘，则差之千里，不是撞向月球，则是与月球擦肩而过。

自古以来，无论设计还是发明，首先都要老老实实地按客观规律办事，都在按照老子"道常无为而无不为"的教诲，一丝不苟的探索。"道"即为客观规律；"无为"是指不人为地违背规律，而是无目的的自然而然；"无不为"即主观目的的无不实现。今天，老子的这个论断已经成为人们处理问题的基本准则，也应当成为设计者的座右铭。而荀子在《荀子·天论》的著作中也明确指出："天行有常，不为尧存，不为桀亡……故明于天人之分，则可为圣人矣。"这句话告诉人们，客观世界总是按照固有的规律运行，不会因为世事的更迭而改变，人类的一切活动必须无条件地服从客观规律。

从古到今，人类对客观规律的探索越来越广阔，越来越深刻，科学研究的触角深入各个领域，不断地发现与总结科学真理，奠定了设计的基础理论和指导思想。

设计论证过程是应用科学真理、理论知识及抽象的概念、定理公式等，遵循严格的逻辑规律，逐步推导与计算，如同读书时的习题作业一样，验证设计方案的原理、参数，直至每一个毫末细节，看是否与客观规律相贴的天衣无缝。可见，设计论证的主要思维模式是抽象逻辑思维，而思维的依据是一代又一代先人积累的科学知识。

人类揭示并总结出数的概念与理论，称为数学。从小学起，训练四则运算，十五类算数应用题，直到代数、高等数学、线性代数、工程数学等等，为抽象逻辑思维提供了运算的工具。无论多么尖端复杂的问题，只要运用数学理论，建立方程或数学模型，则已事半功倍。比如：研究天体、人造飞行器的运行轨迹、工程问题、心理学与统计学中的数理统计运算等等，都要把握数学这枚金钥匙；人类还将大自然中的运动、受力、声、光、电、磁、波、能等现象总结成物理学，从牛顿三定律、欧姆定律、能量守恒定理学起，到应用物理、近代物理等，为人类破解自然之谜提供了工具。比如：工程设计中对运动状态的分析，对温度、速度、质量、重量的掌控，都要借助物理学；人类把自然界的物质分类，研究它们的构成与性质，总结成化学。从普通化学、有机化学、无机化学到放射性化学，从宏观到微观，甚至可以清楚地观察一个分子与另一个分子的化学反应，为工程设计打开了物质世界的大门。所以，才有中学时代流行的"学好数理化，走遍天下"的说法，无论学习哪个专业，都是三大基础学科的衍生与延伸，也是设计专业的根基与源泉。

读书时，每一个人都背诵过乘法的九九歌、珠算口诀、一元二次方程求根式、化学元素周期表、特殊三角函数值、平方、立方数值等等，便于应用时招之即来，这些记忆素材在心理学中称为"组块"，显然，组块越多，研究问题的效率则愈高。设计者头脑中存储的组块多，会节省大量查表、翻阅资料的时间，是顺畅抽象逻辑思维的捷径。

设计论证的核心内容是设计计算，是设计的命脉与灵魂，来不得半点虚假与马虎。设计者从小学到大学，读书十几年，从数理化到专业知识，学时一大片，用时一条线，设计的成败关键在此一举。

不消说工程界浩大庞杂的设计计算是何等令人呕心沥血与艰苦卓绝，看一看，健身洗衣机的设计论证，就足以领略设计计算的奥妙与风貌。

　　健身洗衣机的设计论证是教师指导学生在课程设计教学中完成的：其中，设计要求是实现人的健身运动驱动洗衣机，实现洗涤功能；论证的已知条件有人的健身力，健身器械与洗衣机；求证人的健身力能否与洗衣功能相匹配。首先，由人机工程学查表可知，人的双臂推拉力为 200～240 牛顿，用来推拉划船器上的搬杆，能驱动多大功率的洗衣机，运用功率等于线速度乘以力的公式，经过计算求得：此状态下人的推拉力可驱动功率为 200 瓦的洗衣机，于是选定洗衣机的功率为 200 瓦。同时，又对健身洗衣机中的传动轴、三对齿轮、轴承等零件进行了运动状态分析，强度校核及材料选择，兼顾思考零部件加工工艺的可行性。运用计算公式 62 个，绘制零件受力的弯矩图、扭矩图 32 幅。这样，使健身洗衣机有了充分的科学依据与理论计算的基础，使设计专业的学生通过这场从构思到论证的实战演练，亲身体验到所学专业知识的用场。

　　在艺术创作中显然以形象思维与灵感为主，但在创作的论证阶段要比工程界的推导与计算更为艰难，甚至达到没有章法可循的程度：写故事、拍影视、作书画、编歌舞、排戏剧，无论哪种艺术作品都要满足人们的精神文化需求，而人们的欣赏口味与精神层面又是多元化的，艺术家创作的艺术作品能否让欣赏者如醉如痴，永远是未知的。这种心理的准确把握，艰难的程度远远超过了工程设计中的论证。所以，艺术家们的创作论证是处在充满不确定和未知的精神世界中，只有充分挖掘人类文化在精神层面上的共同性，瞄准人们在文化需求上最容易达成的共识，进行充分的论证，才能使艺术作品在广阔的范围内获得共鸣与喜爱。

　　设计者与艺术家对设计论证的态度应当是：学好专业知识，尊重客观规律；不要试图改变自然之道，更不能弄虚作假；敢于坚持真理，不趋炎附势。这样，靠科学态度求解论证，对设计充满信心，而且也保证了设计质量与水平。

　　工程设计的论证是形成一套完整的设计计算资料，其中从总体论证，直至每一个零件，都逐一校核论证计算，分析功能、运动、受力、强度、刚度、材料、尺寸、大小等等。设计计算的水平反映了基础理论研究，科学技术发展，材料与工艺等设计基础的先进程度。

　　通常人们所说的产品的科技含量，实则是指基础科学的研究成果在设计领域中的应用程度。产品讲究领先与市场占有率，不仅取决于超前的、尖端的科学技术的应用，而更取决于设计计算的博奥与精深。

6.2　设计的表达方式

　　设计的表达方式是指设计者与艺术家如何将头脑中的构想展示出来，提供外在物质化或视听感觉化的操作依据与规范的方法。

　　设计表达过程犹如黑格尔的观点：艺术作品是使内在的心灵显现于外在感性事物的活动过程，亦即思想的客观化、物化。在黑格尔的哲学中，认为心灵、思想、概念都是内在的、抽象的，它们必须借外在对象表现出来，用外在的感性形式完善地体现内在心灵和理念内容，是概念到感性事物的外化。

设计构想存在于设计者与艺术家的内心世界中，以何种方式使内在的心灵显现出来，让产品的制造者、艺术的操作者也详尽明了设计的构想，有章可循，这就需要一种传达的方式，即设计表达。

设计表达又如明代袁宏道在《阮集之诗序》的著作中所论："大畅其意所欲言，极其韵致，穷其变化。"说明设计思想的表达如同写诗作文一样，要"冲破陈规，各出手眼，各为机局，以达其意所欲言。"酣畅淋漓的表达，直到极尽之处。

尽管工程设计、工艺美术设计、艺术设计的表达方式各有千秋，但都离不开图样与模型。

6.2.1 工程图样

工程图样是准确表达机件内外形状、尺寸大小与技术要求的图样。是工程设计表达的最主要方式。

设计者把经过设计计算论证的，在头脑中构想的零件画成表达单个零件的图样，称为零件图。在零件图中，用一组视图把零件内外的形状与结构准确的表达出来，即使一个小圆角，小倒角都清清楚楚；标注完整的尺寸，说明零件的大小，指明技术要求，如加工的精度，零件表面的光洁程度，零件经处理后应达到的内在品质等等。

设计者把头脑构想的一台机器或一个部件绘成图样，就是装配图。其中的一组视图旨在表达机器的工作原理、装配关系、传动方式、连接方式等等，标注必要的尺寸，供装配，选购，运输，安装等环节中使用；标出的技术要求则表明机器在装配、调试、使用、维修过程中应当了解的事宜。

工程图样的理论基础是《画法几何学》，即在平面上研究空间几何问题的图示法与图解法；指导思想是《工程图学》，即在画法几何理论指导下，研究画、看工程图样的技能与技巧的一门科学。工程图样的形成是应用了图学中的投影理论，图样的绘制、格式与规范，都有严格的统一规定，即国家标准《机械绘图》。几乎在世界范围内，工程图样成为技术交流，生产制造的共同语言。

近百年来，工程图样有一个非常美好的传说：人们把工程图样称为蓝图，也常把一个美好的愿望或规划比作宏伟的蓝图，激励着一代又一代人，树雄心、立大志为实现美好的蓝图而奋斗。可见，工程图样已不仅仅是一种表达方法，而是人们寄托心仪与愿望的美好境地，让人充满理想，憧憬未来。

由于图样需一式复制多份，直至20世纪末，图样是由设计者手工绘制，描图员用半透明的硫酸纸绘图、再经晒图、氨水熏图复制出多份淡蓝色底、深蓝色图线的图，通称蓝图。

工程图样是将设计构想物化为实实在在物质产品的技术指令依据，工程界所有职能部门，虽然各司其职，但都必须无条件地执行工程图样中的规范与要求。

在工程的领导决策部门，工程图样用来研究产品的开发、发展的方向，预测产品的生命力及前景，思考现有的资源设备与技术力量能否具备新产品开发的实力，与同行业、同类产品的竞争力与优势等。

在生产的管理部门，根据工程图样涉及的工业工程问题，预测人力、资源、商务与物流等问题，为开发产品制定相应的人事、工资、培训等措施。

生产指挥部门，按工程图样调度人与设备，编排生产计划，统计生产情况。

财务部门要依据工程图样，进行产品的成本核算，以及开发产品的资金流动等问题。

供应部门按工程图样中所示的材料，采购制造产品的物质材料等。

动力机修部门根据工程图样，准备能源、动力及设备。

至于产品制造环节中的技术部门，工程图样则更重要了。

工艺部门按工程图样编制出产品各种零件的铸件明细表、锻件明细表、焊接件明细表、标准件明细表等等，将全部零件按加工工艺方式划分归类；对每个零件逐一编制工艺卡片，用于指导工人生产加工；制定工艺路线，明确加工的程序、设备、工具；制定工时定额，与生产者的经济效益挂钩；根据工程图样进行工艺装备的设计。

检验部门按工程图样布置产品质量的检测点，确保产品的每一个环节都处于可控状态。

在生产部门，铸造、锻造、焊接通称热加工；车、钳、铣、刨、磨统称冷加工。工程图样按加工程序，随工件流转，几乎操作的每一个动作都要严格地按图完成。装配工人按工程图样表达的装配关系，将零件装配成机械设备。

6.2.2 外观图

描绘产品的外观形态的辅助图样，称外观图，也称立体图，直观图。近年来在艺术设计中又称效果图。

工程上应用的外观图，是按工程图样所示的视图尺寸，按比例规范绘制的。绘图的原理源于工程图学中的轴测投影图及透视投影图的理论，在传统的称谓中，称为技术绘画。

工程外观图是设计表达的辅助图样，表达的特征是逼真，描绘的每个细节都清楚肯定，质感突出。

如今，设计者及设计专业的学生训练一下手绘外观图的技巧，展示手上的功夫与艺术个性，有特殊的意义：想介绍头脑中的设计构想，或帮助他人答疑解惑，随手勾勒一幅外观图，让人顿开茅塞；见到一款优美的产品造型，挥笔写生出来，也是一种享受。

手绘外观的底稿图有轴测投影与透视投影的画法，但在技巧上并无定论，而是各有千秋。

（1）白描画法

如图 6-1，这是借鉴中国花鸟绘画的白描画法，只画物象的轮廓，不渲染或润饰。这种画法的特征是突出表现对象的形态构成，使欣赏者感到清晰简捷。白描画法是学习中国画，尤其是工笔画的入门练习方法，要求初学者用毛笔为工具，训练手的绘制能力，使墨线流畅均匀。在设计表现中应用，是集素描、图案、技术绘画及书法于一体的一种手工画法。

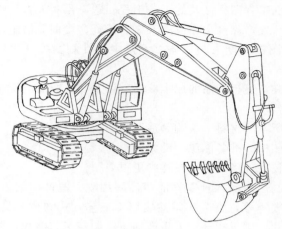

图 6-1　白描画法

（2）单色润饰画法

如图 6-2 中的物象，是使用圆规、直尺、鸭嘴笔等工具，手工点线润饰的技法。画法简单，只用墨汁，但质感强，反差明显，书籍中的插图常用，印刷后效果很好。

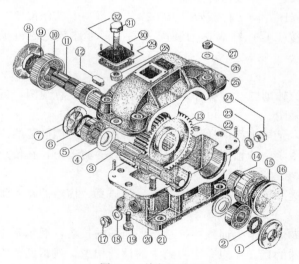

图 6-2　单色润饰画法

（3）水粉画法

如图 6-3，用水粉颜料，借用绘画中的水粉技法，绘制物象外观图，给人十分逼真的视觉感受，是目前介绍产品较高级的手工技法。

（4）彩色铅笔画法

如图 6-4，用彩色铅笔绘制外观图，是一种很容易掌握的技法。由于彩色铅笔易于控制，可按预想的效果进行描绘，而且视觉效果好，不但是设计表现的一种快捷方式，也是设计专业学生训练的一种有效方法。

图 6-3　水粉画法

图 6-4　彩色铅笔画法

6.2.3　模型

依据工程图样，按一定比例制作的有长、宽、高三度方向的整体形态，是工程上的模型。如汽车、舰船模型、桥路模型、建筑模型、规划或军事沙盘等等。其中，最为规范逼真的属机械设备与零件的模型。由于大多用红松木料制作，将制作者称为木模工。木模工人阅读工程图样的能力可能超过专门教授图学的专业教师，因为他们既明了产品的结构形状及该产品的木模图样，又清楚不同材质的铸造工艺，于是按图制作的木模，专供铸造生产使用，不能有丝毫差错。所以，木模工人堪称跨越技术与艺术、理论与实践的艺匠大师，可惜近年来这种精湛的技艺逐渐失传，不能不说是工程界、艺术界、设计与教学领域的一大憾事。因为丢掉的不单单是锛、凿、斧、锯、刨、铲等木模工具，而是那种刮凿木料的感觉与乐趣。

6.2.4　工艺美术与艺术设计的表达方式

工艺美术创作还沿用着艺匠的古老传统，因材而作。他们的创作构想不一定表达出来，而是靠想象将构想定格于头脑之中，边制作、边琢磨，直至满意为止。比如，审视一块玉石能雕琢成何种工艺作品，要借助天然固有的色彩，尽量减少材料的损失，依形就势地刻画一种惟妙惟肖的作品，才是工艺美术大师的独到之处。比如：将一块玉石雕琢成主体是一只赭石色的老母鸡，身下围挤几只嫩黄的鸡崽，将玉石的色彩分配恰到好处。大师手下，自然天成的生灵与母子深情油然而生。

几位百岁老奶奶剪下生风，一幅剪纸折服了世人。设计表达掺合在从构想到剪成的快乐中，也是工艺美术大师的一种独特的设计表达方式。

艺术创作的设计表达中，与工程相比，设计的表达就显得不拘一格。文学艺术创作者首先要反复推敲编写提纲，将写作的思路与脉络理顺，才能开始写作；影视导演能绘制拍摄的构想图、场面、布景、器物乃至人物服饰、形象、表情等都能表达清楚；影视脚本按镜头号、画面、情节、台词、音响、占有时间等一一罗列，参拍者依此可以各有分工，协同动作；屹立在北京农业展览馆广场的两组雕塑群像，是沈阳鲁迅美术学院雕塑系师生于1958年11月至1959年9月创作完成的，在大量的构想模型中选出二幅圆雕稿，报请农业部审核。大家依据这两幅构想草图，各抒己见。农业部的领导就是通过这两幅草图的设计表达的方式，领会了作品的形态与寓意，并建议原稿中双手捧着聚宝盆的青年女农民改成高高地扬起双臂，双手击钹与另一尊雕塑中的青年男农民双手高举敲鼓相对称，而且将聚宝盆也放于马背上，与另一尊雕塑的大鼓放于马背上呼应，使两尊雕塑更加完美；服装设计师在制作服装之前，绘出服装的模特画等等都是将头脑的设计构想表达出来，为艺术设计铺平道路。

6.3 设计的修正与总结

6.3.1 设计的修正

设计的修正是指：以工程图样为核心的一系列技术文件，在指导生产制造产品中，对发现的问题进行改正的过程。

在产品定型之前的样机制造阶段，设计人员要始终置身于生产的现场，在修正设计方案的同时，主要的是及时采取补救方案，确保生产正常进行。发现设计错误的渠道有以下几个方面。

① 设计者自查设计的资料，发现设计中的错误。尤其在使用计算机的设计中，出现疏漏而且难于察觉。甚至在成型的软件中，本身就有错误，设计者的自身素质与工作态度都有可能导致设计错误。

② 设计者在完成设计任务后，对设计的某个环节产生新的想法，决定重新修正设计方案。

③ 各职能部门在使用设计资料中，发现不尽人意之处。

④ 每一步都依据设计资料的指导而施工操作的加工者，极可能发现设计中的错误，哪怕是极其细微之处。因为是由加工者将纸面上的设计变成实实在在的零件或产品，所以设计中的错误必然显现出来。

⑤ 制造的样机要试车检测，操作者会凭直觉与经验，发现设计中的问题。

⑥ 在设计到制作的进程中，总会有不可预见事件发生，要求设计做出重新的决断。

⑦ 在艺术创作中的设计修正，不确定因素及随机性会更大，虽然不至于产生工程设计那类的是非错误，但无法弥补的遗憾会令创作者追悔莫及。比如：排练走场时，各方面的效果都非常理想，唯独在正式录制或演出时，出了大错；从前拍摄的一部好电影，占尽了天时、地利、人和之利，成为铭刻在几代人心中的经典，但重拍之后，再也找不到老影片中的感觉，只能望着往日的辉煌而兴叹。

正确对待设计中的错误，是设计与创作人员的必备心态。

有错必改，不加掩饰，不予辩驳；以宽容大度的心态聆听意见建议，尤其是挑剔、嘲讽，往往会受到意外的启发；在设计的错误与欠缺面前，学会原谅与安慰自己，因为人类在科学实验与探索中不知道经历了多少次失败，有的至今还未见成效。而设计在有限的时间内，承担着只许成功不许失败的风险，已经难能可贵了。

6.3.2　设计的总结

把一阶段的设计工作，从构想、论证、付诸到完成等环节中的各种经验或情况分析研究，做出有指导性的结论，是设计的总结过程。

样机经过试用、鉴定后，产品进入定型的正式生产阶段，设计的总结也随之而展开。

将设计修正后的技术资料进行整理，变成正规的技术文件。比如：装配图样要重新绘制，并由装配图拆画零件；按装配总图，部件装配图及所属零件工作图汇集成册；各职能部门也要将技术资料整理清楚，用来指导工作。

分析研究设计的诸环节后，一定要做出有指导性的结论。比如客观的评价设计成果，如实反映设计中的信息反馈；明确尚待改进之处，提出新的设计构想。

今天设计的成果同样经历着适者生存，不适者淘汰的物竞天择的考验。可以说人们的喜爱程度是评价设计成果的主要标准。一种产品、一部电影电视作品、一部小说、一幅画，能否受到认可，设计者与创作者只能静待使用与观赏者的回音。所以，以客观效果为秤，是检验设计水平、做好设计总结的有效途径。

设计总结中，要对已有的设计成果进行利弊的权衡与分析，从中就可以找到新的设计与创作的方向。

比如：一种功率极大的飞机，设计的初衷是提高空中的运载能力，使用效果也达到了设计的要求，实现了设计的愿望。但这种飞机的噪声使得机场周边的人，患精神方面疾病者极多。

曾经辉煌一时的管道铺设联合作业工程机械，颇为壮观，在广阔的原野上，除根机将树木清除，挖掘机以每小时一百米的速度挖出整齐的凹沟，几十台管道起重机同时吊起几千米长的管道放入沟内，推土机将土推平，令人赞叹不已；然而，这却是一种野蛮的作业方式：原野表面的腐质土被埋入地下，生荒土铺在地面，无法种植农田作物，远不如人力挖土那样爱惜与细心。很多人都难以置信,黑油油的农田地,为什么会居然流失,从工程机械的设计中可能会找出个折中答案。

行走机械的速度过快节省了出行的时间,但提高了制造的成本,车体结构与材料、路轨、车站等设施都要提高造价;司乘调度人员必须高度集中精力,增加了心理的负担;乘车的人想观赏沿途的秀丽风光,无奈一掠而过,头晕目眩。于是,很多人在琢磨,为了赶时间,为什么不提前一点出行。

至于使用林林总总的家用电器,专家与医生的告诫已苦口婆心:一台加湿器,要定期用专门的清洗液,加湿用的水只要软化的,最好用纯净水,因为自来水内含钙、钠离子过多,对人的呼吸道造成危害。

显然,设计的总结不是设计的终结,而是一种新的设计思路的重新开始。

6.4 设计的文献与资料

6.4.1 工程设计的文献资料

在一个产品的制造团体中,各职能部门都以工程图样为核心,整理出用作依据的材料,称作设计的文献与资料,由于带有指令性,所以,在生产实际中又习惯称之为技术文件。

设计的文献与资料可参阅图 6-5。

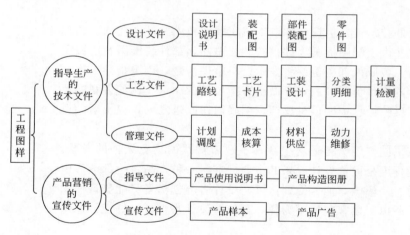

图 6-5 设计的文献与资料

由图中可见,设计的文献与资料是依据工程图样的要求,分别制订的行动规范与纲领。从决策者,设计者到每一位生产工人,依据技术文件协调工作。设计的文献与资料成为现代大生产中的文明象征。

值得注意的是,在设计的文献与资料中,尚有被忽略的薄弱环节,需要设计者认真思考。

比如:工艺文件中的工装设计,全称为工艺装备设计。工艺装备是指为基础制造设备配套的加工工具,如夹具、模具、卡板、样板、又称做标准设计。比如:一个零件的形状奇形怪状,机床难以装卡,则需设计专门装卡的工具,这种设计即为工装设计。一种产品的工艺装备愈多,说明生产水平愈先进，常用工装系数作为评定的标准。

又如，指导文件中的产品使用说明书，目前，大多尚未达到使用说明的标准。很多产品说明书处在设计者自己明白，使用的人非常糊涂的状态。比如：谁也没有见过房屋的使用说明书，阳台的承重量能否像电梯那样标明能同时聚集多少人？问及建筑设计师，他们会严格从学术术语告知，阳台每平方米承载量是多少。好比有的药品用量一次为多少毫克，究竟吃几片，要自己学会换算。

既然是产品的使用说明书，面向的群体都是外行人，设计者应将专业的知识进行科普化的转换，使用类似老百姓过日子的常用话语或习性，做到通俗易懂。

6.4.2　工艺美术的文献与资料

工艺美术沿袭着手工作坊的艺匠技巧，从原始人改进工具开始，劳动工具与装饰饰物就融为一体。工艺美术的文献与资料已成为经典的文化财富。

据考证，250万年前，在安徽繁昌一带就有使用铁矿石的遗迹；170万年前，元谋人学会使用简陋的石器；50万年前，北京猿人能将石器进行分工；2万年前山顶洞人配戴饰品；8000年前河姆渡人学会制作骨玉器；6000年前，在黄河源头有了彩陶的岩石。猿人用缓慢的大脑琢磨石器审美与实用之间的关系，从信手拈来石块的旧石器时代到打磨石器的新石器时代，从此开始了工艺美术的先河。

（1）关于玉的文献记载

玉石神奇，让人观赏不够；玉石普通，几乎家家都有；玉石沉稳，柔和温润，美而不艳，刿而不伤，扣之其声，清物远闻。

《诗经》中云："言念君子，温其如玉。"

春秋《周礼》中云："以玉作六器，以礼天地四方。以苍壁礼天，以黄琮礼地。"

东汉许慎生《说文解字》中说："玉，石之美具王德者"。

（2）关于陶瓷的文献记载

陶器是先人发现大雨淋湿黏土，被火烤干后，格外坚固。是仿造以橘红色泥土制坯，用赤铁矿为颜料涂画纹样，在900～1400℃的火中烤成彩陶。

瓷器于隋唐时期，制出青白色釉的器物——著名的唐三彩，是以白黏土成型，烧至1000～1100℃，冷却后涂铅与石英配制的釉料，烧至800～900℃，或黄、绿、白，而称唐三彩。宋代的青瓷产于著名的景德镇窑与定窑。到了元代，青花瓷的制作已很精美。

（3）关于其他工艺品的文献记载

漆器：始于唐代，白居易在《素屏谣》的诗中描绘到："缀珠陷钿之母，王金七室相玲珑。"说明漆器制作工艺过程已很复杂，漆器制作要金与银细工结合，涂漆达一、二百道。

金银器具：在魏晋南北朝时期，以错金缕彩而著称的手工艺制作而成。

青铜艺术：于唐代为鼎盛。唐诗中形容青铜镜如："鹊影菱花满光彩。"

"鹊镜临春"，"妍媸资远"。

公元前 2000 年，经夏商周与春秋，历时 1500 百年为青铜器时代，殷虚时期是中国青铜艺术的巅峰，著名的司母戊大方鼎重达 875 千克。

家具：明代的家具制作工艺为上乘，木料有花梨、紫檀、鸡翅木、铁梨等，家具造型单细轻盈。

建筑：故宫的角楼，全以卯隼扣结，不用一枚铁钉，历经风雨沧桑，巍然不动，大红漆门窗，黄琉璃瓦顶，飞檐叠压错落，斗拱富丽堂皇。

6.4.3 艺术创作的文献与资料

艺术创作的文献与资料是艺术家积累的创作素材，创作的体会。他们著书立说，传授创作的经验或章法。但艺术作品的本身：一幅古画，让人们领略了古人的衣食住行与人情风貌；一部电影让历史重现，为了拍摄影视而搭建的外景、建筑、器物都会成为艺术创作中的宝贵的文献与资料。影视作品从最初的概念、构思、融资、制作、直到最后上映，耗费的时间约三年左右。这个过程与工程设计与制造一样，积累了文献与资料。

思 考 题

6-1 名词解释

工程图样 模型 外观图

6-2 什么叫设计心理的付诸过程？

6-3 设计的表达有哪些常用方式？

6-4 设计的修正与总结包括哪些内容？

6-5 设计的文献与资料有哪些？

第 7 章

设计心理的更新过程

- 亲情与关爱的设计观念
- 生命与运动的设计观念
- 高贵与典雅的设计观念

设计心理的更新过程是指设计中求新求变的心理过程。其核心是观念的发展与变化，即设计者与艺术家的思想意识，以及客观世界中留下的概括的形象，要不断地推陈出新。

俗话说：天变、道变、一切皆变。显然，设计观念也要变，也要依附于自然的客观规律与人类社会的发展而变。

设计心理的更新过程，即设计观念的形成和发展，是设计者的主观意志与愿望作用于客观世界、主观世界与客观世界相融相济的结果。心理活动的过程如同南朝梁刘勰在《文心雕龙》著作中，对艺术创作的心理描绘：设计观念的启动，首先受助于"思理为妙，神与物游"。无论做什么事情，想一想客观规律是理所应当的，才能有利于思绪在万物之间畅游；二是设计观念的变化只有"目既往还"才能"心亦吐纳"，即善于以独特的视角游弋于物我之间，见多识广了，思想观念自然会吐故纳新；三是设计者在全新观念的激励下，"情往以赠，兴来如答"，豪情满怀，欲将内心的构想与创作的欲望表达与释放出来，踌躇满志地用设计推动社会发展与文明进步；四是设计观念的更新一旦升华至"写气图貌，既随物以婉转，属采附声，亦与心而徘徊"的境界，设计与创作便炉火纯青，即能将对象操控于掌股之间，又能表达内心的思想与情怀，实现了主观世界与客观世界如鱼得水的融合。

可见，设计观念的更新与发展，取决于思想意识中的三个环节：第一是设计思路要符合客观世界的规律；第二是要满足人类的物质需求与精神需求；第三是彰显设计者的主观意愿及艺术家的独特个性。

当然，设计心理的更新过程是艰难的，需要驱动的。庄子"天地有大美而不言，四时有明法而不议，万物有成理而不说"，的教诲告诉人们，大千世界从来不会把它的美好，法则与规律展现出来，而是独来独往地运行着。只有"圣人者，原天地之美而达万物之理"，主动地挖掘天地之间的大美，明法与成理，学会"判天地之美，达万物之理，故察古人之全"，才能"寡能备于天地之美，称神明之容"。这就意味着，丰富的设计与创作思路，新颖超前的设计观念不会自己走来，客观世界也不会拱手奉献，只有自觉的、积极的、具有创造性的探索，才会产生设计与创作的新思想、新理论与新观念。

应当思考的是，设计观念的更新能不能把创造的空间由小变大；能不能把不可能变成可能；能不能把平凡化为神奇。为此，要注意以下几个方面的心理训练。

① 以客观世界中活生生的形象，即"生活的表象"为伴，饱含着深情，驰骋着想象，以形象的方式认识与把握着世界。设计者与艺术家要善于把零散的生活表象组合在一起，加工圆整成一个完整的形象，将其植于设计与创作的活动中，用想象与虚构创造设计的成果。

② 凡事都从正反两个方面想一想，可能发现新的法则或规律，为设计开辟新思路。比如：点滴小事可能潜藏着大道理；今天越是平常的，明天将是珍贵的；有时落后可能是一种优势，但固守可能以逸待劳；要想向前跳得远，就要大步往后退；顶住压力固然可敬，躲开压力也很聪明；这些处理矛盾的辩证思维的方法，不用举例说明，也能深刻地理解。

③ 敢于凭直觉当机立断，把科学的头脑与探险的精神相结合，如心理学家贝弗里所说："当人们不自觉地想着某一问题时，戏剧性的出现的思想就是直觉的例子。"

④ 善于用"因偶然相遇而疑窦顿开"的灵感寻找设计与创作的新思路。借助灵感"恍惚而来，不思而至的灵气"，让设计心理面貌一新。

设计心理的更新没有固定的模式，设计观念的变化也无章可循。面对今天的世界，设计心理的更新应当关注的是：亲情与关爱的设计观念；生命与运动的设计观念；高贵与典雅的设计观念。

7.1　亲情与关爱的设计观念

亲情与关爱的设计观念，是力求以设计为纽带，让没有血缘关系的人与人之间互相关心，互相爱护。

俗话说，化干戈为玉帛，不似亲人胜似亲人。如果人类没有争斗与战争，都把军费开支用在和平的发展上，人间将到处是亲情与关爱。

人的情和义是由于大脑皮层和皮层下神经的协调活动，在呼吸节律、心率、供血状况、分泌腺机能以及外部表情、动作、语言上具有的表征，是亲情与关爱的生理机制。

对于亲情与关爱有不同的体会与解释，如天赋本能说：孟子持"性善说"认为仁、义、礼、智等都是天生的本性；还有"感物致和说"，如《乐记》所论：感于物而动，物至知知，然后好恶形焉，所以主张"理以节情、理以导情、理以养情"；还有主张说，认为亲情与关爱是发自内心的；还有格式塔心理学认为亲情与关爱有同形同物或异质同构导论说；马斯洛所论的高峰体验，也叫超越性的快乐，生命的快乐，是一种超越功利的自由快乐，也是对亲情与关爱的一种解释。

可见，人们平时所说的"感人心者，莫先乎情"、"人禀七情，应物斯感"等等都是对亲情与关爱的理解与概括。设计与创作走在社会发展与人类进步的最前端，用榜样与典范的力量，呼唤、感化、传扬、光大亲情与关爱。在人们使用与享受设计成果时，亲身体验到设计不仅改变着人类的生活质量，更重要的是让人们思考，为了人世间的亲情与关爱，应当怎样做。

人们都曾经上过学读过书。老师站在讲台前，时而饮一口自带的凉水，手上、衣服上沾满了粉笔粉尘，老师疲惫不堪时，可能还要连续上课。如果能有一杯热水，让老师润一润喉咙；有一盆清水让老师洗一洗手，这些平平常常的举动，可能是对老师莫大的慰藉。好多学校都为上课的老师准备一份免费的午餐，人们都能自解其中意了。在设计专业的毕业设计中，老师指导学生设计了吸尘黑板擦，目的在于让学生走出校门之前，就做好用设计传递亲情与关爱的心理准备。

铸造工人的劳动不仅辛苦，而且时刻受到烫伤的威胁。设计者巧妙地想到，为他们每人配备一把刀子，万一高热的金属颗粒钻进鞋里，让他们迅速地用刀割断鞋带，将鞋甩掉，减轻烫伤的程度。

如果把高考的录取通知书设计的既漂亮又艺术，以大学美丽的校园为背景，写上祝福与亲情的话语，如："敬爱的家长，祝贺您的孩子考入我校，从此您就是我们这个大家庭的成员了，感谢您的养育之恩。"把这份录取通知书挂在墙上，家长与学生都会感到，这绝不是一纸简简单单的通知书了。

退休的人，从此离开自己的工作单位与所在的团体，好比断了线的风筝，不禁感到凄凉与孤独，甚至感到绝望。如果在岗的人邀请他们发挥余热，让他们继续做一些工作，对他们失落的心态会是一种补偿。退休的滋味只有到了退休的一刻才能品尝，在岗的人若能提前有所体会与关注，就会把亲情与关爱送到他们心中。类似的还有刚刚走上工作岗位的人，在岗者能以一定的方式表达关心与体贴，会感到自己的到来受到大家的关注，工作就有了一个良好的开端。

年龄大的人洗澡喜欢在热水池中泡一泡，舒筋活血，大汗淋漓。公共浴池一直是老人们聊天、下棋、打发时光的地方。成了日常生活中不能缺少的事情。如果能体谅老年群体的这种心态，为他们保留几处老澡堂子，而且能想出办法，让这里更加清洁卫生。只要花一番心思，这种祖祖辈辈流传下来的习俗，对越来越多的老年人将是一种好事。

从前，婴儿出生刚刚满 56 天，孩子妈妈就上班，将孩子带到托儿所，阿姨们精心照料着刚刚出生不久的小孩子，母亲和孩子都免去了好多麻烦，即使上夜班，孩子也能有人照看。母子在顶风冒雨的奔波中，反而健康快乐。今天，如果也能与从前一样，会给年轻的父母与子女带来多少便捷，会缓解多少人的心理压力与沉重的经济负担。

如果能有一本书，名字为《从头说到脚》，是由各科医生合著而成的，将他们的医学知识与临床的经验以科普化的方式介绍出来，世人不但受益终生，甚至可以延年益寿。比如从头发到脚下，人体的各个部分有何功能，注意什么，怎样保养等等，可能医生一句话，关系人一生。头发对头部防晒、防意外冲击有防护作用，而染烫头发，不但会越来越稀疏憔悴，而且对心脏有损害；身体发烧时，如果医生提示一下化验尿液，若及时发现肾脏发炎，立即卧床不动，对症用药，会让人免去一生的痛苦与心中的压力。一种疾病对医生说来已司空见惯，但医生能为病人把握时机或防患未然，这是人世间最圣洁而又最伟大的亲情与关爱。

在艺术创作中，如果艺术家能以亲情与关爱为主题，提供精神食粮，那么，这类艺术作品必定是上乘之作。因为"现实生活中，精神上的沟通障碍，人与人之间的信任危机，时刻威胁着人类脆弱的情感世界，虚拟世界中，甜蜜、温馨、梦幻、励志的影片备受追捧。确实，现代人太需要自我感动一下了。观众期待影片能为自己提供改变环境的勇气，接受事实的豁达心境，乃至解决问题的实用方法"。❶

这些事情很小，而且好像与设计活动无关。其实恰恰相反，俗话说，于细微之处见精神。老百姓的平常琐事，确实不会惊天动地，但往往隐藏着大道理。在现代社会中，在经济效益的驱动下，大手笔、大动作固然可见，但面向亲情与关爱的设计主题，可能是备受崇敬的永恒主题，因为会让老百姓感到贴心与温暖，收获一种心理的慰藉与满足。

7.2 生命与运动的设计观念

生命与运动是设计活动对人的内心世界在心理上的调整与平衡，让人返璞归真，重新关注生命意识与生命运动。

古人说："夫形者，生之舍也；气者，生之充也；神者，神之至也。"形是人的机体；气是充盈于人体中的血气，是人与动物共有的自然生命力；而神则是为人所独有的，感觉、意志、情感、思维等。

《周易》讲"生生之谓易"，即生命在于运动。一组生物实验表明：在有猫威胁的环境中，这些老鼠的肢体与精神格外发达，因为要时刻躲避、防范天敌；而另一组高枕无忧的老鼠，动作与反映格外迟钝。

动物身患疾病，无法医治，但动物会静卧，不断变化身体的姿势，用来调整体内的血液循环与新陈代谢，设法缓解甚至痊愈疾病。

荀子在《正名》篇中告诉人们如何养生："心平愉，则色不及佣，可以养目；声不及佣，而可以养耳；蔬食菜羹而可以养口；粗布之衣，粗训之履可以养体；居室、芦帘、藁蓐、敝几筵可以养形；故无万物之美可以养乐，无势列之位可以养名。"认为只有注重身心的修养，保持"心平愉"，就可以使那些本来不如平常所见所闻的声色之美，也同样可以产生养目养耳的效果。

老庄以道为本，以体道、悟道、得道为生命的最高境界，人生的追求不是欲望的满足，而是超脱一切感官享受和世俗欲念之上的精神自由。

禅定之乐的止观，又称定慧、寂照与明静。止是去绝分别，远离邪念，使心安住于一境中；观是发起正智，历历分明的照见诸法。

---

❶ 胡薇，危机联动好莱坞《世界知识画报》，世界知识出版社，2009年1月第33页。

中国古代贤哲虽然各自修养方式不同，但在实现自我超越、实现生命价值的升华上却有着共同的本质属性。这就是要在各自的人生修养中实现人的本质力量的显现，高尚情操与理想的显现，在对各自存在的确认中实现对生命的超越。

正常分娩出生的婴儿不怕声响，胆量也大，将来的心态也好。这是因为生命的诞生历经了艰辛与磨难，所以生命才有质量。母子相依，母乳为子女带来了让生命旺盛的免疫力，子女让母亲的身心得以健康。

这就是生命的意识与生命的运动。

为此，在教学中，教师率先为同学们展示一下几代教师使用过的质地泛黄的老教材，用手工在硫酸纸上描图后晒制的蓝图、木制丁字尺、三角板、粗糙的纸上画出的黑光亮的图线，比印刷还清晰的手工画成的巨幅挂图，手工制作的教学模型，自己制作的看似简陋、但很实用的绘图工具等等，都印记着岁月的沧桑，诉说着对生命寓意的纯朴理解。

让学生看一看，古往今来的中国画大师与书法名家鹤首童颜，因为"学画所以养性情，且可涤烦襟，破孤闷，释燥心，迎静气。甘人谓山水家多寿，盖烟云供养，眼前无非生气，古来名家享大耋者居多，良有以也。"他们手足心脑并用，运笔之中，气到丹田，在恬静淡泊的意念中，伴随着生命的节奏而延年益寿。

为了让学生重新享受手工劳动的生命情趣，削一枝铅笔，用尺精细地画好字格，写一篇工程上要求的长仿宋字，描画一幅图形，制作一个模型。再放开手脚，画徒手草图，洋洋洒洒，尽享"圆者不以规，方者不以矩"的酣畅淋漓。在学生欣赏这些手工的劳动成果时，心理愉悦油然而生。仿佛将生命融入其中，升华了对生命理性内容的理解和认识，学会追求高格调的生命意义。

一位体育明星说过，谁若想与我交流，请给我写信，因为只有手握信纸时，那种感觉才幸福与温暖。

在学生的毕业设计中，设计了东北虎钟表。目的是关注大自然的万物生灵，彰显生命的意识，如图 7-1。

图 7-1 东北虎

图 7-1 中的东北虎，俯卧在茫茫雪原上，大气磅礴，雍容华贵，头上依稀可见一个"王"字。张开血盆大口，吼声惊落飞雪，震荡峡谷，一派王者

雄姿，透着舍我其谁、傲视群雄的风采。东北虎与人类一样，同是大自然造化的生灵，素有兽中之王的美称，本应有生存的权利与空间。"一山容不得二虎"指的是一只东北虎的生存空间是 100 平方公里，也就是说，欲将东北的长白山、大小兴安岭全部封山养虎，领地也不见广阔。据专家们的考察估计，野生于大自然的东北虎已不过十几只。人们的过度开发已丧失了人迹罕至之地，东北虎几乎没有适宜生存的净土。据说它们曾举家迁移西伯利亚，但又横遭偷猎厄运。怜爱生灵的有识之士为了延续这般珍贵的大虫，为它们建造了休养生息的家园。但是人们的一番怜悯之心并不能兴旺东北虎的家族，占山为王的野性被圈养的温驯可怜，居然被一只山鸡惊得失魂落魄，虎仔以狗乳充饥，得了软骨症。待到东北虎从地球上消失时，人们讲给子孙们：什么是老虎，你们去看看猫吧。

东北虎令人骄傲的是生活在天寒地冻的北温带，皮毛极为珍贵，生理机体甚为健壮。自古以来以虎入药，可强身壮体。中医界专家苦叹，东北虎已到了谁敢用药的地步，那么用狗骨代替虎骨能是良策么？一种生灵一旦消失，永不再来。人们啊，为何如此凶狠，剥夺东北虎生的权利，为什么不去思考由此对人类自身命运的连锁反应？

正是由于大自然的生灵千姿百态，才使得人类的生存环境丰富多彩。东北虎走进画卷里，在世世代代的名画中，约定俗成的以下山虎的凶悍气势为珍品；还有凶猛的老虎温驯俯首，偎依在溪边少女身旁，称作山鬼图、百虎图等艺术作品世世代代层出不穷；它们被写进文学著作里，《水浒传》中，武松打虎又反衬了老虎的王者威风；它们成了艺术大师的模特，由此制作的工艺品才虎虎有生气；它们印到了商品的商标上，虎头虎脑为商品增色；它们被绣在孩子们的肚兜上，或戴在头上，穿在脚上，年龄属性为虎的人总有一种自豪感……

为了让学生体会生命与运动的设计观念，在前面设计论证的基础上，制作了健身洗衣机，如图 7-2。

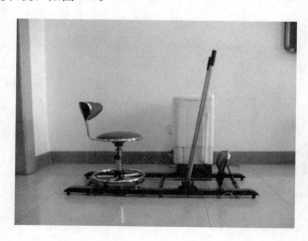

图 7-2　健身洗衣机

图 7-3 是健身洗衣机的构思过程的简图。

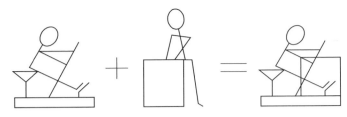

图 7-3　健身洗衣机的构思简图

由图中可见，单单做健身运动，可以锻炼身体，但是白白消耗了体能，有些得不偿失；同时，使用洗衣机洗衣，是一种家务劳动，周而复始地使用洗衣机，可能滋生一种厌烦的情绪。每当想到洗衣机，就会想到洗衣的劳累与烦恼，这远不如休闲娱乐轻松。如果将单纯的健身器械加上洗衣机，于是诞生了既健身又洗衣的一种理念全新，形式独此一家的产品。以此，彰显生命意识与运动。

试想，集体宿舍中摆上这种健身洗衣机，大家边锻炼身体边洗涤衣物，不再因洗衣而烦恼。轻轻松松，既有兴趣，也是一件乐事。

年轻的夫妻用上这种洗衣机，丈夫不再到健身俱乐部去锻炼身体，妻子也不再形单影孤地在家洗涤衣物。而是夫妻二人共守一台健身洗衣机，一边洗涤衣物，一边锻炼、健身、谈笑风生，家务劳动轻松了，更加有趣了，他们的身材健康苗条了，夫妻更加恩爱了。一台健身洗衣机也显得更加可爱，成为生活中不可离开的伙伴。在他们心目中，洗衣机有了鲜活的生命，有了深厚的情谊。如今，夫妻二人都憧憬"你耕田来我织布，我挑水来你浇园"的如梦幻的仙境，健身洗衣机可以把这般理想变成现实。

围绕生命与运动的设计主题，教师指导学生开发了许多类似的毕业设计选题。比如：设计一款天籁吸尘器，学生反复学习了庄子《齐物论》的学说，体会庄子为什么崇尚天籁，并以瓢虫为吸尘器的造型，设计别开生面，让人感到大自然对生命多样化的恩赐；设计水上垃圾清洁船，是以甲板上两台脚踏车以及一面风帆为动力，既能在水上游玩，又能同时收集水上垃圾；还有游览马车式扫路机，脚踏车式扫路机，都是将体力劳动娱乐化，让人在轻松欢快的气氛中，怀着新奇与跃跃欲试的心情，争相使用。不但以此改变了锻炼身体的方式，也使劳动娱乐化。所以，这些设计必定要受到欢迎："天之所在，地之所在，百世俱在，人见而爱之虞"，迎合现代人返璞归真、崇尚生命本真的心态。如同法国卢格所倡导的那样：以远古时代为镜子，恢复人类的自然天性，没有现代文明的污染，人们在淳朴的自由的自然状态中生活。

在教学与毕业设计等环节中，教师提倡重现手工与体力劳动，让人们充分知道，有了生命运动，生命的取向才高，生命体验更深，生命能量更强。

老子"处柔却强、安辱去荣"的以反求正的道家之说，告诉人们：消极背后隐藏着积极待发的力量。体力劳动和手工操作看似消极落后，但是，人类只有多用脑、多动手、多运动，冷暖饥饱、劳累艰辛、有起有落，才能强化生命机体的青春活力，人类的进化才能更聪明、更健壮。

养生与健身、修神与修身，道家的凝神抱一、凝神入穴和导引，专致气柔的修养方式及人体修炼技巧和奥秘，不但是人们独有的气功之渊薮，也是神奇的养生之道。不用健身器械，只要坚持操练太极拳，那种"弱之胜强，柔之胜刚"的奇妙，心理的清明与生理的强健，令人难以置信，又让人独享其乐。

设计使现代人的环境与生活水平要比当年的老皇帝不知强了多少倍，但是，人的生命活力与身心机能反而下降。设计的新观念应当是如何增加人的机体运动，促进生理健康。艺术创作活动怎样多提供精神食粮，让人有高尚的追求，有欢乐的情绪，促进心理健康。

今天，人们又操起了擀面杖，手工包饺子；手拿绣花针，手工绣花，织毛衣；戏剧演出的服装由耄耋之年的老奶奶一针一线绣起；一辆手工制作的轿车价值过千万。这是人们如梦方醒，对生命的重新彻悟，也是对设计导致人类机能退化的一种抗议。

7.3　高贵与典雅的设计观念

设计者与艺术家以高尚的情操、脱俗的手笔进行的设计与制作，是一种高贵与典雅的设计观念。

唐代刘禹锡在《陋室铭》中写道："山不在高，有仙则名，水不在深，有龙则灵"。告诉人们蕴含丰富，意境深远的景致耐人寻味，虽然身居陋室却有琴棋书画诗酒马相伴，也自得其乐。

要想有高贵与典雅的设计与创造，首先要求设计者与艺术家有崇尚的理想与高尚的情操。这样，才能敏锐地发现和观赏人生，体验生活，追求高格调的生命意义，为人类的物质文明与精神文明而献身。

高尚的情操，崇高的理想潜藏在人的心灵深处，需要不断地挖掘，有意识地追求。设计者与艺术家应当借鉴黑格尔的话："对于一个完全的人来说，他必须有较高尚的需求，不能满足于与自然相安相处，满足于自然的直接产品。"可见，高贵与典雅的设计来源于设计者与艺术家的自身修养与个性。所谓"用思有限者，不能得其神。"只有具备积极的人生观，优秀的品格、高尚的情操和健康的感情，才会站在人生的高度，用设计与创造为人类带来精神的愉悦、心灵的净化与性情的陶冶，让设计与创作的成果如冰清玉洁，意境悠远。

高贵与典雅的设计不但能提升设计成果的档次，而且能使人受到感染，从此也立志做一个高尚的人。比如：学生穿上统一的学生装，会产生一种自豪感，增添了抵抗不良诱惑的能力。因为我是学生，受过良好的教育，知道应当怎样、不应当怎样；士兵穿上军装，显得威武刚阳，有战斗力，有一种威慑人的力量；同样，产品与艺术作品有高贵与典雅的内涵，也是提纯人格、升华情操的巨大力量。

比如：被喻为超凡脱俗的梅兰菊竹四君子，让学生在毕业设计的文化创意中加以应用，让他们受到感染与熏陶。设计以梅兰菊竹为品牌的产品，除了表达工作原理与结构外，要说出对其中寓意的联想：梅花迎霜雪而怒放，着霜血色，铁干横枝，联想到君子不畏谗言，独立不迁的傲骨；兰花处荒郊野谷，仍秀洁清香，联想到君子贫贱不能移其志的洁行；菊花傲世凌寒，余香随雁，化入晴空，清丽高雅，联想到君子有自知之明，不取悦于人的品格；竹的劲节虚怀，裁下一竿担道义，不畏蜀道求途通，联想到君子谦虚但不随俗的情操。还有岁寒三友的松竹梅让人产生的联想。

假如人们设计的汽车以梅兰竹菊为系列的品牌，开车的人联想到四君子的高贵与典雅，也会约束自己，文明礼让。学习四君子的品格，加强自身的修养，而且，这种高贵与典雅的设计观念，为人们所独有。

中华民族的文化为设计与创作提供了得天独厚的优势，设计中的文化与艺术可以随手拈来，而且还在全人类的文化中独占鳌头。中国的汉字被外国人赞誉为"世界上有一个国家，他的每一个字都是一首诗、一幅美丽的图画。"汉字书写的体式有多种，篆、隶、楷、草、行书，无声而具有图画的灿烂，无声而有音乐的和谐，连绵曲饶，酣畅淋漓，筋骨天纵，出神入化；空灵动荡的意境，乃清风出袖，明月入怀，是写照心灵的书魂；一个汉字，如"虎"、"龟"、"福"、"寿"等，可以衍化出多种写法，称为"百虎图"等等；若"总百家之功，达众体之妙"，还可以自成一家。而且，汉字书写的气势居然还与书写者的心情相关，"述其性情，形其哀乐"。如元代陈绎所说"喜则气和而字舒，怒则气粗而字险，哀则气郁而字敛，乐则气平而字丽。"看一看中国的名山大川，城廓关口，书刊杂志，商标牌匾，名家挥笔泼墨，大气磅礴。汉字用在设计与创作中，不但独此一家，而且是中国的骄傲。但这只是中华民族文化中的沧海一粟，设计者与艺术家要善于运用丰富的文化底蕴培育高贵与典雅的新苗，装点中国设计与创作的成果。

想一想，中国的四大发明、古典诗词、丝绸娟绣、文学名著、陶瓷珍宝、名人字画，让人数不完、看不够。中华民族文化的韵律、意境、底蕴、让人浮想联翩，勾起意念与祈求。

在中国，把出身名门的女孩称作"大家闺秀"，又把平民百姓家中的女孩称作"小家碧玉"，都是高雅不俗的比喻。从一粒米上篆刻一部全书之精微，薄到如纸的瓷器，远到大漠高窑经卷上的唐墨光泽，静到平湖秋月，这是中华民族文化的神秘与含蓄。将这些优雅的文化，融入设计与创作中，这就是魅力。

由于中华民族的文化悠远、丰厚而又独特，因而，设计应当占据令人羡慕的得天独厚的优势：用上一幅古画、一句古诗，名家书法，甚至是古代的纹样，设计成果会如同大家闺秀一样，清丽淡雅，独领风骚。

在艺术创作活动中，历来有阳春白雪，即高雅艺术与下里巴人的通俗艺术之分。今天，与产品设计一样，同样经历着人们的欣赏口味、成败兴衰的考验。高贵与典雅的艺术作品靠意蕴动人心弦、靠感染力吸引观众。

比如：一件民族乐器，欣赏与接触多了，人们自然会备加钟爱。有人欣赏了一场民族器乐演奏会后，激动不已，购置了乐器，拜见了老师，后来成了一位民族乐器的演奏家。即使是对民族乐器从来都不关心的外行人，一旦听一听来自乐器的天籁之声的韵味，看一看演奏者如痴如醉的神态，都会被深深的感动。而且，民族乐器可以独奏，可以合奏，无论其中哪一种乐器，一旦入门，便爱不释手。

同样，中国的京剧，不要担心欣赏者越来越少，而是要在通俗易懂的创作思路上打开局面。比如：从京剧的故事情节，角色种类，服饰脸谱到各种功夫，多做科普式的介绍，让高贵与典雅的艺术走出业内的圈子。如今，京剧中有的经典的唱段，听得多了，很多人都能吟唱几句，这已告诉艺术家们，艺术创作，路在何方。

艺术作品的高贵与典雅在于艺术家们踏踏实实地走进真真切切的生活。艺术源于生活，源于老百姓的一句话、一件事；艺术高于生活，高在艺术家的提炼、升华与创造。艺术家要保持自身的艺术性和自我更新发展的能力，不断地寻找新的创作思路，根本一条，就是深入生活。在看似世事安稳、岁月静好的平平常常的生活中，激发新的创作灵感和丰富的想象力。艺术家们如果能排除急功近利，主观臆断的烦躁心理，静下心来，在世态炎凉与人间烟火中，体察和感受人和事的千姿百态，设身处地的品尝酸甜苦辣，艺术作品的题材和内容会扣人心弦，引起强烈的共鸣。

比如：一只军犬跟着主人冲锋陷阵，身经百战。它精神饱满，勇往直前。但是，它退休了，被安排在条件舒服的干休所中，这只军犬很是奇怪，为什么再也见不到主人，听不到他的号令与夸奖，流露着无奈与失落的表情：一天，主人来了，它欢呼雀跃，以为又可以和主人一道去龙腾虎跃了，它围着主人，跳着叫着如同见到了亲人一样。当主人拍拍它的头，离它而去时，军犬迷惑不解。眼巴巴地望着远逝的主人，潸然泪下。

一位老演员，在剧组中排戏时，高兴得像孩子一样。望一眼天空都感到天是那样的蔚蓝，望一眼树木都感到是那样的翠绿，他笑逐颜开，他感到无限美好；剧组解散时，大家互相话别，这位老人一步一回头，难舍难分。

一位老教师，讲桌上经常有学生送的水果，纸条上写着，老师多保重。学生为他写诗："你是一面镜子，让我瞧见人生。下课了，你消失在人群中，给我留下的是感动。"

一位老母亲七十多岁，儿子已四十多岁了。老母亲为儿子准备爱吃的饭菜。儿子吃饭时，老母亲在一旁看着儿子，当儿子抬头时，老母亲将目光转向一旁。儿子出门将归时，老母亲坐在门前，看到儿子回来了，又如同若无其事一样。

这些生活中的平凡小事，思味起来却耐人寻味，虽然艺术作品中的故事，如同实实在在的生活一样，但却能将人从平庸的生活中解放出来，回返本真。

今天，在实现功能，以结构设计为主的设计中，还要涉及艺术造型与文化创意，设计心理的特征日趋丰富，设计观念也要不断的更新正如图7-4所示的设计的构成一样。

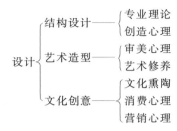

图 7-4　设计的构成

从前，传统的设计观念是单纯的功能设计，即好用就行。现代设计中，工程设计仍以功能设计为主，需要创造心理，尽管有专业知识为基础，但创造新结构是无从寻觅的，全靠自身的创造能力。作为辅助设计，其一是艺术造型，要用审美鉴赏与艺术修养的能力，进行色彩、线条及形态的形式美的艺术设计，提升设计成果的艺术档次；其二是文化创意，靠文化熏陶，面向消费与营销的需求，将文化融入设计成果中，让人使用，欣赏与享受。

艺术创作的构成中，艺术与文化的审美创作则成为创作成果的主体，为人们奉献精神的财富。

比如：设计一台电风扇，第一步进行结构设计，实现电风扇的旋转，蜗轮蜗杆减速与半轴机构完成的风扇摆头等功能；第二步进行艺术造型，运用外观形态、色彩、线条等要素，塑造电风扇的形式美；第三步进行文化创意，借助文化，实现精神对物质的超越，赋予电风扇境界深层的文化韵味。比如，夸张地形容电风扇的风力强劲，若引用元代王和卿的元曲〔仙侣〕《醉中天·咏大蝴蝶》"挣破庄周梦，两翅架东风。三百座名园一采一个空。谁道风流种？谑杀了寻芳的蜜蜂，轻轻的飞动，把卖花人扇过桥东。"这样，设计就如同点石成金，在文化创意的装点下，意蕴绵长。这才是技术、艺术与文化相融的设计特色。

思 考 题

7-1　名词解释

　　　四君子　岁寒三友　结构设计　艺术造型　文化创意

7-2　用自己的体会谈什么是亲情与关爱的设计观念？

7-3　设计中怎样彰显生命意识与生命运动？

7-4　举例说明怎样体现设计的高贵与典雅？

7-5　设计的构成包括哪些内容？为什么？

第8章

设计的创造心理

- 创造概述
- 创造因素
- 创造的智力因素
- 创造的非智力因素
- 能力简述
- 创造能力
- 怎样提高设计的创造能力

　　每个人都有先天的创造潜能，都有创造能力，这是人类与动物最本质的区别之一。但是每个人的创造力差别很大，除了部分遗传的因素作用外，关键在于对创造潜能的开发。因此要认识创造能力，培养创造能力，在生活与生产中不断提高创造的水平。

8.1　创造概述

8.1.1　什么是创造

　　创造是指想出新方法、建立新理论、做出新的成绩或有社会意义的产物。

　　凡是破旧立新、创新及有创见性地解决问题，都是创造。比如：开展独创的、新颖的、具有社会意义的产物的活动，科学上的新发现，技术上的新发明，文化艺术的新作品等等。

　　与创造相关的概念是创造力或创造能力及创造性。

　　创造力或创造能力是创造主体在创造活动中表现并发展起来的各种能力，主要是指产生新设想的创造性思维和能产生新成果的创造性技能。

　　创造性是指创造产物、创造主体与创造过程的属性。首先，创造的产物必须是首创的、新颖的，而且是有价值的；第二，创造主体是富于创造性的人；第三，创造活动中有独特的思维过程与思维方法。

　　体会创造的滋味，当然可以从人类创造活动的伟大成果中受到启发与鼓舞。但是最有教育意义、最亲切的，是普通的人的创造。在人们身边时时就有创造行为与创造性的活动：电工在维修时，更换白炽灯泡，传统操作方式都是扛着人字形梯子，到现场后，由一人扶稳梯子，另一个爬上爬下，成为电工习惯性的方式，如图8-1（a）。

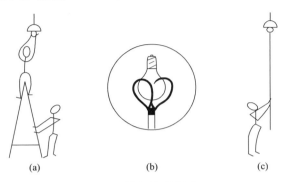

图 8-1　更换灯泡的创造

但有的电工用竹竿、铁丝、黑胶布等制作了如图8-1（b）所示的简单工具。电工很方便地更换灯泡，既方便、又安全，如图8-1（c）。

创造的潜能不是神秘之物，心理学研究表明：每一个人天赋的创造潜能差异很小。即使是先天禀赋再聪明的人，如果没有后天的培养和自身的努力，创造潜力也得不到发挥。美国心理学家特尔曼，从1921年开始到1972年，历经51年，跟踪研究1528名智力超常神童，每5年采集一次信息，研究结果表明，早期智力超常，并不能决定以后具备杰出的创造才能，而中等智力的人，却往往有卓越的建树。日本索尼电器公司员工友寄哲，能用3小时背诵圆周率超过2万位数字，记忆能力及智力超群，但在创造活动中平庸无奇。

所以，研究创造问题，应首先确信：人人都有创造力，创造处处都有，时时可见。无论是谁，经过创造思维的训练和创造技巧的尝试，都有能发挥创造潜能，成为一名富有创造性的人。

8.1.2　创造的类型

人类活动本身就是创造活动的过程，按照创造成果的形态，大致可做这样的分类：产生新的物质产品的创造；产生新的精神产品的创造；产生新的人才的创造；产生新的审美的创造；产生新的社会关系及社会体制的创造等等。

在科学与技术领域中，又可做这样的分类：按创造主体可把创造分为个体科技创造与群体科技创造；按创造的成果可把创造分为发现创造与发明创造；按学科的性质可把创造分为自然科学创造、社会科学创造及人文科学创造；自然科学创造又可以细分为基础研究的科技创造，应用研究的科技创造与发展研究的科技创造；按创造的水平可把创造分为国际先进水平、国际水平、国内先进水平、国内水平与一般水平；世界上由瑞典皇家科学院设立的诺贝尔奖是科技创造的最高水平，在中国获得国家科学委员会的自然科学奖与发明奖的科技成果是科技创造的最高水平。

8.1.3　创造的特征

（1）独特性

发明创造最核心的特征是独特性。发明的含义有：创造新的事物或方法，创造性的阐发。"发"字是产生、发生、揭示、打开的意思；"创"字是开始，做的意思。所以发明创造是前所未有的，现在也绝无仅有的，是他人未曾想到与未曾做到的。创造的独特性说明，创造不是简单的重复劳动，不是模仿，而是探索未知的创新劳动，具有鲜明的创新、破旧立新的特点。所以，现在有"破坏就是创造"的说法，因为只有打破一个旧世界，才能创造新世界。科学创造表现为发现新的事实与规律。比如：牛顿三定律，阿基米德浮力定律。又如数学家高斯在幼年时就表现出解决问题的独特性：当教师刚刚布置求 1～100 之和的习题时，高斯立即回答是："5050"。他没有用传统的"1＋2＋3＋…"常规方法运算下去，而是发现 1～100 首尾数之和都为101，刚好 50 对，于是别出心裁，是创造独特性的表现。

哥白尼以优美、想象性的散文笔法，形象地描绘了太阳系的运行图景，他指出："太阳坐在宝座上率领着它周围的行星家族。"在 1543 年发表了《天体运动论》，以 40 年的探索和观察，创立了以太阳为中心的宇宙学，向地心说挑战。

技术发明表现为做出具体的产物。比如：瓦特发现水蒸气掀动壶盖，想到用蒸汽推动汽缸中的活塞往复运行，发明了蒸汽机，引起一次工业的革命。设计活动中制造的新产品同样体现发明创造的独特性。

发明创造的独特性如诺贝尔奖金获得者艾伯特所说："发明创造就是看同样的东西，却能想出不同的东西。"伽利略也说过"科学是在不断改变思维角度的探索中前进的。"

（2）先进性

发明创造是新颖的，具有对人类生活与生产活动能起到推动作用的先进特性。科学技术的重大发明创造对社会发展，生产实践与科技发展产生重大的影响或划时代的意义，体现了先进性。但是在普通人的发明创造活动中，也同样有先进性。比如：一般性的合理化建议，工作方法的改进等等，看来与科学巨匠的发明创造水平相差很远，但实质都具备先进性。因为同样都有积极推动作用。

（3）实用性

发明创造的成果经过实践检验证明是可以应用的，是实用性的表现。因此不能绝对强调发明创造的独特性，不能把发明仅仅理解为创造出来以前绝无仅有的成果。凡是在前人某项发明的基础上不断改进与创新而获得了新的进展或成果，也属于发明创造，可以称作改进性发明。而最终的检测标准是发明创造的实用程度。比如：现代磁共振成像技术，即英文缩写 MRI 的飞速发展，使临床医学诊断以及科研取得重大突破。这首先应当归功于劳特布尔和曼斯菲尔德的开创性工作。劳特布尔 1929 年出生于美国俄亥俄州，现任伊利诺伊大学生物医学磁共振实验室主任。20 世纪 70 年代初就致力于磁共振选择性激发方法的研究。曼斯菲尔德 1933 年出生于英国伦敦，现任英国诺丁汉大学物理系教授。他进一步发展了有关在稳定磁场中使用附加的梯度磁场的理论，推动了实际应用。他们是 2003 年度诺贝尔生理学与医学奖的获奖者。"两位大师未曾料到的是，20 世纪 90 年代初，有人发现用 MRI 可对大脑的功能活动进行成像，从而导致了功能磁共振成像领域的诞生。FMRI（磁共振脑功能成像）技术的出现，极大地促进了脑认知科学研究的发展，其作用堪与当年显微镜或天文望远镜对微生物学、天文学的推动作用相比。"● 劳特布尔和曼斯菲尔德两位大师的研究成果奠定了磁共振技术发展成为实用的医学成像方法的基础，显示了科学发明创造的实用性。在他们研究的成果基础上，许多人开始不断改进与创新而获得了新的进展和成果，所以也是发明创造的活动。

由基础研究发现规律到实际技术应用，如同接力赛传递接力棒一样，是许多人，甚至是几代人不断努力的结果。目前，磁共振成像技术已经在全世界得到普及，并成为最重要的医学诊断工具之一。每年有约 6000 万人次接受检查，并且这种技术本身还在迅速发展。这就说明发明创造是以实用性为检验标准。而且同一领域中，发明创造的成果往往是相互启发，相互传承，共同努力而产生的成果。

8.2　创造因素

创造不是简单的重复劳动，不是模仿，更不是沿袭，而是探索未知的创新劳动。创造因素既包括创造的心理过程，又包括智力与非智力因素。

创造是极其复杂的心理活动。创造的过程其实就是解决问题的心理过程。

中国清末学者，清华大学教授王国维对创造的心理活动有著名的三境界学说，是创造心理过程最精辟、最生动的描绘。

第一境界：创造活动的"悬想"阶段；

第二境界：创造活动的"苦索"阶段；

第三境界：创造活动的"顿悟"阶段。

王国维的三境界学说"悬想—苦索—顿悟"，不加任何解释，谁都能深刻理解创造心理活动的过程，他把创造活动开始时的"悬想"心理比作"昨夜西风凋碧树，独上高楼，望尽天涯路。"人们对发明创造如同怀着茫然的心态，登高远望发明的路在何方，多么遥远，不免心中惆怅；而进入发明最艰苦的"苦索"心理时，如同"衣带渐宽终不悔，为伊消得人憔悴。"说明寻找解决问题的突破口是何等艰难，往往使人百思不解，达到废寝忘食，身心憔悴的程度；而在即将解决问题的"顿悟"心理阶段，"众里寻他千百度，蓦然回首，那人却在灯火阑珊处。"把人在创造活动中的心理状态描画得惟妙惟肖。

创造过程可分为三个主要阶段：心理准备阶段、心理探索阶段与心理总结阶段。具体来说，从创造过程的创造心理的活动又可分为以下几个阶段。

● 王波、卓彦 2003 年诺贝尔生理学/医学奖评述《2004 科学发展报告》科学出版社，2004 年 3 月第一版第 83～85 页。

（1）创造动机的形成阶段

社会发展、生产实践与科技发展提出了问题及要求，反映在人们的头脑中，变成创造主体的需求，创造的需要心理随之而产生。可见，创造需要是来源于社会领域的需要，同时，创造主体自身对创造的敏感性、创造的胆识、创造的欲望、创造需要都有重要的作用。对未知的探索欲望越旺盛，好奇心越强烈，进取心越迫切，创造需要的反映也更强烈，从而引起活跃的创造性思维与创造性的想象。

牛顿对苹果熟了，从树上落到地上，产生了苹果为什么不向天上飞去的好奇心理与创造需要，经过艰苦地探索，发明了万有引力定律。如果与常人一样，对这种自然现象视而不见，就不可能有强烈的创造心理需要，也不可能成为牛顿三定律的发明者。

创造需要引发创造动机，动机一旦形成，就以强大的驱动力使创造主体表现出积极的态度和浓厚的兴趣，并准备全身心地投入创造活动之中。

创造需要来源于社会的需要，也来自于设计者推动社会发展，实现人生价值的需要，因而才有强烈的设计创造动机。

（2）创造心理的启动阶段

在这个阶段，创造主体概括了解创造对象，心理活动逐渐开始活跃。比如：在设计活动中，设计者凭借观察能力为设计活动了解广泛的技术情报信息；用思维能力及比较能力对设计的问题进行理性的分析与比较；用想象能力进行设计构想；用独立思考的能力对设计提出独特的见解；凭决策能力确定设计的方案。从而使设计工作的全貌清楚明朗，设计者做到胸有成竹。

（3）创造心理的探索阶段

为什么把设计比作是对未知求解的冥思苦想的过程，说明设计的探索阶段的艰难。创造性的设计往往是无先例，无模式的求新探索，全凭设计者的创造性思维与创造性想象去寻找设计的突破口，所以，是一个充满艰难的创造心理阶段。这时，设计者的思维处在最兴奋、最活跃的状态，各种思维方式交错在一起，成功与失败交织在一起。人们很难体会设计者的探索心理，尽管设计者有丰富的理论基础与设计经验，但是面对新的设计问题，如同学生参加开卷考试一样，尽管可以随意翻书，但始终找不到正确的答案。

在创造心理的探索阶段，设计者的意志受到考验：是知难而进，还是知难而退，顽强的意志是设计者坚持设计探索的内在驱动力量；设计者的性格同样受到检验：锲而不舍的性格，谦虚好学的作风，敢于承担风险、承受失败的心理准备等等都对设计中的探索心理起到促进的作用。

（4）创造心理的成型阶段

设计的心理活动经历着思维的量变到质变的过程，思维活动促进了创造力的飞跃。破解了难题，取得设计的主动权，凭借知识与经验，使设计达到游刃有余、登堂入室的程度。设计者对探索的收获，是思维活动的必然结果。

（5）创造心理的检验阶段

设计创造心理的检验阶段是创造性思维与创造性想象获得成功，设计者对设计成果中体现的新理论、新方法与新观点等是否正确，是否符合客观规律，是否受到认可，要对创造心理进行检验。在检验阶段中，设计者自身的评价能力与操作能力起到重要的作用。设计者对设计的评价能力是鉴别能力、比较能力、批判能力和判断能力的综合表现。评价能力作为设计者一种心理因素贯穿在创造过程中的创造心理的每个阶段，并对设计的每个环节中的心理活动进行检验。设计者这种自我评价能力，能客观地评审自己创造性思维与创造性想象的成果，防止由于某种偏见通过自身的心理暗示机制等产生创造心理的差错或谬误，把握设计的正确方向。

设计者的操作能力是指交流、组织、协调的能力。指挥协作群体，将设计思想与观念转化为设计成果或具体的新产品、新工艺、新技术，如共同协作，按设计思路与技术文件，制作产品模型，产品样机或新概念产品。

（6）创造心理的完善阶段

设计者创造心理的质量体现在设计成果的水平上，使用是检验设计水平的唯一标准。根据自身评价与客观评价，设计者审视创造心理的表现，总结先进的、正确的设计思想与观念，改变保守落后的偏见，使创造水平不断完善。

设计的创造过程是复杂的，受多种因素的干扰，社会发展意识、经济环境、各种需求心理以及来自不同领域的影响往往对设计者创造心理产生强烈冲击，有时甚至使设计落后于新的观念。所以，在创造心理的每一个阶段，几乎所有的心理因素都要启动，对创造心理进行调整。

8.3 创造的智力因素

创造是一种智力活动，智力是一种综合的认识方面的心理特征。分析智力的结构，了解智力的本质及影响智力发展的因素，是正确认识智力在创造中的作用，增强创造自信心的前提。既不迷信，不自卑，不过分注重智力的作用，又不盲目，不蛮干，不断应用智力理论，促进智力的发展。

8.3.1 什么是智力

智力是指人认识、理解客观事物并运用知识、经验等解决问题的能力。智力是智慧，聪明，是指人的分析判断、发明创造的能力。

对于设计者来说，智力是解决问题或设计产品，使用产品的能力，这些能力对特定的设计文化与社会需求很有价值。所以，设计者的智力包括学习能力、解决问题的能力和社会适应能力。具体反映在对客观世界的深刻、正确的理解程度和运用知识解决实际问题的速度与效果上，这些往往通过观察、记忆、想象、思考、判断等能力表现出来。简单地说，智力是一个人头脑对客观事物反映的聪明程度。

解决生活与生产中的问题，设计者进行设计创造都离不开智力活动。智力是学习与掌握知识的前提，而智力的发展又以知识为基础。知识越广博，促进智力越发达。智力的发展与提高靠勤奋地学习，只要肯于动脑，挖掘大脑的潜能，会变得更聪明，既获得知识，又提高智力。

比较与衡量一个人的智力水平，现在几乎都知道"智商"的测量方法。

但测定人的智力，不在于评价聪明与否，而是根据智力状况采取有效的措施，来发展提高智力。

世界上第一个智力测验量表是由比纳和西蒙于 1905 年编制的。1916 年，美国斯坦福大学推孟进行修订，称为斯坦福—比纳智力量表。并由推孟提出智商（IQ）的概念，即智力年龄（MA）与实足年龄（CA）之比：

$$IQ(智商) = \frac{MA(智力年龄)}{CA(实足年龄)} \times 100$$

智力水平如表 8-1 所示。

表 8-1　智力等级的划分

智　商	等　级	人口比例
139 以上	超常优秀	1%
120～139	优秀	11%
110～119	中上	18%
90～109	中等	46%
80～89	中下	15%
70～79	及格	6%
70 以下	低智	3%

由表中可见，人的智力水平属于正态分布，智商中等的人最多，智力超常或低智者极少。

8.3.2　智力因素

心理学研究表明，人的智力主要由观察能力、注意能力、记忆能力、思维能力与想象能力组成。由此可见，设计的认知过程及设计的心理状态也直接影响着智力的构成与发展。

8.3.3　智力开发

智力开发的方法与途径是多种多样的，没有固定的模式。只要设计者了解智力及智力构成的因素，树立智力是可以开发与提高的信心，在生活与生产活动中，在设计的创造活动中可从以下几个方面进行智力的开发与训练。

① 正确认识遗传因素对智力水平的影响，不迷信智商的高与低。树立智力开发的坚定信心，有意识地开发自身的智慧潜能；提高观察的敏感性与准确性；想象的丰富性与强度；创造性思维的独特性与敏捷性；操作能力的发展性等等。

② 学习科学知识，促进智力发展。知识是构成智力的根本因素，是直接影响智力发展的必要条件。所以要具备科学知识，奠定智力的基础，成为有较强的适应能力和富于创造精神的人。把注意力集中在学习和开发智力的目标上，排除干扰，不断调节自己的行为，使学习成为掌握科学知识、聪明头脑、开发智力的有效途径。

③ 对未知领域充满探索精神，把克服困难、参与竞争当作锻炼自己的有效方法。敢于接受富于挑战性的任务，用来激发自我效能，强化动机，锻炼坚强的意志。

心理学对智力的大量研究表明：人从出生至 16 岁左右这段时间内，智力发展一直呈上升趋势，到 22 岁至 35 岁这一时期，智力发展达到顶峰水平，并一直保持着这一水平。所以人在少年与青年时代，应当抓住精力充沛，对知识与新事物敏感的优势，集中精力开发智力。有人对诺贝尔奖获得者做过统计，结果表明，30～50 岁是获得成果的最佳年龄区，当代世界上杰出的科学家取得成就的年龄峰值是 36 岁。说明人生与事业的成就在于青少年时期的知识积累与能力的锻炼，只有打牢人生的根基，才能以聪慧的智力，创造人生的业绩。

8.4 创造的非智力因素

心理学的研究及社会发展的现实使人们越来越清楚地认识到，创造心理与创造因素除了思维能力、知识水平等构成的智力因素外，人的动机、兴趣、情感、意志、气质、道德修养、爱好、情调等都是创造的重要因素，并把这些因素归结为非智力因素，而且与智商（IQ）相对应，把非智力因素称作情商（EQ）。

非智力因素是调动智力因素的重要保证，有时甚至超过智力因素的作用，而且可能关系人的一生的命运。所以，在今天，开发智力，更要注重开发非智力因素。人们应当从单纯追求智力的盲目性中吸取教训，不再发生高负荷智力开发的悲剧。国外，人们常常引用一位叫威廉·詹姆士·塞德兹的经历说明过度智力开发出现的危害。威廉的父亲特别注重对他早期的智力开发，结果如愿以偿，在他 11 岁时开始在哈佛大学学习，但过度的教育使他精神失常。无独有偶，今天，在中国，又有一位母亲，带着对智力开发的迷茫，虽然成功地将自己 13 岁的儿子送进大学，而且按自己编制的课程表，专门陪读，结果又发生了神童精神失常的智力开发悲剧。惨痛的教训告诉人们，不能仅仅限于智力因素的开发，要让视野更开阔一些，转变观念，承认非智力因素的作用，重视非智力因素的培养。

要想成为一个充满创造性的人，就应当按蔡元培先生所说的那样："发展个性，培养人格。"注意非智力因素的开发与培养，可从以下几个方面做起。

8.4.1 树立崇高的价值观

价值观是人对客观事物的评价，如对奉献与索取，进取与享受等的态度。人的价值观是世界观与人生观的具体体现。

人的价值观表现在对生活意义与生产创造活动的追求，对事业与贡献的追求。并以此为目标，集中一切智力与非智力因素，最大限度地发挥创造力的效应。一个人只要抱定为人类作贡献的崇高目的，把人生价值定位于造福人类的目标上，不但可以身体力行，而且可以为此奋斗一生，生活也会变得更加丰富多彩，人生变得更加壮丽。

8.4.2 激发强大的凝聚力

一个国家、一个民族要有强大的精神凝聚力，形成万众一心，应对挑战，求得生存与发展的强大气势。强烈的爱国主义情感不仅可以激发人们自身的创造动机，充分调动与发挥每个人的创造力，而且可以激发集体的创造力，提高集体的创造效应。中华民族曾以"独立自主、自力更生、艰苦奋斗、奋发图强"的伟大精神，克服困难，显示了国家与民族坚强不屈的精神。

今天，更应当以强烈的爱国主义的情感，激发起为国争光的崇高创造动机与高度的创造热情，把个体与集体的创造力提高到崭新的水平，产生巨大的创造效应，展示中国人民的伟大精神和智慧，创造国家与民族的伟大未来。

8.4.3 有强烈的事业心与进取心

具有强烈的事业心，才能满腔热情，充分发挥智力因素，产生坚强的毅力，以坚韧不拔的精神投入生产活动与设计活动，誓为祖国和人民的事业奋斗终生。

具有强烈的进取心，才能调动起心理动力因素与创新意识，增强个体与集体的成就感与荣誉感。

8.4.4 有坚强的意志

意志是创造心理的保证力量与维持力量。创造活动是艰难的，只有具备毅力和耐力，才能有百折不挠的精神战胜困难，尤其在创造的挫折与失败面前，更需要坚强的意志和果敢的勇气。

8.4.5 保持勤奋的作风

创造是艰苦的、长期的劳动，勤奋是完成创造的心理条件。勤奋使人的创造力不断积累，不断强化，勤奋使创造力在一定时期产生飞跃，表现为创造力的巨大效应。人的天资再好，智商再高，没有勤奋，就没有创造力的积累与飞跃，也不可能取得成功；天资差，智商一般的人，靠勤奋同样能取得创造的业绩。这虽然是一个简单的道理，而且人人都懂，但是真正做起来，能勤勤恳恳地投入并不是一件容易的事情。今天，有些人瞧不起技术工作，造成中国技术工人奇缺，手工技艺失传的局面；甚至在设计领域中，对设计图样的国家标准规定及基本规范都缺乏执行与遵守的耐心，是不利于创造的消极心态。只有保持勤奋，才能从事创造活动。

8.4.6 广泛的兴趣与爱好

广泛的兴趣与爱好不但可以增加生活的乐趣，调整情绪，而且能缓解生活与生产中的紧张与压力，缓解设计活动中的疲惫心态。兴趣与爱好能使人得到心理上的放松，重新以旺盛的精力从事创造活动，提高工作效率。尤其在今天，兴趣与爱好对消除精神压力有现实意义。

8.4.7 自学能力

自学能力是创造活动中的综合能力。人在学校的学习时间是有限的，所学的知识也是有限的。知识在不断更新，而且创造活动中对知识的要求更为广泛，所以，知识与经验的积累，全靠人的自学能力。自学能力强的人在科技创造中能始终处于主动的地位，善于发现问题，解决问题；能以主动积极的心态和丰富的知识与经验，使观察活动准确全面；使记忆能力增强，查阅资料与检索文献能力强；使思维更为广泛与灵活；想象力更为丰富；而且在操作能力上表现为动手能力强，并且有主见，具备创造的良好心理特点。

8.5　能力简述

创造能力是通过实践来表现、来提高的。一种能力的形成是人们反复实践的结果。一个人要提高自己的能力，就要重视知识的学习，重视智力因素与非智力因素的发展，重视自身素质的培养，重视参加实践活动。

设计与创作的能力是指设计者和艺术家成功地完成设计创作活动所必需的个性心理特征。设计的能力与设计的活动是不可分的。设计成果的质量被认为是设计能力水平高低的重要标志。如心理学家克鲁捷斯基所述：如果一个人能迅速成功地从事某种活动，而且他所从事的活动比中等水平的人掌握得更熟练，取得的成果更多，那么这个人被认为是有能力的。

8.5.1　创造力的构成

能力的概念。

通常意义上所说的"聪明"或"愚笨"，是指智力的高低；而说"能耐"或"无能"，是指能力的大小。其实，智力与能力是一种综合的能力，使人能以理智的、有目的地行动，合理地思维，并有效地应对环境；而非智力因素更是一种调整自身认识过程与心理状态的综合能力。由此可见，能力是人的心理活动的系统，是个性心理的特征。

综合各家之说，可以大致确定能力的概念为：

能力是能胜任某项任务的主观条件。具体是指一个人的才干、技能或能耐。也可以说：能力是人完成某项活动所必备的个性心理特征。

8.5.2　能力的特征

（1）能力的本质特征

能力是人的心智与技能综合的个性心理特征，是素质构成的根本因素之一。心智与技能都有先天的天赋成分，但主要还是由后天的活动与实践中学习得来。

能力中的心智，包括智力因素，即智商；又包括非智力因素，即情商。心智包括人的思维能力、知识水平、乃至道德修养、审美能力、爱好兴趣、情调、气质等；能力中的技能包括才能、技艺经验、生理机能等。

能力的本质特征是人的本质力量，在对象世界中的感性显现，或者说，能力的本质是人的本质力量的对象化。

人的本质，主要特征之一是，能按生存的需要，去主动地改造客观世界，经过自己的实践活动，经过自己特有的有意识的大脑去逐步认识客观世界的规律。并且，还能使自己活动的结果，符合客观规律，克服不利于实现自己目的的困难，发现、发展和创造有利条件，有所思考的、有计划的、向着事先知道的目标前进。

按马克思的话来说，能力是"人类的类特性"，能力是人类"自由的自觉的活动"。

（2）能力的大小特征

一个人的能力在不同活动中有大小之分，直接影响对某种知识的掌握，某种活动的适应的快慢程度。比如：学习一个定理与公式，理解快的人，能很快抓住定理与公式的本质，熟练地运用或计算，而有的人要通过复习，逐渐理解，活动中的效率差别非常悬殊。可见，除了知识经验，非能力因素的影响外，能力是对活动效果的主要影响。

（3）能力的综合特征

无论参加哪一种活动，都是个性心理特征的综合运用，是以一种能力为主，相关能力为辅的综合能力的发挥过程。比如现代设计活动中，要求设计者的主要能力是空间感知、逻辑思维与形象思维能力，但又必须辅以审美能力、艺术创造能力等。只有各种能力综合起来，才能形成一种胜任某种活动的综合能力。

8.5.3 能力的分类

（1）一般能力与特殊能力

一般能力常常是指人认识、理解客观事物并运用知识、经验等解决问题的能力。如人的认知能力、生存能力、生活能力等。特殊能力是指不同于一般能力的独特组合，专门适应某种活动的个性心理特征的综合表现。比如一些个性心理特征恰恰能满足一种活动的要求，就表现为具备这方面的专门能力，心理学上也称为才能、天赋等。歌唱家、运动员、科学家往往都有一种常人不及的特殊能力。

（2）模仿能力与再造能力

人有借鉴、临摹与效仿的能力，模仿能力也是很重要的，其中有理解、悟性的心领神会的因素。只有把握模仿对象，才能进行模仿。比如：演员模仿鸟叫，模仿另外一个人，都要领会实质，才能学得惟妙惟肖。再造能力是在模仿能力基础上，进行发挥创造的一种高级的能力。是完全脱离原有事物，一种全新的创造。比如作家虚构小说中的人物和故事情节，导演对电影的剧情、角色、场景的编排与设计，音乐舞蹈、绘画等的艺术大师们在模仿自然、社会等已有事物基础上的再创造，都是再造能力的经典表现。

（3）实践能力

在人类的社会实践中，能力有多种表现：比如生活能力、适应能力、学习能力、实践能力、操作能力、社交能力、表达能力、审美能力等等。对于从事不同专业的人除了具备人类社会实践的各种能力外，又有各自的专业能力。

设计者与艺术家，应当具备以下几种实践的能力。

① 观察感知能力：洞察客观世界，感知自然的、社会的、历史的、现代的，发生与发展的，可以了解设计的过去，预见设计的未来，积累设计与创作的素材；了解人类的需求，感知生理的、心理的、物质的、精神的渴望与夙愿，可以把握设计的信息，调整设计的方向。

② 科学思维能力：设计与创作实践是理性与感性、理论与实践相结合的专业技术活动，思维能力是实践的核心能力。设计活动需要抽象逻辑思维、形象思维等思维的交错；创作活动需要形象思维以及直觉与灵感思维的

奠基。设计与创作的过程就是科学的思维方法的展开过程。

③ 设计表达能力：设计者和艺术家要把自己的构想表达出来，设计思想最终要变成实实在在的物质产品，艺术家的美好创意也要实现艺术的物化，供人们使用或欣赏。而由构想变成活生生的现实，首先要靠设计的表达能力来驱动。

④ 协调作战能力：设计活动是有组织、有分工、协同作战的群体活动。比如：阿波罗登月计划的实施，总共有 60 万人群策群力的共同努力的结果；即使是艺术家创作的艺术作品，如一部电影、一段舞蹈也是集思广益，共同策划的成果。至于设计活动中的呼应与配合、沟通与合作等等，都是设计中协调作战能力的表现。

8.6　创造能力

创造是在科学技术与艺术等人类一切领域中，产生新的具有社会意义产物的过程。实现这个过程需要一种力量，这个力量就是创造力。人在创造心理、智力因素与非智力因素等创造因素的作用下，产生创造的需要与欲望，而调节与平衡需要的内驱力是人的主观能动作用，人的创造行动。

现代社会的发展形势突出了挑战与竞争的特点，知识急剧更新，创新人才层出不穷，对创造能力提出了更新更高更快的要求：不但要有创新的想象能力，还要有创新的操作能力，更要有创新的胆识。

要了解创造力的形成与发展规律，不断提高创造力。

创造力是指运用已有知识和经验，在创造性想象、创造性劳动与创造胆识的共同作用下，产生新的具有社会价值产物的能力。创造力是一种最高级的综合能力，是独特解决问题的特殊能力。

创造的产物包括新观点、新设想、新理论，也包括设计领域中的新技术、新工艺、新产品和新方法。

创造力新的含义，应当由以下三个方面构成。

8.6.1　创造性想象

创造力首先包括创造性想象能力，即想象的能力。

创造力最重要的心理特征是创造性思维与创造性想象。

创造性思维是多种思维方式的综合的高级思维方式，是在一般思维方式上发展起来的，是人类思维能力高度发达的表现。创造性思维的方法多样而交错，使形象思维与抽象思维、逻辑思维与非逻辑思维、发散思维与收敛思维等各种思维方式灵活组合，显示出独特性、求异性、灵活性、敏捷性、突发性、跳跃性、综合性与联动性等等。

创造性思维是创造力的基础思维，是创造活动的必然选择。尤其在今天，面对新技术革命的挑战，激烈的世界竞争和信息爆炸的时代，人们需要不断地调整自己的思维方式，价值观念和行为习惯去适应激烈竞争的社会。创造性思维最大限度地发挥了思维主体的主动性，不拘于已有结论，不迷信权威，力求从新的角度及新的方法找到新的结论，因而是今天人们从事创造活动应具有的心理素质。

创造更离不开想象，想象是创造的先导与基础。想象包括假设想象，即创造一定的假设条件而展开的想象；幻想，即是一种与愿望结合并指向于未来的想象，是科学发现与发明的先导，可以说，没有幻想，就没有科学的进步；启发式想象，即从现实得到启迪而展开的想象；联想，是将头脑中储存的形象或反映事物形象的概念联结起来，从而产生新的设想的心理活动。

想象在创造活动中如同一架飞机的发动机，没有想象的推动作用，创造就不能飞翔。想象是创造的先导，想象可以产生假说，想象可以激励人们去创造。

无论科学发现、技术创新、艺术创作，人类的创造活动都离不开创造性思维与创造性想象构成的想象力。马克思说：想象力，这个十分强烈地促进人类发展的伟大天赋……给予人类以极大的影响。许多杰出的科学家在科学发现中的成就，都与他们充分运用创造想象分不开的。伽利略以高度的想象力，提出设想：人推小车在路上行走，如果突然停止推车，小车并不马上停止运动，还会走一段路；如果路面相当平滑，车会走得更远；如果路面平滑又无摩擦力，小车便会永远运动下去。因此发现了惯性原理，推翻了长期禁锢于人的亚里士多德的错误观点，他认为：运动着的物体之所以运动是由于受外力的推动。比如：桌面上放一个茶杯，只有人去推它，它才运动，不推则不动。让人想来千真万确，但只有像伽利略那样，以想象为动力，才能发现客观规律。

牛顿由苹果想到月亮，形成了万有引力的思想；爱因斯坦 16 岁时，就有大胆的设想：如果有人追上光速，他将会看到什么？光速每秒 30 万公里，谁能达到这个速度？在一般人看来，可能是不切实际的空想，但爱因斯坦的过人之处是他的想象力促使他一直想下去。他的狭义相对论，广义相对论一起与量子力学构成了 20 世纪物理学的三大理论。相对论给现代科学技术和现代哲学思想带来了革命性的变革。科学的想象是科学的先导，科学家们在科学发现中表现的惊人的想象力，都是人们熟知的故事。因此人们应当受到启发，也要提高想象力。

在技术创新活动中，同样可见创造性想象的巨大作用：意大利物理学家发明了伏特电池，第一次将化学能转化成电能；而英国化学家戴维却设想：电能可否转为化学能，丰富的想象力驱使他做了电解化学实验，为人类发现了钙、锶、镁、钡、硼等多种化学元素。还有莱特兄弟制造的飞机、爱迪生的发明、弗莱明的青霉素，等等。

在艺术想象中，同样以想象为创作的核心与基础，从古到今的文学巨作，本身就是作者丰富的想象力的创造。一个作家在构思作品，塑造人物形象时，不但要通过想象看到所创造角色的形象，还要听到创造角色的言谈，体验创作角色的心境、感受和情感。这就要求作者身临其境，正如狄德罗所说：想象，这是一种特质，没有它，一个人既不能成为诗人，也不能成为科学家，成为有思想的人，有理想的人，真正的人。

8.6.2 创造性劳动

要把创造性思维与创造性想象，即创造的想象力变成实实在在的创造成果，变成创造的物质产品，关键还要有创造性的劳动，即做的能力，也就是动手操作的能力。这在当前显得尤为重要。科学技术向生产力的转化，产品科技含量的充填，艺术想象向艺术作品的转化，以及新发现、新思想、新理论向新技术、新工艺、新产品的转化，都需要有相应的转化条件。这种转化条件的创造需要创造者不但有想的能力，而且还要有做的能力。创造性想象是在理论上提出了新设想，也可能在实验环境中得到验证。但是要变成大量生产的物质产品，需要工艺、设备、资金、人力等的投入。所以创造性的劳动是面向实际操作的复杂问题，需要协调与组织，甚至是创造者亲自动手传授技术，指导生产尽快形成创造想象向创造成果的转化条件与环境，防止研究成果的夭折或流失。创造者的创造性劳动如同一位物理或化学教师一样，不但能熟练地讲解，传授科学知识，而且还能设计实验的内容与方法，既是教师又是一位出色的实验员，以纯熟的动手技能将教学内容变成直观生动的现实。

设计者的创造性劳动，是运筹帷幄，把握设计全局的理性活动，他们的操作能力是在科学技术基础上的理性的、思辨的、真实的创造。设计者不但能设计，还能通晓或掌握制造的操作技能。比如：在产品诞生之前，他们能制作出逼真的模型，不但供交流、审视和讨论使用，甚至成为工艺作品。他们制作的汽车模型、舰船模型、飞机模型，不但造型典雅、艺术，而且细微到出神入化的程度。这些模型早已超出了设计表现的范畴，成为人们欣赏的工艺品、礼品，价值连城。

向人们介绍产品时，由于产品是设计者设计的，因而是最内行的人。设计者能用形象的比喻，直观清晰的示意图，把产品介绍得清清楚楚。

如果由设计者承担产品的广告创意，广告中的图形，广告用语都会紧扣主题，既准确又生动。

艺术家的创造性劳动，是扎根生活，广集创作素材的感性活动，他们的操作能力是在艺术修养根基上的感悟的、直觉的、升华的创造。艺术家们不辞辛苦，奔波于山山水水、戈壁荒原、田间地头，借助大自然的灵气，体察人世间的凡事。

企盼创作灵感的来临。人们钦佩艺术家的创造性劳动，因为他们能化平凡为神奇，将"人与自然相乘"，取玄虚与直白之间，亦真亦假，恍兮惚兮的艺术作品，让人品味大有摇枝落叶，荡气回肠的震撼。

一部《三国志》告诉世人"一壶浊酒喜相逢，古今多少事，都付笑谈中"，但是人们却心潮难平，"看三国流眼泪，替古人担忧"世代相传；一部《红楼梦》也劝慰世人"似你这样求根问底，便是刻舟求剑，胶柱鼓瑟了，不过游戏笔墨，陶情怡性而已"；苏东坡赞颂王羲之的草书如"天门荡荡惊跳龙，出林飞鸟一扫空"，书法大师笔下的书魂如清风出袖、明月入怀；颐和园借西山之景交相辉映，堪称建筑艺术的瑰宝。这是艺术，这是艺术大师的创造性劳动。

艺术家们有"源于生活，高于生活"的创作本领，正如托斯托耶夫斯基所说：艺术家应该用心灵的眼睛或慧眼去观察现实，而不能像照相机那样观察现实。一首歌颂老师的《长大后我就成了你》，将教师讲课擦拭黑板的平凡举动升华成"写上的是真理，擦去的是功利"；演唱《父老乡亲》的歌唱家激情催得热泪涌流，长跪不起，激动的观众心潮难平。这是艺术家们的创造性劳动，才使人们的生活这般多彩灿烂。

8.6.3 创造胆识

创造的胆识是指创造者的见解与胆略。马克思曾形容："在科学的入口处，正像在地狱的入口处一样。""只有不畏劳苦，沿着陡峭山路攀登的人，才有希望达到科学的顶点。"

中国自古有许多关于胆识的训导，如不入虎穴，焉得虎子；狭路相逢，勇者胜；等等。不消说胆识的名言佳句，很多学者对创造胆识的亲身体会，就能给人们很大的启发。中国年轻的数学家张广厚说："从事科学研究，不像在平坦的长安街上散步那样轻松愉快。"中国著名的生物学家朱洗说："科学研究是一项创造性工作，要胆大心细，不怕困难。在困难和失败的关头，尤其需要勇气和顽强的精神。"美国汽车大王福特，是经历了许多失败而成功的富翁，他说："当一切似乎都不顺利的时候，要记住飞机是逆风起飞的。"居里夫人两次获得诺贝尔奖金，她为了提炼放射性元素，将几十吨沥青和几百吨水，化学药品慢慢煎熬，历经四年的艰辛，仅提炼0.1克镭盐。诺贝尔试验甘油炸药，一次试验中炸掉了自己的鼻子，父亲受了重伤，其弟弟和4名助手被炸死，仍然坚持直至成功。

创造胆识能激发人的创造动机，产生创造活动的热情，促进人的创造性思维和创造性想象的发挥。杨振宁博士以科学的胆识推翻了曾经权威一时的宇称守恒定律，获得诺贝尔奖。他经常警惕自己，是否失去了胆魄，他说："当你老了，你就会变得越来越胆小……因为你一旦有了新思想，会马上想到一大堆永无止境的争论，害怕前进，当你年轻力壮的时候，可以到处寻求新的观念，大胆地面对挑战。我常常问自己，是否已经失掉了自己的胆魄？"

由此可见，在创造活动中，不但能想，能做，而且要敢做。创造胆识具体表现在以下方面。

（1）敢于向未知挑战

人们现在常说迎接挑战，其实创造行为本身应当是向未知挑战。勇气和智谋是创造者应有的胆略。创造是从无到有的求新过程，既然是求新，便没有现成的模式，也没有可供仿效的成功经验，一切都要靠创造者自己去摸索、去创造。对于创造者来说，未知世界是诱人的，是富有献身精神的创造型人才展示自己有胆有识，敢作敢为，富于创造精神的舞台。爱迪生为了发明，被人打聋了耳朵；哥白尼敢于向紧固人们的"地心说"挑战，以科学的胆识提出"日心说"，而被处以火刑；数学家陈景润为了破解"哥德巴赫猜想"之谜，顶着讥讽与嘲笑，终于用"陈氏定理"摘取了数学皇冠上的明珠，他甚至连苹果是什么都不知道。像他一样，许多年轻有为的科学工作者因劳累过度，倒在探索求知的道路上：蒋筑英、罗健夫、华罗庚……他们以大无畏的英雄胆略，实践了中国一句古话：明知山有虎，偏向虎山行。

（2）敢于向未知探险

探索必有风险，创造型的人才要有不怕危险的精神和探险的勇气，有过人的胆量。中国新型战斗机一次又一次试飞，是飞行员用生命与死神博弈；航天人一次又一次书写中华民族的飞天梦，都向世人表明了中华民族完全有能力依靠自主创新在世界科技领域占据一席之地。也成为人们的光辉榜样：为了创造与探索敢于承担风险。

（3）讲究科学胆识

创造的胆识是以科学研究与对客观规律的认识为基础，既有大无畏的胆量、气魄与勇气，又有智谋与见识。中国设计制造的飞船、动车、舰船具有高度的安全性与舒适性，一切都在科学的预见与掌控之中，有明显的后发优势和高的起点。人们常说艺高人胆大，不打无准备之仗，都说明创造要有胆识，更要有科学精神和科学依据，并尊重客观规律。科学探险的胆识，不意味着盲目的冒险。

（4）敢于承受失败

创造的开始就是踏上一条风险之路，多次失败，最后成功，这在发明创造过程中是经常存在，反复出现的常规现象。有创造性的人，会从失败中学习。很多人的失败，往往离成功只差一步，成功常常存在于再坚持一下之中。心理学研究表明，如果不能正确对待失败与挫折，人的情绪，对发挥创造力有很大的影响，可能会出现记忆力、理解力、想象力减弱的心理现象。所以，乐观的情绪，良好的心理状态是承受失败最有效的对策。所以要培养健康的心理，保持积极的状态，持有必胜的信念，遇事冷静乐观。在逆境与失败中，镇定而充满信心，这对于走出逆境，获得成功是很有必要的。阿基米德受命鉴别皇冠的真伪，承受着不成功则被处死的巨大压力，备受不得其解的折磨，终于在洗澡时发现了浮力定律；瓦特在散步时发明改进蒸汽机的关键设备冷却器；卢瑟福在茶会上提出原子结构的行星模型；维纳在餐桌上酝酿控制论等等。这些创造的火花都是在一种轻松、愉快、无拘无束、寓庄于谐的心态中应运而生。这是创造型人才应具有的健康心理状态。凡是愿为人类和社会做出贡献的人，良好的思想素质是提高创造胆识的无穷动力，为了实现超越现实的远大理想，为了享受创造的壮美，要有大无畏的拼搏精神，把失败作为一种反作用力，推动创造向成功的道路上前进。创造的成功里，包含着创造者的想象、劳动，还有百折不挠的胆识。

8.7　怎样提高设计的创造能力

创造能力虽然是一种复杂的、高级的心智活动，充满艰难与风险，但绝不是神秘莫测的，不可触及，仅为少数天才人物所能的专利。陶行知先生说过："人人是创造之人，天天是创造之时，处处是创造之地。"创造能力是人类普遍具有的素质，绝大多数人都有创新的天赋，都可以通过学习、训练得到培养与提高。因此都应树立信心，不断开发与强化创造能力。

8.7.1　延伸与综合是创造的一条捷径

延伸可以创造，综合可以突破。今天，试图像牛顿那样创造科学定律，或像瓦特那样用蒸汽机引起一场工业革命，要想创造一种全新的成果仍有可能。设计的创造发明，可从不同领域的成熟技术中进行延伸与综合，可能创造出独出心裁的新技术。将电话向影视延伸，诞生了可视电话；冰箱与空调结合，可以冷热互补，节省电能；电视机、计算机、打印机、音响融为一体，扩大了用场，缩小了空间体积。

今天，不但各种技术相互延伸与综合，在理论知识领域的不同学科也在延伸与综合。物理学与化学综合产生了物理化学，数学与工程综合产生了工程数学，甚至社会科学与自然科学、人文科学交叉综合，产生全新的科学。传统的设计活动，融入了美学、创造学、心理学，形成了全新的设计理念，将科学与艺术纳入设计的轨道。

可见，一门经典的科学，一项成熟的技术，要想求得重大的突破与发展，速度毕竟受到限制，因为在很完善的领域内从不同的角度进行了探索，所以很难找到创造的突破口。但是一旦实现不同领域的科学交叉，技术综合，就可能为古老的科学或完善的技术带来新的活力，开拓出广阔的创造空间。比如：工科学生接受艺术熏陶，如果按艺术教育的传统方法，可能得不偿失。因为设计专业的学生没有必要花大量时间和精力去练习素描、色彩与构成，也没有必要成为艺术大师或行家里手。而艺术熏陶的最佳捷径是将设计专业的学生在《工程图学》中学到的知识与技能延伸到艺术教育中，用图学理论指导艺术教育，以科学的理性代替艺术的悟性，能有事半功倍的效果。《图学延伸的一种教学模式试验》、《图学艺术底蕴延伸的艺术教育试验》、《图学奠基的艺术教育内容与方法》及《图学奠基的艺术教育意蕴与旨归》等探索与研究，为古老的《工程图学》开创了新的应用领域。图学界专家们评价，这种观点与方法，目前国内无人想到，国外也无人研究。这都告诉人们，延伸与综合是创造的一条捷径。

8.7.2 思维交错是一种创造手段

人的思维总是以交错的方式进行，思考问题几乎没有单一的思维方式。创造活动中的想象心理阶段，是创造性思维与创造性想象十分活跃的过程。抽象逻辑思维、形象思维、发散思维、收敛思维、逆向思维、经验思维及理论思维等逻辑思维方式相互交错，并穿插直觉、灵感等非逻辑思维，进行综合想象，达到解决问题的目的。牛顿发现万有引力定律的思维过程，是运用思维交错方式及高度想象力的典型例证。牛顿看到苹果从树上落下，想到苹果为什么下落，而不飞上天？这说明重物会下落。如果苹果树长得很高，苹果是否还会下落？肯定会下落。假若苹果树与月亮一样高，苹果还会下落吗？如果下落，为什么月亮不会落到地面上？牛顿的想象层层推进，是逻辑思维的方式。从苹果想到月亮，是一个想象的飞跃。当这种思维方式难以破解迷惑时，在思维受阻的状态下，牛顿更换了思维方式，开始运用逆向思维，从相反的方向思考。如果在山顶上平射一发炮弹，炮弹会沿着一条曲线落向地面。如果增加炮弹的速度，炮弹会落到更远的地方。如果炮弹速度非常大，炮弹可能会绕过大半个地球。当炮弹的速度增加到更高时，炮弹会环绕地球旋转，永远不会落向地面。由炮弹联想到月亮，炮弹与月亮围绕地球旋转，原来是离心力使它们不能落向地面。但是它们为什么不离开地球飞走呢？一定是它们与地球之间存在着相互吸引的力量，这种力量与离心力相互平衡，所以月亮既不像苹果那样落向地面，又不离开地球而飞走。进而想到水星、金星与太阳。许多行星围绕太阳转，说明天体之间都有一种相互吸引的力量。在科学发现上有杰出成就的人，常常都能灵活地改变思维的方式，使各种思维交错在一起，获得重大的发现。

8.7.3 把握信息是创造的根本依据

设计者的发明创造主要是准确掌握本专业技术领域的信息，包括国内外同行业相关的技术发展动态等技术情报为启发与借鉴，面向生产的迫切需要，解决主要技术关键。所以，准确地掌握信息，是设计者科学研究与发明创造的根本依据。对于同行业已经出现的新技术、新方法，没有必要做重复的劳动，而应当进行交流或移植。同时，工程实践中的创造活动不同于基础研究，不是纸上谈兵与空中楼阁，而是植根于生产实际，创造的成果又实实在在的用于生产实际。要取得这种立竿见影的创造效果，创造的主题必定是生产中的具体问题，并且通过主、客观条件的论证是可行可及的。从实际出发，明确创造中的有利条件和不利因素，有信心通过主观努力，化解不利因素，才能有的放矢地开展创造活动。

8.7.4 培养良好习惯是提高创造力的有效途径

开展创造活动，应该自觉地培养一些有助于提高自身创造力的良好习惯，如细心的观察，勤学多想，多记实干等。

• 细心的观察是发现问题、引发创造的起点。往往在熟视无睹、习以为常的现象中，具备一丝不苟，明察秋毫，才会发现完善中的未尽人意之处。所以，创造的思想火花往往都是由细心的观察的人来点燃。

• 勤学是根据生产实际需要，有明确目的的学习。许多生产第一线的工人，发现问题后，带着问题学习，将自身丰富的实践经验与学习的知识理论相结合，创造出有重大价值的成果。所以设计者勤学的特点与学生或研究人员不同：既能吸收营养，又不被束缚；既能钻研理论，又能纵观理论。勤学读书的方式可能一目十行，快速浏览；也可能十行一目仔细品读，融会贯通，为我所用。勤学又是博采众长的一种学习方式，既学失败之所长，又学成功之所短。多想出智慧，勤于思考，才有联想。设计者的深思熟虑，应当达到"思之外延需广，想则内涵要紧"的程度。

• 多记是设计者的职业习惯。提高创造能力，更需要占有准确的创造素材与依据。工程创造需要的素材是准确的数据、国家标准与技术参数。既要头脑记忆，又要笔录记忆。不少创造发明的灵感经常产生在闪念之间，瞬息即逝，只有及时捕捉记录，才能以备后用。

• 实干是设计者必须完成的创造程序。工程实践的发明创造需以真实的效益为检验的尺度，比如一种生产方法的改进发明，直接可用数量、质量、消耗等进行量化比较，而不在于论文的渲染。同时，设计者的实干是对功能原理纯熟基础上的操作。比如装配机床的工人操纵机床，是属于行家的实干，因为他对机床的构造了如指掌。实干是在创造活动中解决问题，加速发明创造进程的推动力量。动手实干是设计者发明创造的最大优势。

设计者要充分发挥身居生产第一线，实践经验丰富，动手操作能力强的创造条件，一是能运用以往积累的生产经验与工程知识来分析创造中尚待解决的问题；二是解决问题时能产生新的创造性设想；三是锻炼用创造性思维与创造性的想象解决问题。

8.7.5 尊重规律是创造的基本原则

发明创造的实质是向客观规律的探索与贴近，人类一切活动领域中出现的问题、事故与失败都是对客观规律的违背或迷茫。所以，发明创造要尊重以下客观规律。

① 择优律。人们能在百业待举的创造性劳动中，瞄准主要矛盾，是实现创造意图的择优律。择优律是人类创造发明史上应用最早的规律，也是最基本的规律。比如：企业生存的主要矛盾是产品的竞争力，把主要精力用在产品的创造开发上，才是创造的主题。

② 相似律。相似律是对客观存在的大量相似现象的研究与应用，用以丰富创造的素材。比如类比法、仿生法、模拟法等等。既能在原有基础上一步一步地改革、继承与发展；又能以相似为借鉴，将其他领域已有的发明成果，引入自己的创造领域中，成为一种新的创造。比如氢气从化学实验室中，被制造出来后，充入气球，使氢气球升空，只限于一种狭小的使用范围。现在研究以氢气为燃料的氢气动力车，是在对氢气性质研究的成果上，进行的新的创造。

③ 综合律。综合律是将单一功能或单项发明进行重新组合。发明创造有单项的突破，有的是对已有的发明进行新的组合。要善于不断引进新技术、新工艺、新材料，综合用于产品的创造与开发。尤其善于把表面看来毫无联系的发明创造成果，综合起来，就可能是一种创造。比如："水火不相容"是千真万确的道理，表面看来毫无联系，但在俄语教科书中曾讲到：将水冻成冰，把透明的冰块磨成凸透镜，聚集阳光而产生热量，点燃可燃物质而取火。于是将水火不相容变成水中取火。尽管是受各种条件限制的一种设想，但说明事物内在的联系性。就应当这样，学会运用综合律，开阔创造的思路。

④ 对应律。对应律是按照事物对立与对比的规律，思考创造的方向。比如同类产品的对比中，要有独特性；在竞争对手之间，要独出心裁，战胜对手；有矛则有盾，是对立规律的产物。延续至今，有用于杀伤的枪弹，随之产生防弹的装备。而随着防弹装备的升级，又出现了威力更大的穿甲枪弹。在创造活动中，既能把熟悉的事物有意识地把它们看成是陌生的对象，再按新的设想去探索，又能把陌生的事物当成熟悉的事物，用熟练的方法去研究，就有可能找到一条新的发明途径。

不同的人共同参加一种创造活动，是恰当运用对立规律的创造方式。从使用与操作的角度，能对产品提出很多设计者没有想到的实际问题与建议。人的专业、层次水平不同，各自可从不同的角度思考问题。有时可能由于外行人对设计的技术领域的规范陌生，反而不受条条框框的束缚，为设计者提出良策。人们经常能看到一些电影，剧情幼稚到不屑一顾的程度，是由于编剧、导演和演员受电影制作中的理论、表现方式等规范的束缚，思维僵化，陷入呆板、孤芳自赏的泥潭。假若倾听观众的心声，把真实的生活与体验作为创作素材，电影业就不能自暴自弃地称为夕阳产业。比如前苏联火箭专家库佐廖夫为解决火箭飞行推力，费尽心思，始终找不到可行的设计方案，陷于迷茫与痛苦的悬想折磨中。妻子知道后，感到这个问题简单得像吃面包一样，一个不够再加一个！一位名声盖世的火箭专家，却能被根本不懂火箭是什么的外行人的启发下，才产生了多级火箭的构想。可见创造要运用对应律，受益于更多人的别出心裁的创意，甚至不着边际的幻想，产生了综合转移的神奇效果。

思 考 题

8-1 名词解释

　　创造　智力因素　非智力因素　能力

　　创造性想象　创造性劳动　创造胆识

8-2 简述创造的特征，并各举 1 例说明。

8-3 创造心理的活动可分哪几个阶段？

8-4 论述智力因素与非智力因素对人成长的作用？

8-5 怎样培养非智力因素？

8-6 怎样提高创造能力。

第 9 章

设计的审美心理

- 美
- 设计审美
- 设计审美心理过程
- 设计的审美范畴

9.1 美

9.1.1 美的含义

美包容着人类，但人类说不清究竟美是什么。无论是谁，都不能做出令人服膺的解释。通俗的理解，可见《现代汉语词典》。

美有五层意义：一是美丽、好看，比如使人看了快乐的风景美、形态美；二是使之美，比如锻炼身体使体形美、美容美发使容貌美、打扫卫生使环境美；三是令人满意，比如日子过得挺美；四是令人得意，比如美梦变成了现实；五是憧憬、向往的心态，如美好的向往，一个美好的心愿。

几千年来，许多哲学家，美学家对美进行了探索，对最后揭开美的秘密，使人们理解美，都有重大的意义。

最早提出"什么是美"的问题，是古希腊唯心主义哲学家柏拉图（公元前 427—347 年），可见《大希庇阿斯篇》著作中的论述。但是他又感慨："美是难的"。

黑格尔（1770—1831 年）认为："美是理念"，"美是理念的感性显现"是他提出的美的定义。

英国哲学家休谟（1711—1776 年）认为："美在主观"。

德国哲学家康德（1724—1804 年）认为："美并不存在于被爱者的身上，而存在于爱者的眼睛里。"这都是美学史上，从精神世界对美的探索，都认为精神是第一性，物质是第二性的，违背了物质决定精神，存在决定意识的客观规律。

唯物主义的美学观是以物质世界探索美的秘密。

古希腊亚里士多德（公元前 348—322 年）作为欧洲美学思想的奠基人，认为美的本质就在感性事物本身，否定了柏拉图、黑格尔等"美是理念"的唯心主义观点。

法国哲学家狄德罗（1713—1784年）认为“美是关系”，美存在于事物的关系上。

俄国唯物主义美学家车尔尼雪夫斯基（1828—1889年）提出的“美是生活”说认为：“美的事物在人心中所唤起的感觉，是类似我们当着亲爱的人面前时洋溢于我们心中的那种愉快，我们无私地爱美，我们欣赏它，喜欢它，如同喜欢我们亲爱的人一样。”

在中国，现代汉语中使用的“美”字，最早来源于甲骨文，由“羊”与“大”两字组成。就是后人解释的“羊大则美”。

孔子有“尽善尽美”的说法，庄子有“道至美至乐”的说法。孟子则以“父子有亲，君臣有义，夫妇有别，长幼有序，朋友有信”为美的境界。

9.1.2 美的本质

马克思主义认为：美诞生于人类的社会实践活动。

审美活动由审美主体的人与审美客体的事物两种因素构成，二者缺一不可。人与客观世界相互作用的结果产生了美，如图9-1。

人类诞生—为了生存{衣、食、住、行}制作工具{粗糙、简陋}改进工具{光滑、耐用}—逐渐精致—

成为审美对象—产生{思想、情感、愉悦}—诞生了美

图9-1 美的诞生

图9-1说明，人类为了生存必须进行的实践活动是生产劳动，对于几乎是随手拈来的生产工具，无暇顾及它的模样，但为了使工具好用，逐渐学会改进工具。工具变得精致了，而最为可喜的是，人类意识到了自身的能力，感觉到劳动工具引起的情感上的愉悦与满足时，产生了对美的追求，形成了人类为主体，工具为客体的审美关系，美就诞生了。

美是人的本质力量的感性显现，是马克思主义对美的本质的论说。

人的本质力量是指在认识世界，改造世界的实践活动中形成并发展的主观能动作用，也就是人的因素第一。表现在人类特有的智慧、能力、情感、意志、理想等。人的本质力量在实践活动中的感性显现，即感觉与知觉的显露与表现，不但成为人类实践中的能动力量，成为推动人类社会发展的推动力量，而且也是产生美、创造美的巨大力量。

人的本质力量不但改造了世界，创造了美，而且还在设计活动中，展示人的本质力量。设计活动不但拉开了人与动物的距离，而且设计使人类社会更加美好。

9.1.3 美的特征

（1）美的形象性

美以具体的事物来体现，美是形象的、生动的，能被人的感觉器官所感知的。在人们的身边，有自然的形象，社会的形象、艺术的形象、设计的形

象等等，都是感知的审美对象。而在人的内心世界的心灵美，也能为他的行为活动所感知。

大自然鬼斧神工般的造化，千姿百态，震撼人的心灵。不消说山的奇险、水的浩瀚、树的苍劲、花的婀娜，仅仅雪花的图案，六等分的秀美形态，不但令人折服，而且自愧于自然。

设计活动吸收这大自然的美的精华，创造具体的生动的形象；设计也应思考，怎样使大自然的美好与人类共存。

在人类社会的发展中，在艺术活动的创造中，在人类活动的一切领域中，美都以不同的形态，展示着美的生动具体的形象性。

（2）美的感染性

美能使人感动、愉悦，引起情感的共鸣，因为美富于感染性。美学的先哲柏拉图是第一位提出美具有愉悦与感染性的人。指出美的事物不但使人愉悦，而且还受到感染。人类的愿望，人生的价值，必然能唤起人在心理上的喜悦，精神上的自豪，深深地被美丽所感染。自然界的山水、花鸟的美感染了艺术家，创造了各种各样的艺术品，是美的感染性激发了创作灵感的体现。

（3）美的时代性

美是发展的、变化的，而且也是不断丰富的，美有相对性，美随时间与空间的变化而变化。比如，产品形象的变化，就应符合美的相对性，过去认为是美的产品，今天可能就不美；一个国家或地区是美的产品，在另一个国家或地区可能感觉就不美。中国宋代封建士大夫推行缠足运动，宋代官僚与士大夫欣赏鼓吹这种使人畸形致残的小脚美女，一直延续到20世纪初，达数百年之久。但是，在现代人的眼中，简直是一种摧残，一种痛苦的折磨与陋习，根本无美可言。

美有绝对性，是普遍的、永恒的美，因为这种美符合了美的规律。中国历代建筑的楼台亭阁，古韵风采，今天，更使人发古之幽情；气势宏伟的长城，是中华民族永恒的骄傲；张衡的地动仪，聪明的构想，巧夺天工的造型，成为设计的经典等等，都以永恒的审美价值，留给一代又一代人审美的享受。

（4）美的社会性

人类的实践创造了美，使美成为一种社会的存在物，具有社会的属性。美是人类自由的、自觉的创造世界的结果，随着人的本质力量对社会发展的不断作用，美在不断地丰富与发展。当黄金以一种元素散含在河沙中，虽然也是客观实在的矿藏，但是，只有经过人们的开采、冶炼，加工制作，才使它熠熠生辉，展示美的风采。可见，美不是客观的自然存在，而是客观的社会存在。美不能离开社会实践的主体，不能离开人而独立存在。

9.2 设计审美

9.2.1 设计的审美活动

（1）审美活动的概念

审美活动又称审美。是指人观察、发现、感受、体验及审视等特有的审美的心理活动。

早在古希腊，柏拉图即将审美活动使用"观照"一词，黑格尔也使用"观照"指对审美对象的欣赏和判断的心理过程。中国古代从先秦时代起，就有类似的审美的论述。

在审美活动中，首先由人的生理功能与心理功能相互作用，将看到的，听到的，触摸到的感知形象，转化为信息，经过大脑的加工，转换与组合，形成审美感受和理解，这也是人在认识活动中从主动直观到理解性思维的过程。而对具体可感的形象，又会产生形象思维的过程，引起人的联想，想象，抒发情感活动和审美的创造活动。所以，审美活动的高级心理活动在于挖掘客观世界中潜在的内涵与意蕴，淡泊了物质世界的功利性，专注于精神世界功利性的认识与创造。

（2）设计审美的心理活动

设计的审美活动不同于一般所指的审美活动，设计审美活动不是被动的感知，而是一种主动积极的审美感受，既不是对世界的纯科学的理性认识，也不是对世界的功利需要，而是由积淀着理性内容的审美感受经过感知，想象主动接受美的感染，领悟情感上的满足和愉悦，在设计审美中展示自身的本质力量。

人之初，先有为生存的劳动，而之后萌发审美的意念，注重客观对象的实用价值，而不是审美价值。只有人类的实践活动和生产力发展到一定水平，生存有了基本的保障时，审美才逐渐成为独立的心理活动，并不断发展与完善。

设计的审美活动是从精神上认识世界，改造世界的方式之一，是认识美、创造美的活动，是人的本质力量感性显现的主要渠道。

当大自然的电闪雷鸣引燃大火时，猿人对火充满恐惧和迷惑，但逐渐发现火可以用来照明，取暖，煮熟食物时学会了用火，并学会了人工取火。于是火焰在人类的心目中成为光明与温暖的象征，将火的实用功利提升到一种象征的精神功利。人类发明了火炬，制造了火药，用火焰的光亮与美丽表达庆贺与欢乐的心情，火的精神功利远远超出了它的实用价值。今天，设计活动不但使人们用上了各种精美的生火工具，而且实现了由火向各种能量的转换，而且更加深化了火焰的象征意义。艺术家们以火为主题，设计创作了歌颂光明与火的音乐、舞蹈等艺术作品，人们在生活中也更加向往"热情似火"、"红红火火"的幸福场景，这些都是设计的审美活动丰富和发展了人的本质力量，培育了人的审美意识和欣赏美、创造美的能力。

9.2.2 设计的审美关系

（1）审美关系的概念

人在审美活动中与客观世界产生的审美与创造美的关系，即人与客观存在的审美关系。

最早提出审美关系概念的是俄国美学家车尔尼雪夫斯基。他的美学主导思想"美是生活"，就是主张以和谐的审美关系构建美好的生活。

审美关系包括：人与审美对象的时间关系；人的意识与客观事物的审美关系；人反作用于客观现实、创造美、发展美的关系；人与现实的政治、经济、伦理关系、认识情感与意志等关系，相互制约与渗透，由审美客体与审美主体构成审美关系的客观基础。

（2）设计的审美关系

• 设计与自然构成了审美关系：设计活动不但提供了人类索取自然、改造自然的工具与手段，而且设计还吸收了自然之灵气，并促发设计灵感。模拟自然界的生物，设计制造了仿生器械，总结自然界中的和谐形式之美，创造了美学法则。今天，当人们意识到愧对自然时，设计又率先以可持续发展的观念，调整设计活动与自然和谐的审美关系。

• 设计与社会构成了审美关系：使人从动物的人、物质的人变成社会的人、审美的人。

• 设计与设计成果构成审美关系：实质是设计者对设计成果的精神把握和对自身本质力量的肯定。

在设计的审美关系中，客体制约着主体。比如，自然界可以利用的能源，可以开发的资源越来越少，成为制约设计开发的瓶颈；人类的活动破坏了生态环境，人类自身受到威胁，而人们对生存环境与生存质量的审美需求却越来越高。这些客观因素又要求设计者发挥主观能动性，不断发现、改造客体，使审美对象具有人的社会内容，渗透进设计者的思想、情感、意志、智慧，体现出设计者的本质力量。

可见，设计实践产生审美的需要，沟通设计者与客体美的联系，锻炼了设计者的审美、创造美的能力，使设计者从审美上认识客体，并改造客体。这样，设计面临的客观世界成为审美的客体，设计者成为审美的主体，设计活动构建了从无到有、由简单到复杂的设计的审美关系。

9.2.3 设计的审美对象

（1）审美对象的概念

被主体认识、欣赏、体验、评价与改造的具有审美物质的客观事物，又称审美客体。审美客体与审美主体构成审美关系。

审美对象是客观存在的事物，又称审美客体。它首先有形象性：如客观事物的形状、色彩、质地、光影与声响等；也有丰富性：如人们对客观事物的"大千世界，无奇不有"的形容，说明审美对象是看不尽、数不完的；还有独特性：每一个审美对象都有各自的实质与特征，如同一对孪生的兄弟或姐妹也有差异一样；审美对象最重要的特征是具有美的感染性：美的事物能吸引人，帮助人，愉悦人，能使人达到"神摇意夺，恍然凝想"的程度。

（2）设计的审美对象

设计的审美对象主要是设计的成果，即造物活动的创造成果。设计活动既要按照美的规律，又要根据人的审美需要改造与创新，又要以自然、社会、艺术为审美对象，使设计的成果能激起人的审美感受和审美评价，使设计成果成为人的审美对象，并推动审美对象的发展。

可以说，设计的审美对象十分广博，这是由于设计涉及了自然、社会、艺术等人类活动的一切领域。凡是与设计确立了特定的审美关系，由设计者的审美来把握、激起人们审美意识活动的事物，都是设计的审美对象。其中既包括具体可感的客观自然世界，又包括人类社会及艺术领域。

　　无论是工程设计、工艺美术设计、还是艺术创作，作为审美的主体，首先认识、欣赏、体验、评判、改造具有审美特质的客观事物，构成主客体的审美关系。进而引起审美主体的审美感知、联想、想象和情感活动，溶入主体的思想、情感、意志、个性，形成设计或创作的美感源泉。最后推动审美创造活动的发展，凝结与升华出设计或艺术创作的成果，成为使用与欣赏的审美对象。比如：设计师按照人们的审美与使用需求，首先以客观世界为审美的对象，感悟与积累设计的素材，工艺美术师以获取的天然材料为审美的对象，把握材料的外形特征与属性，艺术家们则以现实生活为审美的对象，体验人生的真谛与灵魂的启迪。当审美对象激起审美创造的欲望时，他们会赋予创造成果以美的感染力与兴奋点，激发使用与欣赏的审美激情，使人们以设计成果为审美对象，陶醉于幸福与美好中。

9.2.4　审美主体

（1）审美主体的概念

　　人是审美的主体，即认识、欣赏、评价审美对象的主体。包括个人与群体。审美主体与审美对象及审美客体构成审美关系。人是有实践能力，又富于创造性的审美主体，客观世界离开了人，也不能成为审美的对象，只有人既有生理的，物质的需要，又有精神的，审美的需要，并有创造美的能力和意志行为。

（2）设计中的审美主体

　　设计者是设计活动中的审美主体，通过对客观世界的审美感受，以审美主体的意志创造了设计的成果，为使用与欣赏提供了审美对象，所以，每一个人，包括设计者在内，都是设计成果的审美主体，都是以客观世界为审美对象的审美主体。所以，无论是设计者还是使用欣赏者，作为审美主体都存在着复杂性、差异性和发展性。

　　● 设计中的审美主体存在着复杂性：是由于设计者本身也是存在于社会群体中的人，自然有生理的、物质的需要，而且还有审美的、精神的需要，更有改造客观世界、创造美的需要。另外，由于设计深入到人类活动的一切领域，是人类生存与发展的起始活动，因而要比普通的审美主体更为复杂。

　　● 设计的审美主体的差异性表现在：每个人的审美意识与观念本身就已各有千秋，即使是设计者面对同一设计对象，设计构想方案与审美创造目标也会多种多样。至于人们使用与欣赏的审美需求的多样性，势必要求设计的审美主体具备差异性，以满足不同审美心理、不同层次的需要。

　　● 设计审美主体的发展性：是由设计的本质所决定的，只有不断创造美，发展美，使设计成果不断丰富化。审美主体变化与发展的观念，是设计的永恒主题，是提高人类生存质量，推动社会进步的重要因素。所以，有发展才有设计活动的存在意义。

9.2.5　审美欣赏

（1）审美欣赏的概念

　　审美主体对审美客体的感受、体验、鉴别、评价和再创造的审美心理活动过程称为审美欣赏。审美欣赏主要是形象思维过程，是从对具体可感的形象开始，经过分析、判断、综合到想象、联想、情感的活动，实现审美主体与客体的融合与统一。平时常用"品味"一词来代替审美欣赏的说法。

（2）设计中的审美欣赏

设计者凭借自身的审美欣赏能力，以形象思维的方式进行美的创造，为人们提供审美欣赏的对象。所以，设计者除了自身的审美欣赏，主要的是如何将付诸艺术的魅力，满足人们的审美欣赏。人们的审美欣赏有多种类型，直觉的，理智的，情感的等等，所以才有人们满意或不满意、欣赏或不欣赏的现象。这就告诉设计者要时刻意识到：自身的审美欣赏，目的是吸取设计审美创造的精华，满足人们不同的审美欣赏类型，牢记"为什么你喜欢，而我不喜欢"的欣赏意识，让设计成果争得更多的审美欣赏。

当今世界从政治、经济直到人的意识形态都向着自由化、多极化的方向发展。尤其在中国，人们审美欣赏的空间从来没有像今天这样广阔。这就给设计提出一个问题：设计与艺术创作究竟以怎样的审美创造，面向直觉的、理智的或情感的不同审美欣赏类型，满足他们审美欣赏的爱好和趣味，适应他们不同的审美取向。这就要求设计者及艺术家们首先对各种审美对象具有广泛的主观审美情趣，兴趣，爱好和艺术鉴赏力。而审美欣赏的层次又取决于人的思想、情感、性格、气质与能力，取决于审美创造者的审美价值观、人生观、艺术修养。设计者与艺术家们从自身做起，具备了高雅的、健康的、积极的审美欣赏的层次与指向，才能引导与塑造人们的审美取向，形成一个时代的审美欣赏爱好与趣味。

9.3 设计审美心理过程

设计的审美心理过程是在人的原有心理结构的基础上，审美心理活动的发生、发展和发挥能动作用的过程。其中包括审美心理的认识过程：即由感觉、知觉、表象到记忆分析、综合、联想、想象再到判断、意念理解的过程；第二阶段进入情感过程：产生审美的心境、热情、抒情和移情共鸣、逆反等情绪活动；第三阶段是审美的意志过程：包括目的、决心、计划、行为、毅力等。

9.3.1 审美心理内容

（1）审美的生理基础

人的感觉器官是审美信息的接收系统，如审美感官的感受力，大脑中枢机能、效应机能等，构成审美活动的生理基础。

（2）审美的感性形态

审美表象、意象是客观形象的信息，使审美对象显示出具体可感性，成为审美的感性形态。

（3）审美的观念意识

审美观点、意识概念、知识经验的积累与储存，构成了审美观念意识的理性内容。

（4）审美的情感

在审美活动中产生的情感、情绪、情愫、态度、欲望与趣味，是审美心理的核心内容，又是审美创造的内在驱动力。

（5）审美的意志

如审美的目的、动机、理想、毅力与自制力等，是进行审美创造的持续动力。

（6）审美的创造力

如审美想象力、联想力，不单是审美创造的根本动力，也是审美活动归宿的根本力量。

9.3.2 审美心理进程

审美心理过程与人的其他心理活动方式一样，经历着认知过程，情感过程与意志过程。即有感才有知，有知才有情，有情才有志的心理进程。

9.3.3 审美心理特征

（1）审美心理的自觉性

每一个人都有审美、求新、求异、求变的心理与欲望。当人处于特定的境遇和最佳的审美心理状态中，或怀着特定目的进行审美，创造美时，会自觉寻觅、选择适应自己需要的审美对象，自觉地调动信息储存、审美经验以丰富审美心理。

审美心理的自觉性对设计活动有特殊的意义，因为只有主动自觉地审美心理，才有设计审美的驱动力，才有"尽其心，养其性，反求诸己，万物皆备于我"的创造心理的境界，才能以设计成果为审美对象，坐等人们的审美欣赏的到来。

（2）审美心理的独特性

审美创造是一种创造性思维的活动，尤其讲究独特性，这是由于时代、阶层、民族、地域等因素，由于生活实践，审美实践，传承的文化不同，审美的途径与方式不同，造成审美心理的独特性。比如：现代人审美心理比原始人丰富；文化艺术发达地区的人比落后地区的人丰富；文化艺术素养高的人比经验少，素养低的人丰富等，从而表现出对同一审美对象美感的差异性。设计者要注意这种审美心理的差异性，从不同角度满足各种类型的审美心理。

（3）审美心理的普遍性

人的审美心理存在着差异性、独特性，也存在着共同性、普遍性，而且在一定条件下，同与异还可以互相转化。由于人们实践的领域、目的、方式、手段客观存在着历史的连续性，继承性，审美观念与审美生理也存在着共同性、相似性。因而，当人们从这种共同的审美心理出发，面对同一审美对象，就可能产生共同的美感。先人们留下的文化遗产，之所以到今天还被现代人视为珍宝，甚至兴叹今人不如古人；不同地域，不同民族的文化艺术可以相互交流，这些都反映了审美心理存在着共同性。

9.4 设计的审美范畴

范畴是指人的思维对客观事物的普遍本质的概括与反映。也指事物的类型或范围。各门科学都有自己的一些基本的范畴，如认知过程、心理状态与个性心理等是普遍心理学研究的范畴。

设计的审美范畴是指设计者的思维对具有审美价值的对象的普遍本质的概括与反映，也是指审美对象的类型或范围。如自然社会领域：优美、壮美、悲剧、喜剧等审美形态。

9.4.1　自然美

自然界天然的或人类改造的自然物的美称为自然美。

大自然的博大温存，不但催生了人类，而且养育着人类。大自然的万物自在、万象更新的天然态势中，虽然隐含着潜在的美之底蕴与审美的价值，但在人类诞生之前，甚至在人类的混沌之时，对大自然的磅礴气势，不但没有对自然美的感知与体验，反而充满迷惑与恐惧。岁月沧桑，当人类以本质力量破解了自然之谜，丰衣足食后，自然界才成为人类的审美对象。成为审美需求的主要范畴。

自然美首先以"纯天然"的审美属性，使人们产生对自然美的原始生态与规律的审美需求。大自然固执地铺卷沧桑的秉性，不是从外部注入的。人类应顺其自然，吸自然美的精华。

自然美的社会性表现在人类对自然的改造所产生的所谓人化的自然，是人类借物托情，试图化自然无情似有情。

自然美的差异性，使自然更为多姿多彩，并以天然的色彩与形态使人受到美的启迪。

自然美不但使人心旷神怡，陶冶性情，增添生活的乐趣，而且能激发人类对生活的热爱，尤其成为人们欣赏与艺术创作的对象与源泉，对人们和设计都是不能缺少的审美需求。仿照飞鸟的飞机，仿照鱼儿的舰船，只有将自然美作为无穷无尽的素材，才使得设计与生活越来越美好。

9.4.2　社会美

社会美是人类生活的一切领域中积极的社会事物与社会现象中的美。社会美有鲜明的人类实践成果的烙印，是人的本质力量的直接体现。

人们向往社会环境美，因为生活在清新美好的环境里，能使人心态平和，充满积极向上的精神，有利于身心健康。

社会环境美固然需要一定的物质基础，但是与社会文明和文化教育水平，社会风貌都有直接关系。此外，人们追求美好社会的理想，认识社会、改造社会的顽强奋斗也是社会环境美的重要内容。在和谐的生产关系、社会关系中，人人遵守社会行为规范与社会公德，互相关心，使社会充满关爱，充满温情。在国家和人民需要的时候，挺身而出，发扬大无畏的革命英雄主义精神，甘愿奉献与牺牲。在生产劳动中，追求人生价值，正确对待奉献与索取的关系，以每个人的美好心灵构筑社会环境的美好。

9.4.3　优美

优美是一种偏于静态的、和谐的、优雅的阴柔之美。优美在美学范畴内是一种最普遍、最常见的现象形态。人们平时说的美或漂亮，一般都是指优美。

中国历史上的战国时代，在《易传》著作中，就以地道之美为阴柔，以天道之美为刚阳。据美学史研究，优美一词出自于古希腊，将三女神作为欢乐、美好、光明的象征。

人在生活和生产中向往优美的意境，追求生活环境的宁静、清丽、淡雅，喜爱绿荫如盖、曲径通幽的建筑意境。所以，身在喧闹都市、水泥禁锢中的人，对田园般的优美已如梦如痴；往日热气腾腾、机器轰鸣的生产环境也早已不受欢迎，因为人们被优美的感性特征所吸引。

优美最本质的特征是和谐，即配合得当与匀称。

自然界最为和谐，所以自然最为优美；艺术作品最为和谐，所以最为优美：一尊断臂的米洛斯的维纳斯塑像，是希腊神话传说中一位爱与美的女神阿佛洛狄忒的化身，是深邃的精神内涵与典雅风韵的完美结合，是和谐的象征。后来的艺术家们都曾设想为她复原断臂，但总不如失去的缺憾之美，说明和谐是物我合一的伟大力量。今天，人们更加崇尚人与自然的和谐、社会生活领域的和谐，因为和谐能使人们尽享优美。

从生理反应上看，优美常常给人们舒缓，轻松的感受。所以，今天最佳的生活与生产环境是优美，能使人从容不迫，在轻松愉悦的和谐气氛中生活与劳动。

9.4.4　壮美

壮美是一种动态的、充满冲突与气势的阳刚之美。壮美以主体与客体的对立抗争为特征，与优美呈对立的势态。在美学著作中也把壮美称为崇高。

壮美是冲突、气势、拼搏的象征，是一种激动人心的庄严的美、抗争的美、甚至是敢于牺牲的美。

自然界中的壮美是山呼海啸、暴风骤雨的宏大气势。社会领域中的壮美是正义的强大与力量的伟岸，是先烈们视死如归的大无畏的壮烈，是人类改造自然、战胜困难的豪迈气概。

教育家蔡元培用"至大"、"至刚"概括了壮美或崇高的含义："至大"是说壮美的宏大气势振人心弦；"至刚"是说壮美的内涵是刚阳。所以在日常生活中，人们崇尚壮美，因为在困难和挫折面前，敢于拼搏，敢于跨越，才能有成功的喜悦与壮美。常说的"不入虎穴，焉得虎仔"的成语告诉人们：只有拼搏，才有壮美；敢于奋斗，才有壮美。工人在车间高悬的"劳动创造世界"的彤红大字下，用辛勤与汗水换来劳动的成果，是壮美；航天英雄们在太空向世界展示中国的国旗，神态自若地走出舱门，是壮美；奥运健儿，站在冠军的领奖台上，五星红旗高高升起，是壮美；威武的"天下第一刀"，迎宾三军仪仗队指挥李本涛的军刀入鞘的绝技，在练习中，手掌都被刺透，为的是展示中华民族与中国军队的气势，当年，美国克林顿总统来访时，对李本涛的威武刚阳的绝技所感动，向他深深地鞠躬致敬。李本涛展示了中国军人的威武，是壮美。但是，这些令人赞叹、激动人心的壮美要有惊人的艰苦付出，甚至是敢于牺牲的大无畏的英雄气概。

在工厂的铸造车间每时每刻都在展示着令人震撼的壮美画面：在大型铸件浇注之前，车间主任俨然像一位作战的指挥员，部署任务，并要求每位工人必须做到，不管发生什么意外，都要坚守岗位，沉着应对。当他挥动大手，宣布浇注开始后，天车轰鸣作响，吊着彤红的铁水包平稳运行，到达浇注位置时，工人用长长的钢钎引流，凭纯熟的经验与技艺，将彤红的铁水凌空而下，一丝不溅地浇入不过碗口大小的浇口中。但是，每位铸造工人都深知，倘若差之毫厘，即使是小米粒大小的铁豆也会引起严重烫伤。他们既有必胜的信心，更有承担险恶的心理准备，他们可能未曾知晓什么是壮美，他们的劳动就是一幅壮美的画卷。

人类历史的发展总不会一帆风顺，每一个人也要常常面对困难或逆境。但是，为了追求人生的理想与价值，就应当以坚定的信念，顽强的意志，大无畏的英雄气概，艰苦拼搏，获得人生与事业的壮美。

9.4.5　悲剧

悲剧是指人及人类社会中不该发生的事。在美与丑、先进与落后的矛盾冲突中，美与先进暂时被丑与落后压倒，但最终以美与先进必定胜利的必然性，使人感到正义的伟大力量，从而受到激励与陶冶的一种审美形态。

在美学范畴内，悲剧是侧重悲剧性质的审美价值，所以又称悲剧性。与艺术创作中的悲剧不同。比如，英雄牺牲是英雄悲剧，历史倒转是社会悲剧等。

但是悲痛并不是悲剧的审美特征，悲剧不是悲哀，不是让人悲观失望或灰心丧气，悲剧中充满着顽强的战斗性和高昂的激情，所以悲剧是壮丽的、高昂的。英雄就义虽然倒在敌人面前，是不该发生的悲剧，但是英雄视死如归、顶天立地的高昂气势，显示了正义必定战胜邪恶的伟大力量，使人从中获得激励，产生壮美与崇高的感受。

悲剧的审美价值在于，让人们在悲壮中看到正义的伟岸，获得壮美的享受。新生事物往往是弱小的，在与强大的势力的较量中可能被扼杀或毁灭，但新生力量必定胜利的规律是不可阻挡的。暂时的挫折是悲剧，而悲剧更烘托了新生事物敢于抗争，直至胜利的伟大。历史是这样，人们生活中也是这样。比如：一项新技术、新产品的试验，必定有很多欠缺和不足，可能在传统观念中受到嘲讽与指责，可能导致失败。如果试验者在失败的悲剧中，了解悲剧的特征与规律，以坚定的信念，锲而不舍的坚持研究与试验，才真正体现了敢于创新的高昂气势、敢于打破传统，求得发展的胆识。反之，不思进取，平安度日没有风险，更没有悲剧。也不能遭到危难或折磨，甚至可以去指责、去嘲讽他人，如果这样，生产不能发展，历史不能前进，才是人间最大的悲剧。

悲剧潜移默化地净化着人们的心灵，使人懂得壮美与崇高的豪迈，因而能弘扬斗志，催人上进，这也是设计值得崇尚的审美形式。

9.4.6　喜剧

喜剧是美对丑、正义对邪恶的嘲讽，揭示展示新生战胜腐朽的必然规律。是以喜悦告别过去，告别历史的审美范畴。喜剧最重要的特征是顺畅与胜利的喜悦。正如马克思所说："历史不断前进，经过许多阶段才把陈旧生活方式送进坟墓，世界历史形成的最后一个阶段就是喜剧。"喜剧的审美价值是寓庄于谐，庄是严肃的内容，谐是活泼的形式。把庄重严肃的内容以轻松活泼的方式淋漓尽致的展示出来，在令人捧腹的诙谐气氛中发人深省，在舒心愉悦中告别过去，迎接未来。喜剧效果如同普希金所说："法律和剑达不到的地方，讽刺的鞭子可以达到。"

　　喜剧令人欢笑，欢笑使人年轻。设计者懂得喜剧的审美价值后，应当运用寓庄于谐的喜剧手段，正视生活生产中的困难，乐观地对待人生与事业。因为科学研究表明：笑会使人体释放一种"茶酚安"的激素，不但祛病，而且养生。

思　考　题

9-1　名词解释：
　　　美　自然美　社会美　优美　壮美　悲剧　喜剧
9-2　为什么说美诞生于人类的社会实践活动。
9-3　举例说明美有哪些特征。
9-4　怎样认识自然美？
9-5　怎样认识社会美？
9-6　怎样享受优美与壮美？
9-7　怎样对待悲剧与喜剧？

第10章
设计的艺术意蕴

- 艺术简介
- 产品设计的艺术意境
- 设计的艺术修养

艺术是社会意识形态之一，是人对精神世界掌握的一种特殊方式。

物理学家李政道博士在《艺术与科学》一文中写道："我想在这里重申一个基本的思想，即科学和艺术是不可分割的，就像一枚硬币的两面。它们共同的基础是人类的创造力。""科学家追求的普遍性是一类特定的抽象和总结，适用于所有的自然现象。它的真理性植根于科学家以外的外部世界。艺术家追求的普遍真理性也是外在的，它植根于整个人类，没有时间和空间的界限。"❶

历史与今天都告诉人们，产品设计需要艺术的滋润，设计者都需要艺术修养。所以，要探索产品艺术美，追求设计的艺术物化。

10.1 艺术简介

10.1.1 艺术的含义

什么是艺术？

艺术是指用形象来反映现实但比现实更有典型性的社会意识形态，艺术又指富有创造性的方式，如造型艺术、领导艺术；还指形状独特而美观的事物，如这棵树长得很艺术。

艺术概念的含义一般有三：

① 是人类活动的技艺，包括人造物的制作能力、技巧；

② 是指按照美的规律进行的各种创作，包括各种具有审美因素的艺术品的制作和各种文艺创作；

③ 专指可供观赏的艺术作品，包括文学、绘画、雕塑、建筑、音乐、舞蹈、戏剧、电影、曲艺等。

艺术作为一种意识形态，是艺术家的头脑对客观物质世界的反映。艺术

---

❶ 新华文摘 1998.7 第114页。

家在一定的经济基础上形成的对于世界和社会的系统的看法或见解，在艺术领域中意识形态具有鲜明的艺术性。设计者要借鉴艺术家的风格，利用自己对社会现实的审美认识和审美理想，利用工程实践中积累的知识和经验，通过审美想象，设计出"源于生活，高于生活"的充满艺术情调的工业产品，为人们提供审美的精神享受，在使用产品时获得艺术的感染与熏陶。

人猿辑别至今大约400万年左右的历史，尽管人类艺术活动的历史不过万年左右，但艺术先哲们留下了丰富的遗产。设计者应当了解艺术的本质，用来丰富设计中的艺术思维。

古希腊的学者们认为艺术是对社会生活的模仿，是对现实美的模仿。比如一位学者认为：从蜘蛛，人们学会了纺织；从燕子学会了盖房；从黄莺学会了歌唱。显然是说，人类模仿自然创造了艺术。俄国学者车尔尼雪夫斯基认为艺术是对现实的再现，是对生活的复制；毕德哥拉斯学派认为数的秩序造就了宇宙的和谐；音乐是悦耳的抑扬顿挫；人体是和谐与对称等等。随着科学知识的发展，对艺术形式美的探索不断深入。

还有的学派认为，艺术是艺术家的自我表现，自我写照与自我情感的真实体现。主张艺术不是复制现实，也不是再现理念，而是表现自我。比如：尼采认为作家创造时，要极大地夸张自我，让生命欢快地流动，让情感自由地奔泻等等。

无论对艺术美的本质有多少不同的探讨与见解，对设计者来说，重要的是要从不同的学说，体会在设计活动中，如何进行艺术家的创造。所以，要了解艺术家的创造本质。

设计者要知道，艺术是一种精神的创造。人类按照美的规律改造世界，同样设计活动必然也是如此。设计不断满足人类对物质产品与物质文明的需求，促进人们审美意识的进步。所以，设计活动最能体现人类的本质力量，体现创造性的精神生产。今天的设计新意在于，既有生产的物化创造，又有产品的艺术创造。

艺术大师培根说：艺术是人与自然相乘。人是指参与艺术创造的艺术家，是理性与感性的创造主体。设计者是创造产品的主体，应当把整个身心、整个生命、全部精力奉献到产品的艺术创造中。如果设计者能够凭借自己的感觉、记忆与理想为指导，付出情感与愿望，捕捉艺术的灵感与规律，那么，设计中的艺术创造会在意识与理智的作用下，展示艺术的灵气与才华。当然，艺术源于生活，源于自然。设计者实践艺术是人与自然相乘，是吸收自然之灵气，寓产品于意蕴。

设计的艺术创造的实质在于：设计者凭借自己的技艺、知识和技能，把握创造主体与客体因素，探索产品的艺术底蕴。

艺术作品归属于不同的艺术门类，所以产生了艺术的分类方法，称为艺术门类或艺术类型。几乎在所有的美学或艺术学等著作中，都有详尽论述。设计者简要了解常见的艺术门类，扩展审美视野，目的是受到启迪，借鉴应用。

常见的艺术实用门类如下。

（1）文学艺术

文学是语言的艺术。文学的语言准确、鲜明而生动，充满透明性；文学语言不受时间与空间的限制，可以说古论今，海阔天空。文学作品通过想象与联想，能够实现艺术的再创造。设计者不但有工程界的共同语言，也应当学习文学艺术的语言。善于运用语言艺术，介绍产品，使设计更符合人的审美理想与审美趣味。

（2）绘画艺术

绘画是一种视觉与空间艺术。西方绘画以油画为主，东方绘画以中国画为主，中国的工笔画、写意画，水墨淡彩画讲究写意传神。绘画艺术以线条、色彩、形态、明暗及透视技术等为绘画语言，通过造型、色彩、构图等艺术手段，在二维平面上塑造三维的形状、体积、质感与量感。绘画讲究形、光、色及点、线、面的造型，以表情、象征给人以审美意向与审美情调。设计者在设计表现中，绘制产品的外观图，本身就是绘画艺术的应用与实践。而且是比美术绘画更科学、更真实的艺术创作活动。

（3）书法艺术

使用笔、墨、纸、砚书写工具，又称文房四宝，书写汉字，是独有的书法艺术。书法能最大限度地表现一种胸怀、情感、心境与气度，被称作传导生命节律的艺术。篆书是中国最早的书体，其中甲骨文、金文、石鼓文称为大篆；秦篆称为小篆；隶书是汉代书体；楷书始于三国，兴于晋代，盛于唐代，历经宋、元、明、清名家提炼，成为端正、娟秀的书体；行书自汉代开始，字体如行云流水、神逸遒丽；草书也始于汉代，字体气势恢宏、狂放恣纵。书法成为中华民族的艺术瑰宝，也是中华民族文化的骄傲。设计者了解书法艺术，不单是一种艺术修养，而是书法的生命运动，是人格与气势的展示，是借书法的境、韵、气、神、理等哲学内涵让设计与产品也成为传导生命节律的艺术。

（4）影视艺术

电影与电视作为传媒，是通过视觉形象传递信息的视听综合艺术。影视艺术的综合性，逼真性及形象性，充分的表现了人们生活中的人生价值、伦理道德，并实现与生活融合，与生活同步，使人们在观赏中得到精神享受，心灵得到启迪。今天，设计活动也在充分利用影视技术，设计虚拟的产品形象及使用环境，借助影视技术，逼真地设计产品的结构，模拟产品的运动状态。还可以在电视动画技术中，演示产品的破坏性试验，取得设计的宝贵资料。使设计方式由图样中的二维转化为影视中的三维，以至于三维加时间变化的四维的设计，成为影视艺术的重大发展。

（5）雕塑艺术

设计与雕塑结缘，设计表现的一种方式是制作产品模型。所以，设计者也是产品模型的雕塑家。雕塑艺术以土、木、金属、石头、有机材料为物质实体，创造三维空间的形态。无论是立体圆雕、还是凸于平面的浮雕，都表现于立体的形态美，高度的凝练美。大师罗丹说："抚摸这座塑像的时候，几乎会觉得是温暖的。"设计者不但将雕塑艺术直接用在产品模型的制作上，而且更有意义的是，应用雕塑艺术语言，锤炼产品，赋予明快、清新而又深邃的艺术意境。

（6）建筑艺术

建筑艺术本身就是设计的一种活动，所以建筑的设计者也是建筑艺术的大师。这里，设计与艺术已融为一体。建筑设计讲究意境，是物质与精神的统一，技术与艺术的统一，功能与审美的统一。人们把建筑比喻为凝固的音乐，一部用石头写成的历史，建筑超越了遮风挡雨的实用功能。恩格斯说："希腊建筑表现了明朗和愉快的情绪，优美的哥特式建筑神圣的忘我。希腊建筑如灿烂的阳光照耀白昼，回教建筑如星光闪烁的黄昏，哥特建筑则像是朝霞"。在中国，风情万种、古朴典雅的古建筑既有气势的宏大，也有玲珑的小巧，但都充满古之幽情。

在常见的艺术门类中，还有音乐、戏剧、舞蹈等艺术。

可以看到，人类创造了艺术又享有艺术，艺术使生命丰富多彩。设计者也要用艺术构建与人们心灵相通的桥梁，构建人类的物质家园与精神家园。让艺术成为设计者自我认识的生命活动，借助艺术，使设计者与人们返璞归真，成为高尚的人。

10.1.2　产品的形态美

产品受功能与结构的限制，构形的形态不如艺术作品那样自由奔放。比如：汽车、飞机要设计成流线型，车轮必定为圆形。但是，在满足使用要求的前提下，产品的形态设计也是无穷无尽充满创造的艺术活动。艺术领域中，讲究形式美是各种美的事物的外在形式的共同特征。所以，产品也要探讨形式美。

（1）产品的形式美

形式美是指由色彩、线条、形状及声音等要素构成事物的外形特征的属性。比如：产品的形式表现在外观涂装的颜色，外观的形状及棱线等等。产品的形式美虽然不能说没有功能与结构的内容，但形式美与内容的联系是间接的曲折的。比如从产品的外观很难看到功能与结构，因为这些是隐蔽的、内涵的。

（2）产品美的形式

产品美的形式有两层含义：一是指产品的内在功能与结构决定着产品的构成关系，如装配关系与联接方式，因而直接与产品的质量相联系；二是指产品的内在功能与结构决定了外部表现形态及产品外观的装饰成分。

因此，可以说产品美的形式及内在功能与结构的联系不是直接的、紧密的，而产品的形式美主要是指产品的外在形式，不直接与内在形式相联系。

产品设计中，首先应注意产品美的形式，即使用功能，装配结构及科技含量的先进性，保证产品的质量。在此基础上，才能设计产品的外观形态，使产品又具备形式美，达到产品质量与外观形态的统一的程度。

10.1.3　设计中的艺术思维

人类发现，大自然是充满形式美的和谐美好的客观世界。在创造美和欣赏美的活动中，不断总结形式美的规律，进而创造了美学法则，它不仅为多种艺术创作所应用，而且成为产品造型设计的形式法则。这些法则与人的生理及心理结构相对应，形成一种艺术思维的方式。设计者要了解并训练这种艺术思维，善于把耳闻目睹的自然之美与工程阅历融为一体，从审美认识深入感受，达到理性的领悟。

（1）比例与尺度

① 比例是指整体与局部、各局部间的数量的比较关系。是关系的规律或是形式要素间的关系。比例在工程绘图中又专指所绘图形与实物间的线性之比。

大自然的山川地貌有和谐的比例。荆浩在《画山水赋》的著作中有"丈山尺寸，寸马分人"的比例之说。人体绘画的比例有"立七坐五蹲三半"之说，是以头为度量单位，人的高度大约为七至七个半头高，画坐姿的人大约五个头高；画人的正面头像，脸为卵圆形，人的双眼在横向五等分中占据二份，称为"三停五眼"；古人还总结了"周三径一，方五斜七"的图形比例关系，无论画多大的圆，圆的周长必定为直径的三倍多一点、正方形的边长为五，对角线大约为七；著名的"勾三股四弦五"的勾股定理，准确地说明直角三角形三边的比例；等边三角形三边的比例为1，交角为60°；正方形、圆和等边三角形由于具有肯定的外形，被称作几何三原形。

许多自然形态都有美的比例，人们从中发现并总结了各种比例构成的规律。比如：等比数列比、等差数列比、根号值数列比等等。人们熟知的黄金分割比，就是来自于自然形态，很多植物的叶片就是按这种优美的比例排列的。古希腊的毕德哥拉斯学派提出了著名的黄金分割率，比例为1：1.618，如图10-1。在边长为L的正方形中，取一边AE中的O为圆心，OF为半径画弧至D，得长方形ABCD，边长之比为黄金比，称为黄金矩形。是一种比例优美的矩形。黄金分割比还很神奇，数学家华罗庚以黄金分割创造了优选法，用来为生产配料极为简便而准确，他用优选法在舞台上确定了一个位置，让歌唱家在此演唱，歌声极为清丽；让一位琵琶大师在此位置演奏，音质也格外动听。在建筑设计中，从一块砖的长宽高之比为3，到房屋墙面、窗口、门口的比例均为3，称为建筑模数为3。这样可以保证砌砖时，处处都用完整的砖，不必因比例不当而砍断砖头。这是由于一种美的造型从整体到局部，以及各局部间的细节尺寸均有一种或几种模数推衍而成。

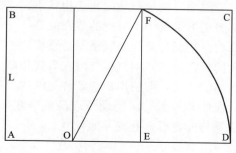

图 10-1　黄金矩形

产品设计中的尺寸比例也讲究模数法则，可使设计中用最少的基本数值，创造出较多的组合形体。有利于标准化的设计与制造。比如：早在1518 年，意大利米开朗基罗在设计柱灯时，以黄金分割为比例关系，给人以极为优美的视觉感受，如图 10-2。图中可见：将柱灯的总高 M_0 按黄金分割，得到 M_1、M_2、M_3、…一系列尺寸，比值均为 0.618。柱灯的各部分尺寸均在系列尺寸中选取，使各部分之间、各部分与整体的比例均为黄金比值。图 10-3 所示台灯的造型，也是利用黄金矩形确定的比例，因而和谐优美。

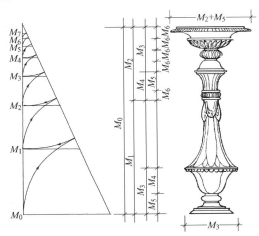

图 10-2 灯柱

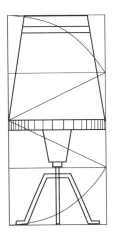
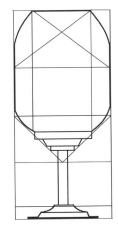

图 10-3 利用黄金矩形确定台灯比例

图 10-4 是一台加工中心的造型设计，其中的比例采用了黄金比例。图 10-4（a）是加工中心的机械图样，将机床的总长 $a_0 = 3000mm$ 进行黄金比的分割，得到机床的宽 $a_2 + a_5 = 1146 + 164 = 1310mm$，高为 $a_1 = 1854mm$，直至各部分微小尺寸，从而保证了统一的黄金分割比例。

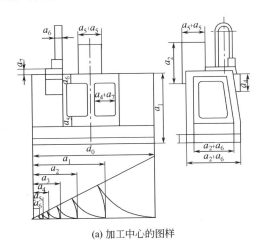
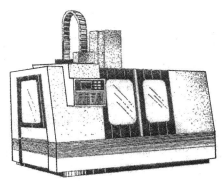

(a) 加工中心的图样

(b) 加工中心外观图

图 10-4 加工中心外观比例

设计者从艺术角度研究产品形态构成，使产品的比例符合自然形式的规律性。

設計心理学

当然,在设计中不能为了比例而机械地套用一种固定的模数。比如,承担传递动力,有精度配合的零件是经过严格地运动状态与受力分析后,选择材料及强度校核而确定的极为精确的尺寸,必须按原设计予以保证,而不能为了比例而随意改动或圆整。而且,在生产中的工艺装备设计,如专用的胎模模具、夹具等,更应以使用功能为目标,甚至没有必要考虑比例的和谐或艺术的问题。

② 尺度是指产品的整体或局部与人和谐或人的习见标准。简单地说,粉笔长为 75mm,大端圆直径 10mm,小端圆直径 8mm,是粉笔合适的尺度。人用粉笔写字时手握及字的笔划粗细适中,不易折断,也不用很快地更换。又如,吃饭使用的筷子,也有习见的标准,过长过短都不适宜。

尺度确定了产品与人两者的比例关系,使产品与人的生理相适应。所以,在设计中,要研究人的生理尺寸特征,使产品的尺度与人相称,不仅体现了和谐的形式美,而且也突出了宜人性。

最简单的方法,是设计者以自身为标准,用来确定产品各部分的尺度。比如,设计的手柄,绘图后,用手去度量感觉一下,或参照已有的产品,设计尺度适中的产品。

(2) 统一与变化

如图 10-5 中的茶具,相同的图案体现了统一的风格;造型的各异又表现了统一中的变化。

① 统一是指呼应、连结、整齐划一的秩序性与规律性。单纯整齐是一种自然属性:天的蔚蓝、云的洁白、河的明净、树的翠绿,单纯一种色彩,给人明净纯洁的心理感受。人们受自然界统一属性的启发,农田齐整,渠道平直;迎宾的仪仗队,身高、服饰、神态、动作整齐划一,威武雄壮,展示统一之美。即使在生活中,人们也喜爱摆放布置的整齐。

产品设计中讲究统一的风格,避免了杂乱无章,消除人的视觉疲劳,使人有条理、宁静的感觉。如图 10-5 所示,统一的风格体现了秩序的严谨。

图 10-5　统一与变化

② 变化是指构成要素的差异、矛盾的活泼与随意性。统一中的变化给人以耳目一新的感觉,冲淡了统一的呆板与乏味。

在设计中,运用方圆、大小、明暗、冷暖等构成要素,使产品有差异或各有千秋的变化，可以唤起人们的审美情趣。

当然，变化不意味着随心所欲，而是统一中的变化，变化中求得统一，取得设计的完整协调，格调一致，多变而不紊乱。

产品设计中的统一与变化风格还有与艺术创作的不同之处，比如：设计要讲究形式与功能的统一，设计构成要与使用功能互为里表、相辅相成。既不能为了格调的统一而不顾及功能的特征，也不能只强调功能而不注意形式的统一。设计还要讲究比例与尺度的统一，材料、结构的统一，在统一的风格中又有变化。

（3）对称与均衡

① 对称是指以点、线、面为基准，相对端同形同量的构成形式。比如圆形物体对于某个点、直线或平面而言，在大小、形状和排列上具有一一对应关系。自然界中花草树木大多以花蕊、枝干、叶脉为对称，人体动物机体左右对称，如图 10-6 所示，还有景物与水中的倒影对称等等。先人们用对称的形式建造了宫殿城池，留下了宝贵的文化遗产。一座北京老城以穿越故宫的南北中轴线为对称，名胜古迹东西对称。故宫从天安门的东西对称起，外朝以太和、中和、保和大殿为中心，文华、武炎为侧翼，是皇臣议事之所；内廷以乾清、文泰、坤宁大殿为中心，东六宫、西六宫为衬托，是生活起居之所。

机床设备，行走、飞行机械大多采用对称的设计方式，不但有利于制造与操作方便，而且也是保证平衡的一种形式。对称的设计使人产生视觉平衡的感觉，给人平和安宁的心理感受。

可以说对称是力臂的平衡，同形同量的平衡。如果改变同形同量的对称形式，则有变化的平衡，即为均衡。

② 均衡是指力矩相等形式的构成。传统称重的杆秤，就是力矩相等的均衡产品。所以人们说秤砣虽小压千斤，是均衡的形象比喻。人有各种姿势，但无论怎样动作，都由大脑调整均衡。杂技演员在高台定车的节目中，尽管做出让人心惊胆战的动作，但始终保持力的均衡。

产品必须保持均衡。如果由于功能与结构的要求需产生不均衡的结构

图 10-6　对称的蝴蝶

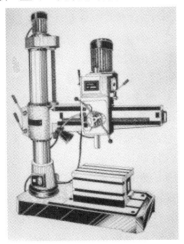

图 10-7　均衡的摇臂钻

时，设计者也应改进设计，求得均衡，如图 10-7 所示。

（4）对比与调和

① 对比是指对照和比较、矛盾与对立的形式。自然界充满高低、大小、黑白、明暗、冷暖、远近、快慢、动静的对比现象；生活中也有穷富、胖瘦、俭侈的对比；情感中有爱恨、悲喜、苦乐等对比；道德中有善恶、忠奸、雅俗的对比。艺术作品中，色彩的对比、形态的对比、诗词意境的对比，都把两种极不相同，甚至相反的形式并列在一起，突出差别，使人产生对照鲜明，效果强烈的心理感受。

设计中采用线型对比、形态对比、质地对比、色彩对比，都能增强产品的视觉效果。

② 调和是指非对立因素的互相联系，形成不明显的变化形式。自然界中冬季的严寒与夏日的炎热之间有春的温暖及秋的凉爽的调和；白昼与黑夜之间有晨曦及暮色的调和；色彩中有红黄间的橙色调和，蓝黄间有绿色的调和。

设计中，应用调和的形式很多，如曲线与直线的相切过渡、色彩柔和、质地和谐，都有调和效果。

（5）节奏与韵律

① 节奏是指均匀有规律的形式。在音乐中交替出现的有规律的强弱、长短秩序；自然界以春夏秋冬、白昼黑夜的节奏变化；人体以呼吸、脉搏的节奏变化；人们唱歌、说话都有节奏。

设计中对节奏的运用体现在产品形态起伏变化、渐变连续的形式，造型的错落有致，色彩相间的节奏。而产品中的运动部件在传动机构的作用下，周而复始地运动则是机械特有的节奏。这种节奏一是运动过程的时间节奏，二是力量变化的强弱节奏，铿锵起伏给人以壮美的感受。设计者从产品的使用功能出发，创造了产品急缓、强弱的节奏。比如：切削机床中的刨刀切削时速度缓慢，受力很大，而刨刀在回程的空行程时，急速返回，受力为零。形成了急缓、轻重与强弱的运动节奏。准确的劳动节奏不仅能协调劳动者的动作，而且还能减轻疲劳。操作者在机器轰鸣的节奏中劳动，形成了生命的律动，并不因声音与震动而烦躁。所以乔治·卢卡契说："在劳动中形成的节奏是人的生理条件与最佳劳动效率的要求，两者间相互作用的产物"。

节奏的升华成为韵律。韵律原指诗词歌赋中的平仄格式和押韵规则。韵是好听的声音，含蓄的意味。

② 韵律是节奏蕴含某种情趣与意韵，是一种情绪化的节奏，更有韵致与旋律的美感，像诗词一样的抑扬顿挫的优美情调。自然界中，天高云淡、万物金黄的秋的韵律；大雁南飞，或一字或人字渐变飞翔的韵律；麦浪滚滚，跌宕起伏的韵律。这些都使人沉浸在韵律之美的情绪情感中，给人以情感，满足人的精神享受。

在设计中，旋律美感是借助视线的移动或形态本身的运动感来表现的。运用节奏与韵律，能唤起人们律动的愉悦美感，如图 10-8 所示。

在产品外形上，通过构思构件的排列、色的变化，装饰的布置等风格，将按钮、指示灯、手柄等形状相同的构件精心排列，体现出鲜明的节奏

(a) 舞蹈的节奏   (b) 秋之韵

图 10-8 节奏与韵律

与优美的韵律，并有意识地运用节奏与韵律这一法则。

节奏与韵律在设计中与其他法则比较，是相对抽象的，需要设计者首先对这一法则有深刻的理解，把握其规律。同时，怎样引起人的情感共鸣，能否理解与欣赏，都需要设计者进行一番思考。

（6）比拟与理想

比拟是指把物比作人，或把人比作物的修辞方法。设计中的比拟手法，是比喻和模拟，是一种意象之间的奇偶，是对自然的模仿及暗示。

在设计活动中，有对自然界动植物的生态模拟，比如：学习动物的巢穴建造了房屋，不但在形态上，甚至在功能与原理上都酷似仿生的原型。还有受自然现象的启发，创造了工具，比如：鲁班受带齿的草叶启发，发明了木锯；瑞士人斯美托拉受草籽带钩的启发，发明了拉链；人们仿照动物，制作了精美的虎皮、豹皮、鳄鱼皮等人造毛皮；仿照人的手指设计了点钞机；仿照人的肢体，制造了单臂挖土机等等。可以说，设计的创造来源于模仿。大自然无穷无尽的生灵形态，启发了人类的智慧。人类创造的仿生学，就是模仿大自然中的生物，按其原理总结设计思想，构建设计方法。现在，专门模仿自然的仿生学领域愈来愈广泛，从机械仿生到智能仿生，既仿照功能，又仿照形态，而且还有具象的仿照与抽象的仿照。比如：设计者研究了蜻蜓翅膀的结构，发现在翅膀的前缘有称为翅痣，类似加强筋的结构，可以保持很薄的翅膀飞翔中平稳。将蜻蜓翅膀这种构造用在超音速飞机的机翼上，解决了一直令设计者苦恼的飞行振动、机翼强度的难题。可见，设计中应用的比拟方法，早已超出了模拟的范围，而把研究生物肌理作为索取设计技术的一种方式。发现一种新的自然奥秘，必定引起一个新的设计，会给人的生活带来新的变化。

比拟可以引起设计者由此及彼的联想，可以唤起人们对美好往事的回忆，可以抒发人们对未来的憧憬。模仿自然生物设计的产品，既有形态的形似，又有深层隐含的神似，是设计模拟的高级方法。特别是自然界的景致与动物，历代被人们附会出许多栩栩如生的民间传说，借助这些广为流传的故事，设计开发产品，为人们开辟了审美联想的广阔空间。

以美学法则为基础的设计思维，是人类探索自然与审美历史发展过程中长期积淀而成的。设计者研究美学法则是丰富设计思维的重要途径。

10.2 产品设计的艺术意境

在中国，艺术创作十分讲究艺术的意境，即艺术创作中，通过形象刻划与描写表现的境界和情调。是艺术形象触发审美联想，引发美好情思的审美境界。设计者应当学习艺术创作的风格，也像艺术家那样，从主观情思的抒发，探索如何移植艺术意境的创作方法，使产品具有深邃的真切感人的艺术意境。

10.2.1 什么是意境

（1）意境的含义

意境的原意是指文学艺术作品通过形象描写表现出来的境界和情调。

意是指艺术家的主观意识，境是客观存在的世界。

外界事物能传达出生活精髓神趣的形象，是构成意境的基础。在有限的传神形象中，表现艺术家对社会人生的真切而深刻的理解的无限情感，是开拓意境的关键。

意境是情景，即艺术家的感情与客观存在的景象交融、生机盎然的艺术形象，又能在有限中孕育无限，在具体意象中蕴含味之不尽的境外之意。意境是中华民族特有的审美与艺术创造方式，设计中借鉴移植，对丰富产品的艺术意境，提高产品的文化价值极为重要。

意境的论说最早起源于《周易》及老庄的哲学思想，比如：《周易》中所述的大道自然、立象尽意以及老庄有关对道、意、象的哲学思考，都是对意境的原始探索。而时至唐代，随诗词的创作繁荣，已经开始形成一种创作的章法。

意境的归纳与创造，应属唐代诗人王昌龄。在他所著的《诗格》中，提出诗有三个境界，一曰物境，二曰情境，三曰意境，成为以诗寄情，引人入胜的创作方法。从此艺术创作讲究物境、情境与意境的艺术三境界成为艺术创作的基本要领。中国著名的哲学家、美学家、诗人宗白华认为：中国艺术意境的创作，既需得屈原的缠绵悱恻，又需得庄子的超旷空灵。缠绵悱恻才能一往情深，深入万物的核心，所谓得其环中；超旷空灵，才能如水中月、镜中花、羚羊挂角、无迹可寻。所谓超象以外，才有心动神摇、余音绕梁、虚幻缥缈。可见，艺术意境已不是一个浅层平面的自然再现，而是一个境界的深层结构。从直观物象的描写，活跃生命的传达，到最高灵境的启示，使意境形成"有形发未形，无形君有形"的有形、未形与无形的三个境界。

（2）艺术创作的三境界

对艺术意境的感悟，可如图10-9所示。

图 10-9　艺术意境启发示例

① 物境：艺术创作中的物境，是创作者对物象实体的再现，以形、线、色、声的刻划与描绘，做直观感相的描写，成为作品中的有形之象，即物境。

物境是直接的形象描绘，是写实的手法，具有鲜明的感知性。物境外露是实，是实景实物，是提供生动具体审美形象的素材，所以物境的艺术创作是有形基础。做诗讲究诗境，因此，设计也要讲究产品的物境，需首先设计产品的有形之象，奠定审美的物象基础。

② 情境：物境毕竟是有形之象，还不能成为真正的艺术。因为审美主体对物境的认识与对普通生活的认识并无明显的差异。只有当审美主体感物而生，触景而兴缠绵悱恻之情与物境交融时，才有情境和情思。所以情境作为境中之意，虽不见其形，难以凭感知看到或听到的情感意向，但却是艺术创作的情感寄托，情思融合的活跃生命的传达。情境实现了创作者与欣赏者情感的交融，使人感悟艺术作品中的境中之意，感悟创作者的情感与情思。由此产生的象外之象，言外之意与弦外之音，使欣赏者心物交流，你中有我，我中有你，心旷神怡，进入驰骋自如，思索回味的艺术境地。

似想，设计者若能像艺术家这样，寄产品以情感与情思，让产品蕴含丰富的激情与深刻的情谊，让人从产品的有形感悟，进而获得设计的情感、思想与生命。由此推动人从有形之象进入对生命意识、情感的把握，突破产品有形实体的局限，品味产品的弦外之音、味外之旨。

③ 意境：艺术创作不但给人以情感，还能引发人的理想与憧憬，使审美主体获得最高灵境的启示，超越物境中的象，情境中的情，达到神圣的意境的境地。

意境是撤去物我间的藩篱，以心通物的重要心理过程。艺术创作往往在似与不似之间，有虚有实，虚实结合，既有艺术思维的空间，又有自由遐想的空白。艺术作品的含蓄，使人只可意会、不可言传，更有引人的魅力。艺术作品的气韵，是静中求动，动静结合。能引人反复思索与回味，不仅从中领悟到深邃的意，而且能从具体的境飞跃到憧憬中的境，用自己的生活体验与情感体验去丰富，去补充审美意境的内涵，这才是意境的最高旨归。

设计者如果能创造产品的意境，就能使产品具有一种超越设计者的意旨和情愫的弹性与昭示的张扬力量。设计者对意境的深刻理解与把握，可以使人对产品产生不尽的回味、探寻和感悟，并由此想到追求人生的美好境界，将产品成为憧憬的寄托之物。设计者应当充满信心，让产品与伟大的艺术作品一样，不但使人得到意境享受的喜悦，而且共同领悟人生，共同受到艺术的感化与陶熔。

今天，在艺术领域中，意境几乎成为各种艺术创作的一个重要的原则。无论是意境的创作或欣赏，都使人在意境的艺术氛围中，追求理想，追求美好。

10.2.2　艺术意境设计尝试

如果产品像一部小说，如梦如幻，让人爱不释卷；像一段乐曲如泣如诉，让人百感交集；像一幅油画绚丽多彩，让人憧憬无限。那么，产品就蕴含了艺术意境。设计者追求的艺术意境，是设计活动中的新课题。

（1）产品的物境与形象

现代设计讲究产品的艺术物化，就是运用形式美的各种要素，如形态、色彩、线条及装饰，设计产品的形象。这是引导人们走进产品艺术意境的第一步，接触产品，感受物境。一种产品之所以能够引起注意，进而激发人们开始欣赏产品的审美活动，首先在于设计者能否创造产品引人的物境，让人百看不厌。

艺术创作讲究形似，又讲究神似。产品的神似是指产品内在的本质。设计者要运用形式美的美学原理，研究美的产品外在形式特征，使产品具有造型的艺术性；同时，又要注意产品美的形式的两重性，既保证产品内在层次，又体现产品的外在层次，达到产品内在功能与外观形式表里如一。这样用产品的形传产品的神，可以突破产品有形实体的物境局限，创造蕴含丰富的情感与情思。

为了用产品的物境吸引人，设计者在产品艺术造型设计中，已经展示了艺术设计的才能。比如：方方正正棱角锐利、色彩漆黑的录音机已被形态优美、或表面银色亚光、或色彩明快的新一代产品所取代；计算机的外壳也由千台一面的乳白色变成淡紫、淡玫瑰的优雅形态；新式液晶显示屏内含先进的功能，达到了薄如纸、明如镜的程度。产品只有这样变化，不断以新奇的物境引导，才能让人进一步领略设计者的良苦用心，体会产品的情境。

（2）产品的情境与情思

产品是传递设计者情感的媒介，设计者用情感创造产品的情境，才能引起人的情思。产品的情境诉诸于设计者的情感，设计者以情感动，才能使人品味境外之意、象外之旨。产品是有形的，在有限的传神形态中，设计者主观情感的抒发，是设计者对社会人生的真切而深刻的理解的无限情思。可见，产品的情境是以产品有限的具体形象，寄予设计者真切的情思，表达设计者丰富的人生体验。

人们在使用产品时，是能真切地感受设计者的关爱与情感的，能在产品的情境中达到心物交流。比如：为了使用与操作的方便，设计者想到变速的操纵部件要轻巧顺畅；对常开常启的部位，配置好用的小工具；操纵设备的启动、调整及停止等指示明确，尽量减少使用产品中的迷惘或麻烦。人们会感激设计者，体会到设计的关爱。情感无形，但情谊无限。产品中蕴含的情感是一种巨大的无形力量，会给人以很深的情感体验与心理感受。

荀子曰："水火有气而无声，草木有生而无知，禽兽有生而无义，人有生、有气，亦有义，故最为天下贵也。"古人的训导告诉人们：人非草木，孰能无情。人世间最珍贵的莫过于真情。在现代物质文明高度发达的今天，尤其是在物欲横流的某些角落，确实产生了物质极大丰富，但情感消亡荒漠的强烈反差。人们企盼重回温馨的情境之中，获得情感的补偿。设计者能为人类的生存与活动提供各式各样的产品，促进了物质文明的发展。那么，今天赋予设计的重任，用设计弥补情感，平衡人们对情感的需求心理。这可能远比设计产品的功能与结构艰难很多。但是，能以设计传递情感，靠产品联络真情，也就是说，产品情境展现的是观产品而生的情与思，又将情与思融化在产品中，从而获得了情感、情思。由此推动人们从产品的物境进入到情感的把握，进而由产品引发理想与憧憬，进入产品艺术境界的意境。

（3）产品的意境与憧憬

产品的意境是设计者追求意境设计的最高境界。如果产品都如同建筑一样充满深邃的意境，就能使人的理想与憧憬有所寄托。

人们都有理想，都有对美好境界的憧憬，欣赏艺术作品是一种精神补偿的方式。如果设计者在产品的物境、情境基础上，再来设计产品的意境，更是一种情、思、意的心理补偿。人们凭借自己的生产经验与操作技术操纵设备时，都有一种自豪感。因为他们以自己的技能展示了人生的价值，在实现自己的理想。设计者通过产品延伸与扩展人们的理想空间，是设计意境的一条途径。比如：操纵几层楼高的大型压力设备，操作者为自己的劳动而骄傲。如果设计者增加一个简单的设计创意，在高大的设备上设计"劳动创造世界"几个醒目大字。操作者会感到自己劳动的伟大意义，产生对美好未来的理想与憧憬。

现代工业生产方式不断向着集约型、精细型的方向发展。随着操作环境的变化，清洁、安静的操作方式，使生产工人与脑力劳动者的区别越来越小。在精密的数控设备前，工人如同在实验室一样，着装整洁，操作轻松。这种生产方式为设计带来了新的契机，为产品的意境设计奠定了有利的基础。人们都有这种感受：古老的建筑中配以古瓶古画，能引起人的古之幽情，怀念久远的历史意境。设计者抓住这种心理特征，使产品充满现代文化氛围与意境，让人感到身在现代社会中，操纵高度自动化的设备，仿佛走进神奇的科幻世界。让产品的意境触发人的想象与联想，引起美好的情思，在审美境界中把憧憬变成现实。

设计者应当坚信，既然艺术创作可以创造出物境、情境与意境的三境界，那么，吸收艺术的精华，同样可以创造设计与产品的艺术意境。为了这个目标，设计者要加强自身的艺术修养。

10.3　设计的艺术修养

艺术修养是指对艺术感悟的灵性，对艺术知识的积累，对艺术鉴赏的能力及创造艺术形象的本领所达到的程度。

设计者需要艺术修养，提高产品的艺术档次；人们需要艺术修养，提高生活与生产的质量。为此，设计者首先要追求艺术的心理，学会审美，既能科学地掌握世界，又能艺术地掌握世界，还能像艺术家那样尽抒胸臆，张扬艺术个性。

10.3.1　做一个完整的人、审美的人

（1）完善智力结构

今天，无论设计者还是艺术家，都要科学地认识、理解人的全面发展。从物质生活到精神生活，审美的艺术活动是每一个人不可缺少的修养。

设计者从事设计活动，人们从事生产活动，都是投身于社会实践的人，

都应当是全面发展的人。在现代社会中，每个人都有追求人生价值的权力，也有参与竞争的权力。要成为竞争的强者，按照马克思政治经济学观点，人不但能从事体力劳动，又能从事脑力劳动，既能从事各种直接的物质生产，又能从事多方面的精神物质生产，成为一个完整的人。

所以，完整的智力结构不限于人的智慧与聪明程度，不是单一能力的畸形发展，而是以素质为内核、能力为里层、知识为表层的新型智力机构，包括知识的深度与广度、思维的质量、人格修养、审美鉴赏能力、情趣、情调、气质等个性心理因素。设计者与艺术家要做到按照美的规律来塑造自己、烛照生活，就必须不断丰富自身，把审美的艺术活动当成生活中不可缺少的修养，并变成一种内在的心理需要。

必须看到，中华民族本是崇尚艺术审美的形象思维的伟大民族，有渊源绵长的文化艺术底蕴与传统。但是在对人的全面发展的理解方面始终存在着心理的偏差，时至今日，审美教育与艺术修养除了做少部分人升学就业的必由之路外，从小学、中学到大学直至硕士、博士的高学历教育中，尚未引起重视。学生从小放弃了手工、音乐、美术等课程的学习，为了参与竞争，人们始终紧盯外语、数学、计算机等实力学科，而且有过之无不及。

长期以来，中国的工程技术人员也形成了一种传统的偏见，"好用就行"的设计思想仍被视为最有实效的指导思想。但是全球市场中产品的竞争已经证明，设计只有与艺术结合，设计者加强艺术修养，产品才有竞争的优势。为了扭转轻视艺术修养的心理偏差，有必要重温教育家蔡元培先生对完全人格的界定："发展人格，举知、情、意而统一之光明也。"并大力弘扬蔡元培先生的"四育和谐"的教育思想，即体育、智育、德育、美育四方面的和谐。在全球化、一体化的呼声日益高涨的今天，设计者必须以完整的智力结构，尤其是艺术修养的填充，创造适应现代社会的设计文化，并植根于中国深厚的文化传统和文化资源中，并以淡泊明志，宁静志远的心态，把握人类文化发展的细微脉络，强化艺术修养，不断完善设计的智力结构，成为一个完整的人。

（2）做一个审美的人

每一个人都有追求美、占有美的心理，都希望有更高层次的艺术鉴赏与艺术创造的能力。所以设计者应当学会做一个审美的人。

学会审美，是艺术创造的前提。古往今来，艺术大师们都是从审美中汲取自然、社会的艺术养分，获得艺术创作的灵感。同样，设计要受艺术的滋润，也要像艺术家那样，为了审美需求去观察、去亲历，积累素材，提高自身的艺术素质。

面对同一种事物，人们的审美心态往往不尽相同，因而表现的审美感知也有很大差异：有的人善于选取独特的视角，有与众不同的审美目光，能从常人司空见惯的事物中独具慧眼，发现艺术之美，是具有敏锐审美感知的人；有的人亲眼目睹美好的事物，有身临其境、不虚此行、好梦成真的审美态度，美好的夙愿终于如愿以偿，虚幻终于变成了真实。这种欣赏愉悦、审美的满足也是有审美价值的、是懂得审美的人。但也有这样的人，固守"听景胜过看景"的审美观念，惧怕因亲临其境而大煞风景，破坏了憧憬的意念，这是审美能力较差，审美感知迟钝的人。

审美感知敏锐的人，能在心理感知基础上，锻炼审美的注意能力，发展审美态度的感知。普通感知是与实用目的相联系的感知，而设计的审美感知应是与特定的设计与生产活动的特定时期，特定文化背景的情感相联系，直接指向设计与生产创造的审美感知。设计者有丰富的工程实践经验，设计与生产的实践是培养敏锐的审美感知的有利基础。在沸腾的生产活动中，创造世界的劳动本身就是多彩的、壮丽的活动，既有探索开发产品的艰辛，也有设计制造成功的喜悦，还有体现人生价值的自豪，更有团体协作精神与悲欢离合的情感交织。既然艺术家们能从生产劳动中采集创作素材，创作了歌颂劳动的各种艺术作品，那么，身在其境的设计者无疑是感知劳动、感知生活、感知美好的主人。

要做一个审美的人，设计者要充分利用身在工程实际的优势，不断挖掘与积累工程中开展艺术创造的素材。如同柏拉图在《理想国》著作中所言：把美描绘出来，使我们的青年像置身于风和日暖的天地里一样，环顾美好，天天耳濡目染；像从一种清幽境界呼吸一阵清风，使他们不知不觉的培养起对美的爱好，并且养成融美于心灵的习惯。

当然，作为设计者，从事的是工程实践活动，艺术创造与艺术修养不可能达到艺术家的程度。比如，艺术家们崇尚达·芬奇的智慧、米开朗基罗的力量、拉斐尔的优美、肖邦的高雅、柴可夫斯基的深沉、贝多芬的奔放，还有李白的激情与杜甫的悲壮。这些艺术先哲与大师们的艺术风格是艺术家们奋斗的目标，对于设计，不必着力追求与效仿，而是借鉴或启发，开阔艺术欣赏的视野。

10.3.2　了解科技美，了解艺术美

今天，谁都承认，科学与技术不但是巨大的生产力，而且成为人类追求美好的强大动力。人们不但享受着艺术家们创作的艺术作品，而且也在享受科学与技术创造的美好成果。所以现在人们都知道"科学与艺术相结合"这句话的含义，是说明有的人从事科学技术活动，有的人从事艺术创作活动。今天科学与艺术发展都很快，科学能给艺术带来新的思想与方法，反过来艺术也能给科学新的启发与借鉴。科学与艺术向着你中有我，我中有你的互补共融的方向发展。为了弘扬这种思想与趋势，科学家李政道博士与艺术家吴冠中共同创意，从科学与艺术角度，创作了体现科学与艺术交融的雕塑，如图10-10所示。

图10-10（a）是李政道博士物之道创意，图10-10（b）是吴冠中的创意，为生之欲，并由卢新华、张烈创作设计。由此可见，科学工作者与艺术家要携手并进，共同为人类创造生活创造美好。所以作为科学技术群体中的设计者不但要了解科学技术活动中的美，而且也应当了解艺术创作活动中的美，也就是既要科学地掌握世界，又要艺术地掌握世界。

（1）科学地掌握世界

科学地掌握世界是理性的、思辨的追求客观真理的活动，所以有科学求

(a) 物之道   (b) 生之欲

图 10-10　象征科学与艺术交融的雕塑

真的说法。科学技术活动重智重理，往往以抽象逻辑思维，运用抽象的概念、理论知识、定理公式，遵循严格的逻辑规律，逐步推导，揭示客观规律，总结基础理论，探索未知的世界。工程技术活动则是借助科学研究的成果进行设计创造活动，同时科学研究的理性发展又要依据工程技术的发展，形成了"工借理势，理借工发"的科学技术活动体系。设计者的设计活动，人的生产活动同属工程技术范畴，是科学技术群体中的成员，所以首先要学会科学地掌握世界。今天，科学技术的发展对设计科学地掌握世界提出了越来越高的要求，设计者要"工借理势"，要应用基础科学研究的理论，设计者要不断学习与理解，才能在工程上得以应用，才能更主动地科学地了解世界、掌握世界，提供更高更新的产品。使用高科技的产品，也不再靠熟能生巧或苦练操作技术，而是靠学习科学知识，掌握抽象的编程、数控等自动化技术，才能适应新的生产方式。所以，科学地掌握世界成为设计生存与发展的基础方法。

今天，科学地掌握世界使设计者必须承担三项历史使命与艰巨的任务：一是为人类社会设计制造新的产品，满足人们越来越广泛的物质需求，不断提高社会物质文明的水平；二是实践"理借工发"的口号，为基础科学研究、设计制造精密先进的科学研究仪器与设备，借助工程技术优势，促进科学研究的发展；三是学习借鉴艺术家的创作风格，设计制造富有艺术韵味的产品，满足人们不断增长的精神需求。

科学地掌握世界，不但以新的产品改变世界，也在改善人们的物质生活，又在极大地丰富着人们的精神生活。科学地掌握世界为设计者开阔了无限美好的前景。在古老的过去，科学技术的初始水平也使设计活动处在原始的水平，古人创造的文明历史无法活生生地记录下来，传给后人，人们只能靠思维的间接性去了解想象人类历史的辉煌。在清末，只有慈禧太后享受了刚刚诞生的照相技术，为后人留下了真实的形象。直至 20 世纪 80 年代，大多数人家还是把广播作为主要的信息接受工具。比如：60 年代中国乒乓球运动的崛起，引起全中国人民的关注与热爱，但是大多数人只能俯在收音机前倾听乒乓声响和解说。要想看到比赛的精彩场面，必须等到新闻纪录片的

154

公演，把到电影院欣赏已经有了比赛结果的重现场面当成生活中的盛事。今天，无论在世界的哪个角落，现代传媒技术如同亲历比赛现场，并以传媒高端技术让人坐在家里，看到现场观众，甚至比赛裁判员和运动员都看不到的比赛细节。这是科学技术发展的成果，而更重要的是设计活动改变着世界及人类的生活方式，使人类的生活越来越美好。

（2）艺术地掌握世界

艺术地掌握世界，是通过艺术作品的物境、情境与意境的创造，给人以精神的享受，所以艺术家是艺术地掌握世界。艺术能升华人类的社会生活，能以艺术的手法让人从悲剧的悲怆中得到净化心灵及美的享受，能以幽默批判的方式化丑为美，在潜移默化中实现道德教化功能。艺术修补了现实社会中的缺欠与不足，将人引入美好高尚的境地。

艺术地掌握世界是感性的、灵感的创作方法，所以有艺术求美的说法。艺术以现实生活为感性的形式，反映社会生活的情感与思想，人类的悲欢离合，理想与追求，使人们享受美的愉悦、感官的快适与心灵的震撼与启迪。

艺术家可以带着自身的思想意识，主观地创作，讲究艺术的典型化、概念化。艺术创作取材于客观世界，但通过主观的艺术加工，将主观熔铸于客观。如齐白石老人所论"作画妙在似与不似之间，太似为媚俗，不似为欺世。"可见艺术作品最美妙之处，是留下艺术作品中的空白点，在无声胜有声的意境中，让欣赏者去体会与思考，展开无尽的遐想。艺术地掌握世界可以把分散的现实美集中为艺术美；可以把芜杂的现实美归结为纯粹的艺术美；可以把消逝的现实美重现为永恒的艺术美。

艺术创作主要方式是想象，艺术家凭想象虚构现实中不存在的事物，创造惟妙惟肖的艺术形象。比如，艺术家创作了悲剧作品，让相爱的伴侣历经悲欢离合，最终或是劳燕分飞，或是带着永恒的爱情葬身海底。本是虚无缥缈的虚构，却让观众揪心，余犹未尽，每当思味起来，心痛不已。但是没有一位艺术家希望自己的经历如艺术作品那样悲剧再现。可见艺术创作中，填补内容与完成内容之间的差距，便是技巧的巨大魅力。艺术技巧的形成与发展在于观察、体验，提炼整理与升华；艺术才能的培养在于审美感知的敏锐、情感体会的细腻、形象思维的丰富、艺术想象的深邃。

艺术创作与其他活动一样，讲究独特性。艺术家运用创造性思维的独特性，追求艺术作品的与众不同，给人耳目一新的感觉。艺术家能在人们习以为常的现象中发现不寻常的创作素材，结合主观情感，为人们提供新颖独特的作品。而且往往是艺术家的开山之作，一鸣惊人，是由于厚积而薄发，将积累的丰富素材与自身的情感体会倾注于作品之中，而后面的作品逐渐逊色，无论如何也不能再现首部作品的水平。因为艺术创作只能前行，不能反复，只能创新独特，而不能重复他人，更不能重复自己。当然艺术创作的独特性并不意味着猎奇与怪异，荒诞的艺术形式可能吸引欣赏者，但真正的艺术是否具有独特性，是否具有审美的价值，真正的裁判是欣赏者，是时间与历史的验证。从古到今，在中国世代流传的艺术作品，久经了一代又一代人的欣赏的考验，成为传世之作，是艺术的瑰宝。

艺术创作讲究形象性，无论哪种艺术表现形式首先要有鲜明、生动、具体的形象，才有艺术的物境，进而才有情境与意境。戏剧、舞蹈、绘画、雕塑、书法等艺术创作，都有造型的艺术，都有鲜明的艺术形象。音乐艺术与文学艺术没有具体的形象，是一种声音或符号传递信息的艺术形式。但是音乐的节奏与韵律，文学的语言与意境，以无形胜有形的巨大震撼力，产生引人入胜、浮想联翩的效果，仿佛触手可及、直面活生生的形象一样。

艺术作品饱含真挚的情感性，缺少情感的艺术作品往往如流水浮萍，昙花一现。艺术以情动人，是创作者人生体验与情感的结晶。艺术创作以物寄情，借物托情，创作者与欣赏者都带着主观情感色彩，都将各自的情感融合到艺术作品中，才会产生情感的传递与交流。

艺术创作讲究意蕴性。意蕴是艺术作品的精髓与生命，是引起情感共鸣的内在动力。

艺术创作追求永恒性，人类善于思考，富于幻想，人类对理想的追求是永恒的话题。艺术的活动在于推陈出新，经典的艺术作品历经人们的评价与选择成为不朽的佳作，随时间与历史饱经沧桑，化作永恒；而艺术创作的追求，又是永无止境的、无穷无尽的。

艺术为人类的设计活动开启了大门，技术设计与艺术创作结合，科学与艺术结合，成为设计的全新理念。昨天，工程曾借科学的优势，实现了"工借理势"；今天，工程又汲取艺术的滋润，实现了设计与艺术的共融。设计者不再为产品的艺术魅力而苦思冥想，人们也不再有物质产品无以复加，精神追求无家可归的荒漠的感觉。因为今天的设计，不但有科学实力的支撑，还有艺术魅力相依相伴。

10.3.3 借鉴艺术家的风格，张扬设计个性

人人都向往创新，人人又都感到创新艰难。艺术家敢于冒天下之大不韪，大胆创新，因为艺术家往往不顾及有无知音；设计活动趋之若鹜，因为要投其所好，以满意为目标。今天，要追求设计创新，不妨借鉴艺术家的胆识与风格，适当张扬设计的个性。

（1）学习艺术家，树立自信心

人们羡慕艺术家充满自信的创作风格，更钦佩艺高胆大的创作精神。艺术家的自信，来源于丰厚的艺术修养的功底与炉火纯青的技艺。在艺术领域内，有"胸有成竹"的说法，有"读书破万卷，下笔如有神"的体会，还有"十年磨一戏"、"台上一分钟，台下十年功"的磨炼等等。没有艰苦的学习与磨炼，就没有艺术创作的自信心。所以，"胆大"是艺术成功的表现，而"艺高"是自信心的内涵。历史中有"滥竽充数"的典故，它告诉人们，不磨砺，不修炼，难成艺术的大师。所以，设计者学习艺术家，树立自信心，首先是学习那种为了艺术而刻苦磨炼的精神与意志。成功来自于自信，而自信的基础在于实力。无论艺术家还是设计者培养自信心的实力基础是锲而不舍的勤奋与执著。

艺术家敢于张扬个性，是因为善于扬长避短，并在扬长中创作与探索。创造的潜能往往潜藏在每个人的特长与个性之中，而且每个人都有长处，也

有短处。充分发挥扬长优势能激发求知的欲望，调动主观能动性，能始终以饱满的热情，高昂的情绪，摆脱自卑心理，不单纯依赖外界因素，不专门等待他人的支援与帮助，自强自立，专注于目标。

设计者也要追求设计的个性，这是保证产品有独特性的重要心理因素。设计的个性不仅表现在人与人之间的差异上，而且还表现在对同一产品有不同的思路与造诣上。设计者要锻炼稳定的心理品质，既有需要、动机、兴趣和信念的个性倾向，用来决定设计的态度、趋向与选择，又有独特的个性心理特征，以能力、气质与性格统领设计活动中的行为方式与风格。

（2）学习艺术家，善用灵感

在艺术创作过程中，艺术家们往往备受艰难的折磨，苦思苦想。但由于某种情境的触动，可能顿开茅塞，欣然有悟，将艺术作品一气呵成。艺术创造确实存在着灵感的现象。艺术创作的新形象、新思想、新观念往往在长期的思维障碍中，一瞬间却豁然开朗。贝多芬曾被一段乐曲的创造所困扰，无奈中到广场去散步，在手杖触点地面的一瞬间，灵感突然来临，立刻用手杖将曲调写在广场的沙地上；也有电影的导演正在现场拍摄，但受到一种意境的启发，突然产生新的创作想法，而立刻停机改拍。

当然，艺术家的灵感也不是凭空而来，而是艰苦探索、深思熟虑的结果。俄国画家列宾说：灵感是对艰苦劳动的奖赏。古人也告诫："悟人必自工夫来"、"人悟中皆有悟，必工夫不断，悟头如出，如石中皆有火，必敲击不已，火光始现"。古今成大业、大学问者都是历经创造的探索的艰辛，才有可能有灵感的到来。

设计者既不应过分夸大灵感的作用，也不必对灵感敬而远之，要消除对灵感的神秘感。灵感不仅是大艺术家、大科学家在创造活动中经常出现的心理现象，而且也是艺术工作者、设计工作者在创造活动中经常发生的心理现象，关键在于及时捕捉灵感。设计者应坚信，凡有创造性的活动，必有灵感现象发生的可能。设计者在设计领域内发挥创造力的作用，就会在设计中出现灵感。

设计的灵感可以引发设计的新思想、新方案与新思路，设计者也张扬了设计的个性。

（3）学习艺术家，化平凡为神奇

一件再平常不过的衣裳，甚至为了剧情的需要打满补丁或脏兮兮的衣裳，一旦穿在演员的身上，让人看着很美；电影或舞台上，为了取得服饰笔挺的效果，常常用粗糙的麻袋片为衣料；在画家、工艺师眼里越是平常的东西，越有艺术价值，一块石头、一根树杈、一个树桩都能变成工艺品。许多雄伟感人的巨型雕塑，不过是水泥铸成后，再经剁斧修整而熠熠生辉；一团黄泥、一页薄纸在艺术家的手中也会变成艺术珍品。曾有一对体弱多病的老夫妇看到一堆黄土，便抓了一把带回家中，尝试用来捏泥人。经过学画人物，苦练手工，捏出了英国作家夏洛蒂·勃朗特所著大作《简·爱》小说中的女主人公简·爱。惟妙惟肖的神态与气韵惊动了报界，将这个作品摄成照片刊于报上，当这幅简·爱泥塑的照片传到英国时，一位老人感动得流下热泪，说简·爱本是英国家喻户晓的形象，居然被中国老夫妇捏得这么好，如同小说中的简·爱真的来到人间。这就是艺术家的过人之处，艺术家的艺术慧眼与巧夺天工的技艺。艺术家们生活在寻常百姓之中，可能其貌不扬，穿着有些怪异。但是一幅画、一首歌、一本小说、一部电影都会震动人们的心弦，甚至流芳百世。这是艺术家的本领，平凡之中见伟大，能化平凡为神奇。设计者应当学习艺术家的这种创造精神，在平凡的生活中发掘设计的素材，学会化平凡为设计的神奇。在日常生活中与生产劳动中时时处处都有平常的事情发生，也会经常遇到意外的事情或偶然的事，设计者细心观察与精心探索很可能引出新的设计思路，导致新产品的诞生。只要细心观察，适当分配注意力，善于联想，活跃想象，都能像艺术家那样在人们不经意的日常生活中迸发设计的新思想。比如：曾经摆在路边的铁制垃圾箱，将满箱的垃圾倒入汽车中，路人都掩面绕行；而有心的人由此受到启发，设计了二层楼式公共厕所，将下面的粪池改成可移动的粪箱，定期更换，不再因掏粪而影响周围的环境；现在许多人都能将包装的废料制成各种各样的工艺品，变废为宝。这些都是很好的设计思路。

（4）学习艺术家，构建设计特色

科学技术活动与艺术创作活动有千丝万缕的联系，可以互融互补，共同携手为人类的生活创造美好。但科学与艺术毕竟有所不同。设计者学习艺术家，借鉴艺术创作的风格，目的在于提高产品的审美与文化价值，而不是成为艺术的行家里手。

艺术创作是一种特殊的精神生产方式，本身存在着固有的规律。艺术家要从生活中汲取营养，投身于社会，以敏锐的观察，深刻的体验，创造社会欢迎的精神产品。艺术家要调动自己的全部意识能量，充分发挥主观意识的能动作用。所以，艺术创造既有意识的丰富内容，即艺术家的主体意识与主观色彩，又有无意识的内容，即客观世界因素。艺术创造既不是完全和盘托出客体，也不是完全主观臆断，而是艺术家与客观世界多种因素的总和。艺术家自身的理智、直觉、灵感与技艺，来自于主客体两方面的诸多因素，创作出具体、鲜明、生动的艺术形象。设计者也应学习艺术家的创作风格，活跃设计思维，张扬设计的个性，这是产品竞争的需要。人们常说的人无我有、人有我优的产品竞争优势，主要像艺术家那样敢于挑战世俗偏见的创作风格。有些时候，设计者不一定投其所好，固守在取悦于人的设计观念中，也要具有艺术家的胆识与气魄，设计暂时不被人们认可的产品，引导潮流，坐等使用与消费观念的更新的转变。设计者应当看到，一种新的科学技术刚刚诞生，立刻会引起设计的转化行动。在信息发达的今天，所有的设计者都可以同时共享科学技术的资源，同时设计制造相同的产品。近年时而发生的电视销售大战、汽车降价大战、手机赠送大战都已证明，杀出产品竞争的重围，像艺术家那样尽抒胸臆、张扬设计的个性，不能不说是一种设计的新观念。

当然，设计活动始终不能放弃科学严谨的原则，坚持科学理论指导设计活动的严肃性，坚持设计的严格细致的求实求真作风。在此原则下，去追求设计与美的结合，设计与艺术的结合。

思 考 题

10-1   名词解释：
　　　　艺术　比例　节奏　韵律　意境
10-2   常见的艺术门类有哪些？与设计有何关系？
10-3   用黄金分割法确定长为 100 毫米的长方体的宽与高的尺寸为多少
　　　　毫米。
10-4   举例说明对称的概念。
10-5   简述对艺术意境的设计尝试。
10-6   怎样提高设计的艺术修养？

第 11 章

设计的文化旨归

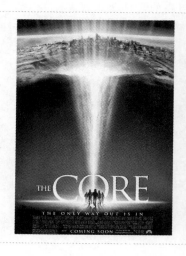

- 文化简介
- 设计的文化底蕴
- 设计的文化氛围
- 产品的文化价值
- 社会文化心理的构建
- 设计的文化素质培养
- 物质与精神的功利两重性

　　每一个人都生活在一定的社会文化环境中，文化对人的个性心理、行为方式、价值观念和已有的特性有深刻的影响。

　　了解生活与生产领域中的文化环境特征，研究文化环境对人类行为和心理深化的影响，用来创建设计的文化，是设计者面向人的精神文化需求，是更新设计观念的新课题。

11.1　文化简介

11.1.1　文化的概念

　　《现代汉语词典》中对文化的定义是："人类创造的物质财富和精神财富的总和，特指精神财富，如艺术、教育、科学等。"

　　广义的文化是指人类物质生产和精神生产的能力，物质和精神产品的总和。

　　狭义的文化是指人类的精神生产能力和精神产品。如：意识形态、科学知识、思想道德等社会意识。

　　社会文化是指人类物质生活及社会关系与社会意识相结合的一种文化。如生活方式、价值观念、风格习惯等。有时，在特指领域内有更为明确的社会文化，如企业文化、旅游文化、服饰文化、餐饮文化、大众文化等。

11.1.2　文化的特征

　　（1）文化为人类所共有

　　人类在社会实践中创造文化，文化也为人类所共有。人类按着自身的价值观念，既把自然世界人为化，也将自身更加人为化，与动物从根本上区别开来。人类在创造文化的同时，不但使文化丰富多彩，而且也不断地完善人类的自身。人不可能生活在纯粹的自然环境中，而必须生活在人类群体构成的社会中，可以说，人的行为活动就是一种创造文化的活动，没有与人无关的文化，也没有与文化无关的人。因此，人与文化共存，人是文化的存在。

（2）文化丰富多彩

文化在时间上有一个漫长的过去，文化总是在时间中沉淀着许多前人的智慧。

文化在空间上有一个广阔的世界，地球上不同地区，不同民族的文化差别也很大，有的生活在科学技术高度发达的工业社会中，有的仍然固守着原始的部落生活。

文化在心理上有一个复杂的意识，意识是心理深化达到的最高程度。人类社会的发展以及由此而达到的现代人类生活的文明程度无一不与人类高度发展的自我意识有关。意识的差别必然引起文化的巨大差别。

（3）文化发展变化

文化必定随着人类社会的发展而变化。尤其在今天，文化与人口的相互融合与交流将产生混合文化和新的全球文化，文化交流在全球范围覆盖的区域迅猛地扩展，谁都无法预见文化的未来。

11.2 设计的文化底蕴

设计本身就是一种文化活动，所以，人类创造的社会文化及人类沉积的智慧成果又成为设计的土壤。人类文化中的自然科学、社会科学与人文科学构成了设计的文化底蕴。

11.2.1 自然科学

自然科学是人类实践活动中对无机世界与有机世界，包括社会在内的整个物质世界，即自然界的探索与积累的文化成果。自然科学是研究自然界各种物质和现象的基础科学，包括物理学、化学、动物学、植物学、矿物学、生理学、数学等，奠定了人类探索自然的理论基础。在基础理论的指导下，诞生了人类创造活动的应用科学，包括机械、电子、材料、化工、生物等。

基础科学的研究成果为应用科学的创造，为人类的设计活动提供了无尽的源泉。人类研究的三大基础课题：一是基于粒子的研究，虽然制造了核武器，但也开始直接应用于人类的生活领域，建造了核电站；二是宇宙奥秘的研究，尽管远远不能破解宇宙起源，外星人等谜团，但送往太空的种子已为人类结出丰硕的果实；三是人体奥秘的基础研究，虽然不能根治糖尿病，肝病或艾滋病，但对人类生命基因的破解，已让人类见到健康与长寿的曙光。

中国超级杂交稻研究已经取得突破，为大面积种植超级杂交稻奠定了坚实的基础。最高亩产达835.2公斤，而且，即将实现亩产1000公斤的目标；中国成功研制了一种具有十分诱人前景的新纳米材料：铜金属纳米团簇，将铝原子种入硅金属的基片中，形成一种人工两维晶体；中国在上海建成世界第一条商业化运营的磁悬浮列车示范线，全程33公里，设计时速430公里，单向运行时间 8 分钟，成为继德国、日本之后世界上第三个掌握磁悬浮系统技术的国家；三峡工程坝前水位正式达到 135 米，"高峡出平湖"的百年梦想变成现实；中国智能计算机在支持数据密集应用的技术上实现了多项重大突破，可同时适用于高性能"科学计算"和"信息服务"两大领域等等。这些都说明自然科学是高新技术发展的基础与源泉，是科学世界观、发展观、认识论与方法学的科学基础，是推动人类的设计活动与文明进步的知识基础。自然科学为人类设计活动的前奏与推动力，使设计满足人类经济社会和科技创新活动中的新需求，应用高新技术设计与创造新工具、新方法和新手段，创造良好的创新文化氛围。

11.2.2 社会科学

社会科学是研究各种社会现象的科学。包括政治经济学、法律学、历史学、文艺学、美学、伦理学等。

如果说自然科学为设计活动提供了如何设计的科学依据与真理，那么，社会科学则为设计活动指明了设计的目标与准则。

今天的设计活动，已不再仅仅限于本土的、单一功能的单品设计，无论人们愿意与否，随着经济全球化的展开，文化、艺术、伦理、学术和政治的全球化过程早已开始出现了。设计也同样面临着经济全球化、政治全球化、社会全球化和文化全球化的崭新形势。全球化首先意味着社会、政治以及经济活动跨越了边界。随着世界范围内的运输通信体系的发展，观念、产品、信息、资本以及人口在全球流动的潜在速度得到了提高，这也就意味着全球交往的过程在不断地加速。

不管人类社会怎样变化，人始终是自然界的一部分。人在人化自然的同时，也在不断地人化着自身，使人最终成为全面发展的人。在创造世界、创造人生的生命活动中，设计还担负着设计生活，设计美好的使命。因此，美学与社会科学中的心理学、伦理学、教育学、文艺学等学科一样带有构建人类灵魂的性质。政治学、伦理学、教育学等学科告诉人们应该是什么样的人，应该怎样去生活；而美学则告诉人们能够成为什么样的人，可以有怎样的生活；法律给人以约束，美学则给人以快乐，给人以幻想，给人以淡泊；科学给人以实在，政治学给人以执著。客观事物的美学价值是通过人的审美活动来实现的，设计者的审美创造，本质上是以设计成果的感性形式，给人以一种自我享受，使人们将产品作为审美对象，既有感官的愉悦，心灵的启迪，又有情操的陶冶。设计思想的深层发展在于美学给予的审美创造力与艺术感染力，进入崇高的艺术审美境界。今天，设计者学习借鉴社会科学各学科的理论知识，不断丰富自己的设计思路，确实需要从政治、经济、法律、历史、伦理等角度审视设计，达到与社会和谐。李政道博士在《艺术和科学》一文中也有论述："我在这里重申一个基本的思想，即科学和艺术是不可分割的，就像一枚硬币的两面。它们共同的基础是人类的创造力，它们追求的目标都是真理的普遍性。"[1] "有趣的是，尽管一般科学家与艺术家解决

---

[1] 新华文摘，1998 年 7 月，第 114 页

难题的行为是明显不同的，但科学创造和艺术创造的两种极端却有着极大的相似性。"❶ 这都说明，现代设计需要美学，需要借鉴艺术家的风格，用设计者的审美理想与艺术修养去烛照生活，用艺术美化产品，弥补现实中的欠缺。

11.2.3 人文科学

人文科学是研究人类社会的各种文化现象的科学。包括哲学、心理学、文化学、人类学、民族学等学科。

从人类学与历史学可知：人脱离动物界之后，即开始了由生物的人向现实的人，再向完全的人的脱毛三变的发展深化的漫长过程。人在人化自然的同时，也在不断地人化着自身，使人最终成为全面发展的人。人类最初的工具，仅仅是为了获取生存的资料，因而十分简陋和粗糙。但是，当人类萌发了选择工具，改进工具的意识时，人类的设计活动便由此诞生了。为了使劳动工具更加符合人的意愿，更为便捷、耐用，开始思考改进的方法。当然，那时的人类并没有意识到这就是后人所称的设计，但却开创了设计的先河。马克思对人类的设计活动有过形象的评价：最蹩脚的建筑师从一开始就比最灵巧的蜜蜂最高明的地方，是他在用蜂蜡建筑蜂房之前，已经在自己头脑中把它建成了。劳动过程结束时得到的结果，在这个过程开始时就已经在劳动者的表现中存在着，即已经观念地存在着。设计就是在实践活动之前，对预期目的、最佳效果的构想与计划。

直到今天，人类的设计活动虽然发展到前人不能比拟的先进程度，但是设计中永恒不变的真理，仍与人类的祖先一样，为人类的生存而设计。为此，现代设计必须依靠专门研究人类社会的各种文化现象的人文科学来奠定设计的理论支点，使设计活动在辩证唯物主义和历史唯物主义理论指导下，将马克思主义的理论与设计的实践相结合，并根据设计活动的特殊性质和特殊的需要，将心理学、人类学、辩证法和未来学等人文科学作为指导设计思想的理论基础。

11.3 设计的文化氛围

设计的文化氛围是指与设计交融而形成的设计文化的气氛和情调。围绕设计这个核心，现代设计中提出了价值工程的学说，使设计对象人性化，人性对象化的人性化设计学说，提倡自然科学、社会科学与人文科学的交融，科学技术与美学、艺术学的交融。今天，设计正在实践着 19 世纪法国作家福楼拜的预言：越往前进，艺术就越要科学化，同时科学也要艺术化。它们从底基分手，回头又在塔尖结合。这种结合，也意味着设计的科学活动与社会文化的结合，并以此营造设计必需的文化氛围。

11.3.1 价值氛围

价值的原意是指产品所含的成本。它的引申意义是指一种积极的作用。产生了人生价值、产品价值、交换价值等价值的观念。

---

❶ [美] H·加登纳，艺术与人的发展，北京：光明日报出版社 1988，第 406—407 页。

设计讲究价值，是指设计对提升产品价值所起到的巨大作用。在任何设计中，都希望以最小的投入获得最佳的效果，为此，诞生了一门学科，称为价值工程学。价值工程是一种技术与经济相结合的分析方法，起源于 20 世纪中期，由美国通用电器公司麦尔斯总结而成。在中国的国家标准中，也有价值工程基本术语和一般工作程序的规定。其中对价值工程的对象，解释为：凡为获取功能而发生费用的事物，均可作为价值工程的对象，如产品、工艺、工程、服务或它们的组成部分；价值工程的目的是以对象的最低寿命周期成本可靠地实现使用者所需的功能，以获取最佳的综合效益。

由此，引起了设计者对产品价值、产品高附加值的追求，并探索提升设计价值的不同途径如科技价值、信息价值、名人价值、文化价值、心理价值等等。比如，隔绝东西柏林半个世纪的柏林墙的碎块装在精致的盒子里，成为纪念那段历史的稀世珍品，这是一种稀有价值。而一枚计算机的芯片成本不过 6 元人民币，但是存入一种新的程序，变成独一无二的软件时，价值昂贵得惊人，这是高科技的价值。

所以，只有优秀的设计才有创造产品附加值的可能。而这种可能，需要传统与现代的结合，科技与文化的结合。

11.3.2　人性氛围

人性是指在一定的社会制度和一定的历史条件下形成的人的本性。又指人所具有的正常的感情和理性。

人世间，人是最可宝贵的。人的因素与人的主观能动性是推动历史发展的根本动力。人性化设计的核心是将人的因素植于设计的首位。以突出人的价值，满足人的生理需要与心理需要，满足人类对物质的需要与精神的需要为设计的最终目标。

人性化设计的意义在于调节与平衡自然、社会、生存、需求与发展的关系。产品设计的科技含量越高，就越需要更多地倾注设计者的情感，保持产品与情感的相互平衡。必须承认，人类社会发展中产生的心理与生理的疾病，意味着设计的失衡。现代社会的发展，新的科学技术与生产方式，在提高效率的同时，造成了十分紧张的社会环境，人类产生了前所未有的心理压力。世界卫生组织统计，世界上约有 90％以上的人有不同程度的精神苦恼，约 60％以上的疾病与心理健康有关；人际关系的突变，工作环境的变化，现代城市人口高度集中，高层建筑的不断发展，都造成人们心理的紧张，使人产生焦虑、烦躁等不良情绪。从设计的角度应当审视与反思：设计加快了节奏，使现代社会的人更为紧张；设计提高了现代生产中的自动化程度，使人的操作变得单调，枯燥和紧张，需要精神的高度集中；设计拓宽了计算机的应用范围，键盘与鼠标取代了人们曾经充满情调的生命活动，而沉醉于网上虚幻世界，甚至怀疑自己是否是一个实际存在的人。调节现代社会中的新的失衡，正是人性化设计面临的历史使命。所以，尽管人性化设计的观念要顾及人类发展的方方面面，但是，以人为本的人性化设计，首先应当关注人的健康。

什么是健康？世界卫生组织认为，人的健康不仅限于没有疾病，而应当是一种生命机体，精神状态和社会生活的健全而和谐。人的生理健康，是生理器官与生理功能的正常与新陈代谢的平衡；人的心理健康，是人的良好的心理状态，是适应群体、社会与环境的良好心态。设计重新回到人类健康的目标上，再来考虑需求、审美、文化等因素的融合，人性化设计就具备了时代的意义。

在中国随着务工、学习、旅游流动人口的剧增，旅行使人们身心疲惫，情绪紧张，心理压力很大。为了缓解运力不足的矛盾，铁路运营采取了提高列车速度的措施；在新型旅客列车的开发设计中，充分考虑了人的因素。比如：旅客进入车厢，车门自动开闭，车内设施实现无障碍，座椅小桌造型浑圆，减少了碰撞或伤害，旅客坐在自己的座位上，就能看见厕所是否有人的指示信息。而且在许多列车上，夜间运行时每节车厢专人值班，不但让旅客可以放心休息，而且有了极大的安全感。这些从旅客心理需要出发的运营措施与设计，体现了想旅客所想的人性化思想。要比功夫用在如何使列车豪华的设计上好得多。

陶瓷是中国的骄傲，从古到今，陶瓷器物以薄如纸，声如磬为上乘的珍品。现代的陶瓷的开发设计也一直把这个传统视为继承与发扬的宗旨。但是在国外，专门有人制作一种价格十分低廉的陶器，供夫妇吵架宣泄激怒的情绪使用，让他们在盛怒之时，摔打陶器。这种设计思路与传统思路完全背道而驰，但是陶器从此增加了缓解情绪的功能，为了人际关系的和谐，甘做牺牲品。瓷器与人更亲密，人情味也更浓了。

11.3.3 人文氛围

设计活动与人文学科融合，从人类社会各种文化现象中吸取丰富的精神文化营养，形成设计中的人文氛围。

环境是人类赖以生存的基础与条件，人们的工作、劳动、学习、娱乐等一切活动都在环境中进行。

自然环境始终和人类社会物质文化生活的发展过程紧密地联系在一起，人类不但依存自然，而且改造着自然，能使沙漠变成绿洲，沧海变成良田，原有的、纯粹的自然环境在日益缩小，被改造的、加工的人化的自然环境不断扩大，使自然环境处处打上了人的烙印。人类受益于自然，改善了人的生存环境。

人类的设计活动，时时刻刻受到自然的启迪与恩赐：在大自然里，美的最高境界是和谐，它的和谐与平衡是有其奥秘的，这些奥秘被人类破译后，从大自然里，鬼斧神工的造化，五彩斑斓的色彩，斗转星移的天道，万物生灵的气息中，总结出为人类活动所用的美学法则：如统一与变化，比例与尺度，对称与均衡，节奏与韵律，比拟与联想等；还借山川灵气，风霜雨雪的温柔，山呼海啸、地动山摇的刚烈，品出了优美意境与壮美的气势；又从生机盎然、千姿百态的大地生灵中，引出无尽的遐想。大自然是设计活动的无尽源泉。

当然，人类活动引发的自然环境问题，又反过来要求设计者认真思考：人类对自然环境与生态的破坏，已经遭到大自然的无情的报复：如旱涝灾害、沙尘酸雨、物种的快速消失、疾病的凶猛肆疟。在大自然向人类的警告中，设计者必须以相应的对策，用设计来调节自然生态的重新平衡。

11.3.4 文化氛围

（1）传统文化

人类世代相传，淀积着创造的成果与文化，给后人留下古朴与风雅。在中华民族的大地上，遍布着不同历史阶段的风格、文化、艺术等遗迹与瑰宝。仅仅一座北京城，就有说不尽道不完的古朴风韵：温馨祥和的四合院，流连忘返的小胡同。座座城门各司其职：运柴的东直门，运水的西直门，运粮的朝阳门，运煤的阜成门，运酒的哈德门，囚徒的宣武门，皇行的大前门，出征的安定门，班师的德胜门；九座城门外套广渠门、广安门、左安门、右安门、东便门、西便门、永定门，当年百姓出入之门；内有大明门、地安门、东安门、西安门，当年文武百官出入之门。"内九、外七、皇城四"，二十座城门以故宫的中轴线为对称，东西南北，错落有致。在征集北京 2008 年奥运会场馆建筑方案的竞标中，国外一家公司将奥运场馆的地址选在故宫以北 8 公里的中轴线上，一举中标。含义是，借北京城对称的格局，将北京古老的皇城文化底蕴向前延伸，也为中华民族灿烂的文化增加了新的韵味，这不能不说是一个不朽的创举。可见，传统文化对设计的巨大作用。文化传统对人的性格和行为有深刻的影响，对设计者也必然产生深刻的影响。

（2）民俗风情

民俗风情蕴含着几千年的文化传统，不同的地理环境，繁衍了不同的民族，也形成了各自文化社会的民俗与风情。

看一看中国的端午节，就知道民俗风情的多姿多彩，艾蒿，据说不但能够治病驱邪，而且挂在家中还觉得吉祥，如图 11-1 所示。

(a) 银锁   (b) 艾蒿

图 11-1 吉祥之物

在五月初五的早晨，太阳还没有升起的时候，母亲把搓好的五彩线系在小孩的手腕上，把散发着香草清香的荷包挂在孩子的脖子上，能清神，益气，不但有防疫之效果，而且还能保吉祥平安。五彩线要系到下雨时，取下来放入雨中。宋代苏轼为这个风俗还写了一首诗，《浣溪沙》："轻汗微微透碧纨，明朝端午浴芳兰。流香涨腻蛮晴川，彩线轻缠红玉臂。小符斜挂绿云鬟，佳人相见一千年。"

端午节的粽子，古称角黍。宋代柄无咎在《齐天乐·端午》的诗中写道："疏疏数点黄梅雨。殊方又逢重午，角黍包金，菖蒲泛玉，风物依然荆楚。衫裁艾虎。更钗袅朱符，臂缠红缕。扑粉香绵，唤风绫扇小重午。"端午节戴着万木复苏的新绿，散发着清香与欢乐。中国的民俗与风情总有一个悠远的故事或传说，让一代又一代人欢度与留恋。

在中国，古老的理发的民俗风情，被称作毫末的技艺，顶上的功夫。理发店的店名透着古朴，室内的大镜子并排挂在墙上，剪头的人身披白色的围布，时而与理发匠人聊着，时而微闭双目，确实一番享受，大有气脉冠通，精血踊跃的舒畅。剪短了头发，还要涂满肥皂沫刮脸，那叫手上的功夫，锋利的剃刀在脸上，后颈沙沙作响，刮到鼻梁两侧，眼皮耳廓的细微之处，刀锋翻转，若即若离，似有似无，痒中透个清爽痛快。待理发匠人将围布一抖，大镜子中照得一个人光彩清亮。理发匠人不但头剪得利落，脸刮得洁净，还有捶背，掏耳朵的绝活。真是进店来乌云秀士，出门去白面书生。

还有走街串巷的理发匠人，肩挑剃头挑子，一头装着推子剪子，刮脸刀，洗脸盆，小凳子，另一头是小火炉。手拿一尺长的响具，叫唤头。用小铁棍一拨，嗡嗡作响。听到响声，前来剪头的人坐在树荫下，头发被修剪得整整齐齐。微风拂面，妙手复还一个青春少年。

今天，在人们的老屋堂前，可能还摆放着爷爷奶奶传下来的八仙桌，梨花木椅，青花瓷瓶，老座钟，黑漆木盒，还有日渐泛黄的字画，印记着前辈的生活，传承着希望。古色古香，带给人思古的幽情，好像在召唤子孙后代，这里才是清静安宁的归处，如图11-2所示。

图 11-2　老宅堂前

民俗风情七分天成，三分雕琢。看似淡然若水，因为民俗风情融化在岁月里，伴随着祖祖辈辈过日子；民俗风情又绚丽多彩，因为古朴久远；民俗风情是内心的祥和，是惬意的享受。

让设计与创作踏着前辈的脚印走，把民俗风情接过来。

今天，民俗风情最为可贵之处在于：原始与古朴的个性。在社会文化高度发达的今天，地球上接近自然，保护原始的地方越来越少了。人类盲目的大开发与大建设荡涤了许多原生态的民俗风情，似乎走进现代、走进文明，而尚未开发的，则属于落后。但反过来看，正是这种落后，才成为幸存者，才最有资格解释什么是民族文化与民俗风情。在当代，当社会大文化主流开始丧失感染魅力与近似天真的激情时，民族文化与民俗风情可能成为设计的一种新鲜的源泉。因为她保存着原始风貌，保持着诚实、朴素与亲和的氛围与情调。

（3）旅游文化

从设计文化的角度看，人们的旅行游览活动是不同国家和地域间文化交流的一种普遍的形式，涉及社会的各个阶层，在直接具体的交流中，扩大对各种文化的了解。据世界旅游组织估计，全世界旅游人数即将突破 10 亿人，旅游消费将达到 8000 亿元。一个走进人们日常生活的大众化旅游时代已经到来，旅游已不是少数人的休闲方式。随着世界各国对旅游事业的重视，交通运输业的发展，旅游的手续简单，旅行时间缩短，旅游的空间在不断扩大。而且旅游活动已经开始突破原有的风光、风情的游览功能，正在形成一个综合的产业化与商品化的多种功能的国际市场。

旅游形成的人文氛围对设计活动有两种意义，一是在不同地域文化、信仰、风俗习惯的熏陶与启发下，扩大了设计的视野，激发设计灵感，借鉴不同文化风格，丰富设计思想。这种借助旅游观光，丰富创作素材的活动，在艺术创作中早已司空见惯。比如作家赵树理常年生活在农村，丰厚的乡土气息滋养了创作的灵感，写出了《暴风骤雨》等多部反映农民生活的作品；电影《五朵金花》、《冰山上的来客》中的插曲至今还广为流传，这都是艺术家们深入不同民族的生活，感受当地的风土人情，积累丰富创作素材的结果；中国著名画家钱松岩老先生，82 岁高龄还游览祖国的大山名川；桥梁专家茅以升，童年看戏时，因桥身坍塌同学落水，而立志为人间造桥，留下了"不造大桥不丈夫"的誓言，并两次建造钱塘江大桥。由此可见，设计者也应向艺术家一样，参与旅游活动，吸收旅游文化营养，营造人文氛围。二是为旅游开发产品，丰富设计的内容。旅游纪念品凝聚了不同文化、思想、信仰、风俗的精华。纪念品的文化内涵折射出一个国家、一个民族的精神与境界，在中国尚属一种新的设计方向。

在旅游业发达的国家和地区，人们充分利用特有的文化象征，开发了独具特色的旅游纪念品。使旅游者怀着对旅行游览的怀念，争相购买，用来回忆一生可能只有一次不能重游的那段幸福时光，或用来现身说法，表达对一次出行的留恋之情。在世界旅游纪念品的设计开发中，如果说埃及、印度以古老文明，抒发悠远的民族神韵，使用特有的纸莎草、金银珠宝等材料，运用民间传统的雕镂、镶嵌、扎染等手工技艺，开发出的纪念品是借助本民族先人的灵气，而历史并不久远的国家，居然可以创作出女神像、铁塔一类的旅游纪念品，不能不说很值得设计者深思。因为中国的民族文化传统尽管也是人类历史中少有的古国，但是令人爱不释手的纪念品很少。在中国，从林海雪原到天涯海角，从大漠楼兰到江南水乡；从历史文物、文学巨作、神州传说、诗词歌赋、古代建筑、历史遗迹、名山大川、歌舞戏剧等等，都是旅游纪念品取之不尽的创作素材。如果设计的目光，转向旅游空间，不仅可以开发产品，而且能将旅游文化引入设计中，开阔专业技术的思路。

（4）企业文化

企业文化是指：以价值观念为目标、人为对象，在创造物质文明与精神文明的生产活动中，个体与群体共有的思想意识、行为规范与企业精神。

其中价值观念有三层含义：一是追求企业的经济效益。在商品社会与市场经济条件下，任何一个团体或企业都必须把盈利放在首位，寻求以最小的投入获得最大的收益，这是企业与成员生存的基础，共同的利益。而且企业要发展，在扩大再生产的活动中，要想提高企业的活力，则必须加大风险投入，所以企业界的人们形容：技术改造是鬼门关，走进去等于自取灭亡，不走进去是必定灭亡。而技术改造能否换回经济效益，充满不可预见的风险。比如：用于轿车改型的试验经费高达 4～5 个亿，而新的车型能否被市场接受，靠众人做出回答。同时，企业的经济效益是收敛人才，凝聚人心的最大号召力，因为个体都有对群体的依恋心理。企业的经济效益好，会形成人才济济，人心振奋，众人拾柴火焰高的红火气势，企业的每个成员也为自己有牢固的靠山而感到欣慰和自豪。二是满足人的需要，体现企业的创造价值。企业能充分了解人的生理与心理的各种需求，雪中送炭，满足他们对物质与精神的双重追求，提高生存质量，获取精神愉悦，使人感到企业的关怀和温暖，分享了企业创造的价值。三是社会价值，人类社会的发展，靠科学的进步与生产的发展，企业作为社会生产活动的细胞，在社会机体中承担着输送营养，增强活力，推动社会前进的基础作用。

在实现企业价值的总体目标下，面向企业的每个成员。日本松下电器公司创始人松下幸之助说：如果公司没有把促进社会繁荣当作目标，而只是为了赚钱而经营，那就毫无意义了，因此应该力求为社会，为职工提供最优质的服务，这样企业的生存和发展才有动力，才有意义。企业的思想意识是指企业对客观发展环境的反映，市场经济的存在决定企业的意识，企业意识又作用于市场经济。企业的思想意识体现在生存意识、竞争意识、风险意识、发展意识、创新意识、求实意识、质量意识、服务意识等等。使企业在思想意识的驱动下，以坚韧的意志，明确的动机，实现价值目标。

企业的行为规范是指群体与个体行动的准则，厂纪厂规，岗位责任制，奖惩制度，聘用晋级细则等，是约束行为、树立企业形象与作风、促进文明生产的根本保证。而行为规范中深层的文化意义是：企业发展的战略目标、长远规划，并由此派生出教育、培训、技术练兵等战术措施，使行为规范成为规矩的尺度。

企业文化的构成中最可宝贵的是企业精神，是企业群体共同表现出来的态度、意志、思想境界与理想追求的活力。企业精神是企业的生命，也是企业的无形资产。

人总是要有一点精神的，这是由人的意识、思维活动和心理状态决定的。企业则更需要一种共同一致的，彼此共鸣的企业精神。所以，无论企业处于哪种环境中，无论企业的精神气质、思想意识及意志倾向如何，总是要表现出活力与旺盛的精神。

① 主人翁精神：当企业的每一个成员视企业为生存发展的生命线，将自己的命运与企业的命运相连，同呼吸、共命运，达到以企业为家的精神境界时，企业便形成了主人翁的精神。个体对企业的态度，责任感以及由依恋心理引发的主观能动性合成企业的活力。

现在，无论哪种类型的企业，都明确一个道理：企业不要逍遥者。但是，调动个体的积极性，强化主人翁精神的根本途径，是应用心理学理论，进行心理引导与激励。比如：企业的战略规划，重大的决策，交给全体成员讨论，消除那种"什么都不让我们知道"的局外人的感觉。尤其在事关企业命运的关键时刻，把企业的秘密和盘托出，用信任与忠诚感染个体的情绪，心心相印，是激发主人翁精神的心理动力。

如果企业的成员能意识到：人人都是管理者，人人都是被管理者；在广阔的发展空间中，人人是自己提高自己；决策层是群体的公仆，能者上、庸者下；资源共享、风险共担。这是形成主人翁效应的心理基础。

在国外的一些学校，实施了学生考试无人监考的制度。可能是强化主人翁精神的一种参考。

② 艰苦奋斗精神：艰苦奋斗的精神激励了几代人，在今天，仍然是应当大力弘扬的宝贵精神。心理学研究了人的驱力，是来源于机体的需要，驱力促使机体去追求需要的满足，并由此产生动机与意志。相信自己能在特定环境中恰当而有效地做出行为表现。艰苦奋斗精神能使企业群情激昂、斗志旺盛。企业形势越好，物质生活优越，艰苦奋斗精神越重要，它使人警钟长鸣，居安思危。大庆石油工人"有条件要上，没有条件创造也要上"，"石油工人一声吼，地球也要抖三抖"的豪言壮语，激励石油工人战天斗地，为摘掉贫油帽子，为中国人争气，成为发扬艰苦奋斗精神的楷模。

③ 求实精神：企业的经济效益是实实在在的，夸大业绩是欺骗自己。泥足巨人并不可怜，因为还存实实在在的泥土，而泡沫效益却是竹篮打水空欢喜。求实精神的落脚点，如同建筑行业的口号"踏踏实实做人，结结实实盖房"。上海生产的"永久"、"凤凰"牌自行车，在20世纪六、七十年代，在上海市内购买，也需要提前登记、排队。在全国凭票券分配供应。是结实耐用的求实精神换来的声誉和信任。今天流行的"诚信"、"做事之前先做人"正是人们呼唤求实精神的一种表现。

④ 创新精神：企业在市场经济规律作用下，创新是一条生路。创新精神是建立在群体强烈的发展意识基础上，形成的目标指向，客观现实迫使企业必须是有敢于冒险，敢于探索的精神。日本本田公司创始人大久睿的本田精神将创新精神归结为：人要有创造性，绝不仿别人；要有世界性，不拘于狭窄地域；要有被接受性，增强互相的理解。索尼公司的创始人盛田昭夫倡导：永不步人后尘，披荆斩棘开创别人没问津的新领域，干别人不干的事；日立公司的创始人小平浪平把日立精神确定为：继往开来，先忧生乐，永不停止地开拓。还将"人生不满百，常怀千年忧"作为创新的座右铭。美国许

多公司为了激励创新，专门设立了"简陋工厂"，只要是创新项目，不管由谁所创都可以进行实验。

　　⑤ 企业文化的特征。

　　● 企业文化有导向性。企业按照既定的发展方向与中心工作，制定有导向意义的口号、标语、标识等，在企业内部向成员宣传企业精神，明确方向，将群体的意志凝聚到企业的统一的目标上，对外宣传企业的形象，扩大企业的影响。

　　● 企业文化有激励性。企业通过以人为本的思想教育，使每个成员树立坚定的信念，以主人翁的态度对待自己的工作，明确企业兴旺发达，直接关系自身生存的道理，企业文化会产生强劲的激励作用，推动企业发展。

　　● 企业文化有动态性。企业在宏观经济的运行中，要不断地调整发展方向与经营思想，企业文化也要随之发展变化，形成不同形势、不同发展状态中的文化氛围。同时，作为浓缩企业形象的企业文化，本身就是企业探索与创新的真实写照。所以企业在不断地发展，企业文化也必定随之而发展。

　　（5）校园文化

　　为了伴随学生学习与成长而创造的有意义的活动及活泼的教育方式、导向的精神财富，称为校园文化。

　　每个人都曾经享受过校园文化，清新向上的熏陶，在天真幼稚的心灵中不但留下美好的记忆，而且栽种了理想的种子，加固了成长的根基。回忆校园文化，无论是谁都有一个心愿：希望自己能像儿时少年那样纯真，对未来充满美好的理想。今天，尤其需要校园文化。

　　● 幼儿园生活：在幼儿园的生活虽然还不懂事，但在磕磕碰碰的团体中已经开始受到磨炼，韧性，毅力，善良，关爱等等都有了良好的开端。幼儿园的生活对人的一生的性格都有重要的作用。

　　● 少先队队会：参加少先队队会，都有庄严隆重的感受。在鼓号声中出队旗，再由队员站立护旗。活动结束时，少先队员举手向队旗宣誓，高唱队歌。这是人的一生中最难忘的美好时光，伟大的共产主义信念与理想在心中深深的扎根。

　　● 升旗仪式：选定业绩突出的同学担任升旗仪式的主持人，同学们听到事迹介绍后受到教育与鼓舞。在庄严的国歌中，注目冉冉升起的五星红旗，下定决心让人生努力向上，心中充满激情。

　　● 新年晚会：筹备新年晚会是同学们的一件乐事，自编自演的文艺节目让人感到亲切，在欢乐轻松的气氛中，享受着辞旧迎新的幸福，缓解了压力，放松了心态。新年晚会让同学们更加亲近，更加珍视纯真的友谊。

　　● 纪念活动：清明节、五四青年节等举办纪念活动，缅怀先烈的英雄事迹，思考人生价值，使同学们受到了激励，当祖国和人民需要的时候能像前辈那样挺身而出，做出英雄的壮举。

　　● 郊游活动：走出校门，放松了心态。大家在一起玩耍、游戏，全班几十名同学尽享快乐时光。呼吸清新的空气，沐浴温暖的阳光，随意放声歌唱，说一说最平常的话。大家奔跑着，留下一张照片，把少年青春定格在方寸之间。

- 文艺演出：参加文艺演出的同学们，要排练文艺节目。大家为演出的成功，团结互助、克服缺少专业训练与天赋的困难。尤其在演出前，情绪紧张，演出后有成功的喜悦，观看演出的同学们为成败而担心。情感得到了交流，集体的温暖与力量得到了体现。

- 比赛活动：为参加各种比赛而冥思苦想，品尝了从无到有，发明创造的艰难。通过筹备参加的活动，历经坎坷，对知识能力是一种实战的检测，也是一种鞭策。

- 实习实践活动：实践教学环节，是学生面向实际，将理论与实际结合，学习书本之外知识的过程。实习实践活动是对学生动手能力的检测，学习并不突出的同学，可能解决实际问题的能力很强，预示着未来的发展状况。

- 志愿者活动：这是一种奉献，用学过的知识与精神做出贡献，体现了自身的价值，也为帮助他人而感到快乐。

- 卧谈会：寝室熄灯后，同学们躺在床上，海阔天空的聊天，是同学们的幸福时光。随着各自的思绪，话题由此及彼，当时觉得很平常，但过了若干年后，才知道什么是人生难得一知己，什么叫无所不谈。

- 运动会：会前复杂的准备工作，锻炼班级干部和同学们的组织能力、对外协调能力、办事能力等等。同学们集思广益，往往还能突发奇想，是增强团结与集体主义观念的有益活动。

- 宣传活动：黑板报、广播站、是同学们活跃思想，抒发情感的舞台。有些同学通过这些锻炼，走上了专业的媒体工作者的岗位。今天的宣传活动，明显表示出灵活随意的特征，一抹前辈的拘谨，压抑的色彩，充满欢乐无忧的文化气氛。

- 校园环境：每一个人都有母校，都有老师、同学、书桌、教室、操场、校园。滋润着书中的墨香，成长着心中的理想，负笈求学，生无所息。

毕业了学长，又来了后生。树又换了一茬新叶，花又开了一个春天。永远不老的，是依然如故的校园。虽然少年不知愁滋味，却也是装下多少清高在心间。友谊冰清玉洁，理想志存高远，情操素淡清雅，憧憬天真烂漫。幸福时光，却因读书而无心享受，知心伙伴，也因为急匆匆地赶路而各奔东西。

身在校园，感觉糊里糊涂，平平常常，不知眷恋，从未留意过墙边的小树，也未端详过教学楼的模样，甚至还盼望早一天离开。就在最后一次离开老师和同学时，心中也不觉是依依惜别，还以为今后仍旧天天如此。

别了母校，才知道同学最知己，老师最可敬，校园最可爱。离开的时间越久，对母校的依恋与怀念越深。开始懊悔错过沿途灿烂的风景，才知道母校是绵延几千年的精神哺育之地的圣洁，是人类最珍贵的文化记忆。

完整地保留母校，保存几处旧时模样，让每个人都能找到曾经的美好与快乐。

如果能在校园周边留出空地，让每一位同学栽种一棵树木，这是人世间每一个人的最美好的心愿。

11.4 产品的文化价值

11.4.1 产品文化价值内涵

人类创造的物质财富和精神财富对产品的积极作用，尤其特指产品精神财富含量。

人类从自然界直接获取各种材料，又合成许多新的材料，使用或转化能源，利用这些基本的物质财富加工制造了工具、设备等产品，形成人类劳动的成果，人类的物质财富，由此奠定了生理与生存的基础。进而在精神财富的追求中，要求提升产品的品位。于是，探求产品的文化价值，成为愈来愈受到重视的活动。

构成产品文化价值的因素，即产品的文化基因如图 11-3 所示。

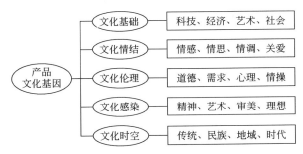

图 11-3 产品的文化基因

11.4.2 产品的文化基础

产品的文化基础是科学技术、经济基础、艺术文化及社会基础。科学技术赋予产品的物质功能，同时也附加了文化功能。科学技术促进了工业生产由粗犷向精细化的转变，将野蛮作业变成文明的生产。科学技术改造了火车：由蒸汽机车、内燃机车、电气机车直到磁悬浮列车，使驾驶人员的作业环境发生了翻天覆地的变化。蒸汽机车时代，火车司机为了观察目标，常将身体探出窗外，迎着风霜雨雪，司炉不停地挥锹烧火，机车的烟尘、油泥汇成一个乌黑油亮的世界。现代机车驾驶员视野开阔，铁路沿线风光尽收眼底，如同旅游一样。经济是文化基础的保障，经济发展才有文化的发展。经济与文化的互动，实现经济文化一体化是 21 世纪的世界性潮流。艺术造诣直接影响产品的审美形态及艺术品位。社会作为文化的大环境，直接决定着产品文化基础的形成。

11.4.3 产品的文化情结

产品可以征服人的情感，引起情思，是产品的情感内涵。人们对红旗轿车都有一种说不尽的情感，因为红旗是革命的象征，是中华民族意志的象征，红旗是烈士鲜血染成的，红旗是人们的自豪与骄傲。1958 年，一汽人带着全国人民的期望，艰苦奋斗制造了中国第一台轿车，以红旗命名，寄托了无限的情感与情思。"红旗"备受尊崇，成为国家领导人的专车，外宾的礼宾车。

1999 年，由北京无形资产事物所评价，"红旗"标识价值 35.01 亿元，居全国轿车品牌之首。但是，对红旗的深情是无法用价格估量的，因为红旗是中华民族的骄傲。

产品还应当体现关爱与情调。比如，攀登大型设备的阶梯时，如果台阶距离高矮不均等，扶手不牢固，就不可能感到关爱，而且在险象环生，心惊胆战的状态中，也没有情调。

11.4.4 产品的文化伦理

产品文化涉及伦理，即人与人相处的道德准则。产品货真价实，诚信为本，是职业道德的体现。人们对产品的信任程度，与设计者的和谐，取决于道德的修养与水准。

产品的文化品位，是人对高雅文化的需求，是提升需要的层次、求得发展的心理表现。同时，人对产品文化价值的追求，也包含着对高尚情操的向往与追求。情操是一种不轻易改变的心理状态，是由感情和思想综合起来形成的。劳动模范、技术能手都有很高尚的情操，因为他们对劳动有深厚的感情，有实现人生价值的理想。比如，有的工人对技术难度很高的操作有深厚的兴趣，如加工细长轴类，薄壁零件，会集中精力研究试验。当他们有了收获时，对劳动的感情更深，对未来的信心更足，形成不轻易改变的心理状态，使情操上升到新境界。

11.4.5 产品的文化感染

产品的文化感染力，是产品的精神内涵。典雅的艺术品位及引发的憧憬，是对人心理的感召和情绪的感染。

联想集团是国内最具影响力的高科技公司，在欧洲、美洲、亚太地区设有海外平台。销售联想电脑4年位居中国市场第一，在亚太地区的市场占有率第一。

生产计算机的厂家很多，为什么联想集团成为知识经济的排头兵？"联想"除了始终致力于提供最好的计算机外，企业的文化战略产生的感染力也是重要因素之一。联想集团抓住人们关注新闻的特点，加入互联网，与新闻媒体联合，以新闻尝试报道的特色，吸引网友，强大的文化感染力使"联想"在人的心中更有吸引力。

11.4.6 产品的文化时空

产品的文化空间广阔，有传统的、民族的、地域的、大众的、企业的文化；产品的文化悠久，古老的、现代的、未来的文化，构成了创造产品文化价值的文化时空。产品吸收丰富的文化营养，不但提高竞争力，而且感动世人。

在北京同仁堂老店古朴的门楼前，随时可见感人的场面：人们满怀深情的拍照留念，带着崇敬与感慨的神情光顾老店。手捧同仁堂的药品，别有一番滋味在心间，使人想到老店的鼻祖乐显扬，想到他尊崇"可以养生，可以济世者，惟药为最"的信仰。300多年的沧桑岁月中，同仁堂以"同修同德"的儒家思想作为济世养生的目标，形成"亲和敬业"的企业文化。同仁堂的药品在文化时空的营养滋润中，成为中国中医中药的灿烂文化。

11.5　社会文化心理的构建

11.5.1　文化心理的引导

在社会文化的大环境中，人类创造的物质文明与精神文明最终都以产品的形式，走进人的生活。产品的文化成为一种潜移默化的影响，一种对人的心理引导。

11.5.2　产品对文化心理的引导

人的文化心理反映在对文化的心理需要、对文化的态度及对文化的价值取向等心理活动中。

人了解产品，包括对产品文化内涵的了解，是对文化的心理需要。产品具备的文化心理引导功能，可以使人产生一种心理需要，一种文化价值的取向，并由此以积极的态度，提高自己的文化修养。尤其在现代生产中，生产设备自动化，程控化对操作的专业理论知识提出很高的要求。新型技术工人应当是知识型的人才，只有不断学习科学知识，掌握编制程序、调整与控制的方法，才能胜任工作。现代机械产品对人们的文化心理引导，是一种强烈的心理冲击，使人们产生学习新技术的热切愿望与心理需求。

11.5.3　产品对文化精神的引导

产品应当具备一种文化象征，引导人们追求崇高的精神境界，实现人生的理想。比如最普通的劳动工具，工人手握的铁锤，农民挥舞的银镰，组成一幅最壮丽的图案，象征着代表工农大众最高利益的中国共产党。工人、农民感到自豪与骄傲，决心跟着党，实现人生崇高的理想。即使是一位劳动者，使用一种生产工具或操纵设备时，心中都有自豪感，因为他在创造价值，在实践劳动创造世界的伟大理想。当他们遇到困难时，会以顽强、进取、钻研的精神去克服，以甘于冒险的创造精神去超越。松下公司创始人松下幸之助说过：虽然谁也无法避免肉体上的老化，但也有人仍不失去活力，这完全跟心理因素有关。虽然肉体会逐年衰老，却有时老人们具有和年轻人一样的旺盛精神。

11.5.4　产品对文化情调的引导

生活中的家电产品，使人从繁重的家务劳动中解脱出来，节省体力，消除烦恼；生产中的工具设备更使人操作简捷，放松心态。产品使人产生心理愉悦，使人得以追求高雅的情调，从而实现产品对人的文化情调的引导。

11.5.5　产品对文化规范的引导

无论社会文化还是企业文化对人的行为都有潜在的约束，文化对人的行为约束形成文化规范。比如：社会文化使人有一判断是非的标准和行为的规范，使人们懂得在社会环境中，应当怎么做；一个人在大庭广众的场合下，说脏话，或随地吐痰，违背了成文或不成文的文明规范，就会受到蔑视，严重者会遭到惩罚。

产品也应体现出对文化的规范，引导或制约人的道德意识，行为活动或明辨是非。比如，使用产品或操作设备，如果不按规定的操作规程，必定产生故障，是产品对人的行为活动最直接的约束。一台复杂的设备，并不能看到它对人的行为规范的约束力，但操作者都非常熟悉，并严格执行操作程序。如高压电路刀闸，开合操作前，必须按规定穿好绝缘鞋，戴好绝缘手套，用绝缘拉杆操作，并严禁他人送递工具，这是电工的一种操作规程。同样，像火车司机，民航驾驶员等，肩负重大安全责任，操作更为严格、细心。形成特有的遵守时间，精力集中，作风严谨的职业习惯，是长期受操作设备约束的结果。

11.6　设计的文化素质培养

设计者设计的产品，不仅仅呈现出物质的形态，而且还具有文化的内涵。所以，现代设计越来越关注人的心理及行为文化因素，关注人的兴趣、情感等心理反应。设计不仅有物质成果，而且也在设计人们的行为规范、和谐关系及生活的方式。可见，赋产品以文化价值，设计者首先要具备广阔的文化视野，纯正的文化心理及高雅的文化修养，不断提高自身的文化素质。

11.6.1　扩展文化视野

设计人员要了解补充社会科学与人文科学的科学知识，做到文理兼容。树立正确的世界观及方法论，掌握判断是非标准，看待事物，解决问题的观点与方法。

善于从社会与人类的发展历史中，吸收长期沉积的文化营养，了解不同历史时期社会文化的特点，文化对人类社会发展的贡献，并继承前人留下的文化遗产，设计的文化思想，使设计受益于人类创造的文化财富。历史上先哲们创造的文化，至今还有许多不解之谜，他们的设计构想与制作工艺，在当时社会历史条件下，成为经典之作，对现代人说来，都是难能可贵的事情。今天，弘扬前人的文化精神，古为今用，是丰富现代设计思想的途径之一。

了解不同国家、民族、地域的文化风格，风俗习惯，生活方式，社会文化的差异，有助于针对不同的文化特征，进行不同风格的设计。使产品以鲜明的象征性，民族性及地域性，为不同的文化群体所接受。设计文化的差异性越大，产品的适应性、世界性越强，生命力也就更加旺盛。

设计者能以发展的眼光，使设计适应文化的发展。尤其在现代社会中，人们对文化的需要及观念变化很快，促使产品也应随之加快更新换代的速度。设计者时刻关注社会文化的发展，才能不失时机的开发与设计新产品，以超前的文化意识适应、引导文化潮流。

11.6.2　研究文化心理

运用心理学的原理与常识，研究设计者的文化心理规律与特征，是增强文化心理素质的科学方法。设计者的超前意识，是观察与联想，思维与判断，甚至带有直觉思维色彩的综合心理活动过程，能够准确的预测人们文化心理发展动向，把握他们在文化追求，价值取向中的变化，提前做好设计对策。

文化心理素质也是遗传与环境的共同产物，遗传是前提，没有遗传就没有生命，也就没有个体的心理发展。而环境因素，尤其是社会文化的环境因素，对素质的影响与塑造的作用，是不能忽视的。所以，设计的文化心理的塑造与形成，首先应在心理学的范围内，按照心理活动的基本过程和个性心理特征，从对文化的感觉、知觉开始，训练理解、记忆、注意、思维等心理素质，进而形成对文化的态度、文化气质，并具备文化的个性心理，使设计者以独特的心理素质，鲜明的形象思维能力，积极的情绪情感体验，理解社会文化，确立自己的设计文化风格。比如：今天的社会文化经历着迅速交流，剧烈撞击的文化时代，人们的文化心理，对产品文化价值的取向也呈现出多元化的特征。但这并不等于设计随波逐流，更不能趋之若鹜，委心迎合。设计者对文化始终要保持清醒的头脑，从容自若；理性的依据与思考，来自于心理学的基本理论，来自于心理学所给予与训练的文化素质。

11.6.3 提高文化修养

丰富产品的文化价值，要靠设计者的文化素质，而文化素质的提高，又靠文化修养。俄罗斯科学家罗蒙诺索夫，是一位物理学家，但又是俄罗斯音乐的奠基人、俄罗斯语言的奠基人，是一位集学者与大师为一体的大成者。首先，他必定有广泛的兴趣与爱好，必定有强烈的动机，坚韧的意志；能以思维的独特性，提出新问题，解决新问题，富于创造性；而且在探索的进程中，不因障碍而消沉，反而激发跨越的信念。

设计者应当这样磨砺自己，提高文化修养。在业余生活中，有广泛的兴趣与爱好，选择积极向上的文化活动，陶冶情操，感悟人生。在人类文化的熏陶中，博古通今，博采众长，以文化、修养提高设计的文化素质。

11.7 物质与精神的功利两重性

设计的社会文化心理的培养与提高，还应当采取对物质上的非功利性追求与对精神上的功利性追求的文化态度。

11.7.1 功利两重性文化态度含义

在文化修养与熏陶中，审视接触到的对象时，应当以趣味功能为主，功利两重性的态度。功利是指人的物欲，非功利是指不考虑审视对象的实用功能，而在于挖掘兴趣，注重于对物的欣赏与思索。

11.7.2 物质上的非功利态度

在文化修养中采取对物质上的非功利态度，不同于日常的实用态度，而是淡泊对物质利益的追求与欲望，活跃文化修养的兴趣。对待同一台生产设备，在不同人的眼里，审视的价值会不同：操作者看到设备样式新颖，会想到使用功能先进，增加生产效益；管理人员看到设备，可能要想到何时能收回成本。他们都以实用功利的态度看待设备，注重设备的实用价值，是对物质功利态度的表现。但是在画家的眼里，会被设备的造型与色彩和谐而感动，产生以设备为对象的创作欲望；在作家的眼里，被设备的恢弘气势所感染，产生以设备为背景抒发情感的写作动机。这是因为艺术家们不受物欲的干扰，以文化修养的态度看设备，所以能看到设备隐含的文化价值。比如：大型艺术团体到全国各地的演出，露天演出的舞台，直接用当地特色景观或大型生产设备为背景，烘托了演出气氛。但在筹划布景的设计者眼里，这些设备的功能只是道具与布景而已，并不顾及设备的实用价值。

11.7.3 精神上的功利态度

采取精神上的功利态度，追求精神境界的高尚与充实，以提高文化素质为目的，是满足设计者精神需求的文化修养方式。精神的功利性是指，不受物质欲望束缚的精神享受和满足，有益于人们精神生活的活动与内容。高尚的精神追求驱使人们参与积极健康的文化活动，使人感到轻松娱乐，缓解疲惫的心态，以更旺盛的精力投入设计、生产或学习活动；同时，在积极的文化修养中，获得情感的体验，情操的升华，使人顿悟或振奋起来，激励与鞭策人们追求人生的价值。比如：业余练习毛笔书法，人们并不想成为书法的名家，而是享受那种聚精会神，握笔手感、运笔气到丹田的乐趣，体验那种生命运动的气势与意味。高尚的文化活动就是这样对人的精神生活起到积极的影响作用。

人的精神境界要远离物质功利与名誉地位的羁绊，要以博大的胸怀，在社会文化的大环境中，始终摆正自己的心态。

思 考 题

11-1 名词解释

文化 文化氛围 文化价值 传统文化 民俗风情 企业文化
旅游文化 校园文化

11-2 简述文化的特征。

11-3 简述民俗风情对自己的感受。

11-4 校园文化对自己的成长有何作用？

11-5 怎样培养设计的文化素质？

第12章　**面向消费的设计思考**

- 消费心理概述
- 人的生活消费心理
- 面向毕生消费心理的设计思考

消费是指为了生产和生活需要而消耗物质财富的行为。人类的消费行为有生产消费与生活消费两种。在生产活动中，劳动者对劳动力及其他生产要素的使用、消耗，并创造出新的使用价值的活动，是生产活动中的消费，称生产消费；在生活过程中，人们为了生存或某种需要，在消耗物质产品或非物质产品的过程中表现出来的行为活动，是生活过程中的消费，称生活消费。

设计与制造以其创造出来的新的使用价值在消费者手中经历了需求、购买、使用与报废的消费过程，并完成设计成果由产品、商品、用品到废品的消费周期，消费者在消费过程与消费周期中的心理活动形成了消费心理。

12.1　消费心理概述

12.1.1　消费与消费心理

无论是生产还是生活，人类的一切活动都是以变革物质的形式，来维持生存或得到发展。

消费还有消耗精神财富的含义。比如：一本小说、一部电影，人们欣赏过后，虽然没有成为废物，但它们新奇的程度与欣赏的价值已远不如从前，所以也是一种消费行为。

消费心理是指人们在购买、使用、消耗物质或精神产品过程中的一系列心理活动。如人们消费时的认识过程、情感过程和意志过程等心理活动的特征与规律；消费时的心理活动倾向，如求实求廉、从众趋时的心态；人们的需求动态及消费心理的变化趋势等。

了解人们的消费欲望与消费心理，设计要思考的是如何适应消费心理，使设计更加有的放矢，满足人类活动中对物质产品与精神产品的需求。

12.1.2　消费心理的发展趋势

人们的消费与消费心理在不断地发展与变化，但不是直线上升，而是螺旋式迂回地发展。可以预见，怀旧的、回归的心理是消费心理的必然趋势。

尊重规律的心理趋势，无论客观世界还是人类自身，都有客观的发展规律。企图与客观规律抗衡只能是一种天真的想法。比如：大自然有春夏秋冬、白昼黑夜的节律，人们必须按季节更换衣着、按时间活动休息，不然，人们必定受到惩罚。俗话说："砍的不如旋的圆"、"顺其自然"等都是告诫人们，无论做什么，一定要尊重客观规律。伤风感冒了，尽管服用药物，也要慢慢恢复正常。人们也曾经盼望过，能有一种神奇的药物，服用即可见效，不少药厂为了适应人们的这种心理，力图制出这种药来。但这只能是人们的主观愿望而已，因为任何药物对人的机体都有副作用，而且，剂量大、见效快的药物的危害必定更大。所以，小感风寒，除了服用药物外，多休息，多饮水，自我调节，靠机体自身的免疫力逐渐康复，这才符合客观规律。

物理学告诉人们：物体保持自身原有的运动状态或静止状态的性质叫做惯性。按照这一规律，火车或汽车要慢慢启动，逐渐加速到高速运动，再逐渐减速，慢慢停止，这样才能保证乘车的人既安全又舒适。所以，人们越来越相信消费心理也应当这样，不能急功近利，拔苗助长。尊重规律，才是科学的消费心理。

自古以来，人类的祖先积累了丰富的生活经验与养生之道，今天用来指导消费心理，更有现实意义。

比如：按照农作物生长的自然规律，人们在不同的季节食用不同的时令农产品，才有滋有味；一日三餐粗茶淡饭，才不伤脾胃；少吃多得味，多吃活受罪；睡火炕，不但消除劳累，舒筋活血，而且腰椎不受损伤；饮白开水，不但止渴，而且解毒去火，容颜鲜丽；反过来，食用特别香甜鲜美的食品，无论品尝什么都觉得索然无味；弹簧床垫让人脊柱弯曲，所以，治疗腰椎间盘突出的唯一方法是平卧于硬板床上；大汗淋漓，饥渴难耐时，也要坚持一下，待心平气和之后，才能慢慢饮水；天气炎热，消暑纳凉的方法是饮热茶，出热汗，如果饮用冰冷饮料，肠胃受损；至于迎着电风扇吹风，一味使用空调降温，会患上风扇病、空调病等。这些祖祖辈辈相传的经验，应验了尊重规律，尊重科学的心理规律，所以，才有"不听老人言，吃亏在眼前"的传统说法。

（1）怀旧的心理趋势

现在，很多人都这样说：如今的生活确实好了，衣食无忧了，但是，不知为什么，普遍有越来越怀念往日那种很少奢望、平和宽松的心态。于是，广播电台播放怀旧的歌曲、出版老照片等作品、老同学、老战友、老知青聚会，或旧地重游，或回叙往事，这是人们怀旧的普遍心态。

设计要体察人们的心态，才能审时度势，顺其自然地开展设计活动。设计要从以下三个方面来关注人们怀旧的心态。

① 渴求乐知天命、悠闲自得的心态。当代越演越烈的挑战与竞争，无论怎样具有时代性，对于人的心理说来，都是令人身心疲惫，甚至是难以承受的。人们需要一种宽松的生活环境，遇事从容不迫，与世无争，悠闲自得

的平和心态。因为心理学告诉人们，长期处于焦虑、拼争的心理状态下，最容易产生心理疾病。所以，对比之下，人们不免要怀念往事，用来缓解焦灼的心态。

可见，今天谁再为既得利益，无视人们的怀旧心态而进行疯狂地开发，都是对人们消费心理的一种践踏。人们怀念从前，怀念不受侵扰，安然度日的往事。

② 企盼祥和古朴的昨日重现。按照人们的消费心理，老百姓过的是平常日子，缠绕在针头线脑、柴米油盐之中，这是真真切切的生活。

③ 向往真爱和亲情。人类社会中，人与人之间既有亲缘的真爱，又有萍水相逢的亲情。人人需要关爱，人人又应付出关爱，社会的和谐，需要我为人人，人人为我的心态与行动。每一个人都能为社会创造财富，但同时又享受着他人创造的财富。

（2）回归的心理趋势

从古至今，人类企图改造自然的活动让历史绕了一个大弯子，返璞归真，回归自然的心态成为流行的势头。自然是不可抗拒的，人类是渺小的，当人们开始正视自己时，才知道回归自然的意义。

重新审视生命运动。计算机的出现曾经给人们带来一次又一次的惊喜，但也带来更多的困惑。如果一切都有计算机代劳，那么，人类还做什么？比如，中国特有的毛笔生产量锐减，甚至毛笔已改变了书写的功能，变成一种工艺品。

自古以来，先人们一再告诫人们：无论做什么事情，都应当以自然为师，多一点浑然天成、自然亲切，少一点人工雕琢、彩丽竞繁。庄子在《庄子·刻意》中曰："澹然无极而众美从之，此天地之道，圣人之德也"。刘勰在《文心雕龙》中道："人禀七情，应物斯感，感物吟志，莫非自然"。李贽首倡的"童心说"，主张"以自然为美耳，又非于情性之外复有所谓自然而然也"等。至于西方关于返归自然、返求自我的论述，则更为久远与直白：古罗马时期，先哲们就号召人们要崇尚自然；文艺复兴时期，达·芬奇称自然是艺术的母亲；卢梭则更加主张人类应以远古时代为镜子，恢复自己的自然天性。返归自然，返回到那种淳朴、天真、无知、自由的自然状态中去。

面对人类消费与消费心理的新动向，设计者和艺术家们应当有所思考，调整设计与创作方向，顺应人们的消费心态，满足人们的消费需求。

12.2　人的生活消费心理

生活消费包罗万象，除了生产活动消费外，人们的一切活动都属于生活消费。消费者在生活中表现的各种消费心理现象，是由社会因素和个人因素复合而成的。生活消费的不同心理既受到每个人心理活动内在因素的影响，又受到客观环境的外在的影响，还受到时间、年龄等动态的影响。因而，设计者要从多方位、多角度研究人们的生活消费心理，为设计活动提供依据。

12.2.1 生活消费的主动心理

（1）消费的宽松心理

消费者在日常生活中，消费心理始终处在宽松、自由的状态。个人消费心理既无必要与哪一个群体一致，也不需接受群体观点而放弃自己的观点，不存在群体一致性的压力。消费者完全可以按自己的意志决定购买哪些商品，完全不受时间、环境等外界因素的控制。生活消费虽然也有一定的打算，但不一定像生产消费那样制定严格的计划，那样按时按量地消费。

由于生活消费品的种类很多，同一消费品有多种不同的品牌，在选择的空间上远比生产消费广阔。生产所需的设备和工具，同类产品的不同品牌相对较少，有的只有很少厂家生产，当生产急需时，几乎没有选择的余地。而生活消费品则不同，比如对家用电器的选择，各种品牌为了销售，采取了各种促销手段，经常发生品牌间的价格大战，人们把握购买的主动权，可以选择最称心的产品。由于消费品的售后服务愈来愈完善，可以试用、调试、保修，直到不满意退货，大家不必担心消费品的使用效果。因为生活消费的心理始终处在没有后顾之忧的宽松心态中。

（2）消费的主动适应心理

生活消费过程要比生产消费简单，很多日用品的使用都无师自通。即使是自动化程度较高，技术较新的生活用品，如电视的调试，洗衣机的操作，微波炉的使用等等，消费者阅读产品使用说明书，或者逐步摸索，也能掌握操作的方法，不必经过培训或学习。而且，生活日用品大多构造简单，操作要求单一，操纵方式直观具体。即使是更新换代的新产品，在功能原理或操作方式的改进上，也是逐步的、局部的，人们完全有适应的时间。在生活消费中，需要人们适应的操作方式以汽车的驾驶为最复杂，因为驾驶技术在生产中也属一种生产操作的方式，都需经过驾驶的培训与练习。但在生活中，开车的人越来越多，都能适应驾驶操作要求。所以，相比之下，生活中的任何操作方式都比驾车技术简单得多，消费者完全可以主动地适应。

12.2.2 年龄与消费心态

人们的生活消费心态随年龄的变化而变化，消费者一生的消费心理是一个经历不同阶段的动态心理过程。

（1）少年儿童的消费心态

按比较公认的划分方法，把年龄在15岁以下的年龄段的人，划归为少年儿童。据中国统计年鉴于1999年公布的资料表明，在中国13亿人口中，有约1/4人口处于少年儿童阶段，约3亿人左右。

在15年的生活岁月里，少年儿童经历了从出生到上学前的婴幼儿时期，小学时期与中学时期。总体消费心态也从无知到模糊，充满依赖，天真好奇的心理，也可能出现15岁左右，被称作少年心理危险期的似懂非懂，自以为是的个性消费心理。

在婴幼儿期间，儿童从无消费意识逐步萌发模糊的消费心理。消费方式主要以长辈的意志为转移。家长特别注意儿童的健康与营养，对儿童食品极为挑剔，而且近年来哺乳期儿童大多非母乳喂养，其实这是一个错误的观念，人工配制的哺乳食品无论如何也不及母乳的营养成分，而母乳喂养的最深远意义是对儿童的心理感应。世界卫生组织和联合国儿童基金会将每年的8月1日至8月7日确定为"世界母乳喂养周"。据专家介绍：母乳含有一个婴儿生长所需的全部营养和免疫元素，非任何人工乳制品能够替代，这个理念已被母亲们逐渐接受。但是，很少有人了解，母乳不仅是不可缺的物质营养，更是一种精神营养，是否经过母亲哺乳的全过程，将对一个人一生的心理产生重要影响。婴儿虽然没有这种心理，但这种心理对儿童的身心健康确实至关重要。儿童在这个消费阶段，一位母亲将市场上出售的代乳品与母乳等同起来，她可能因为各种原因放弃母乳喂养；如果一位母亲知道母乳喂养本身是开启婴儿心灵之门的一把钥匙，她会紧紧抓住这把钥匙；如果一位母亲清楚母乳本身是最好的教育资产，她会努力开发这份资产，而决不会舍近求远地去寻找代乳品。母乳喂养在给婴儿输入所需的营养同时，母亲的目光千百次覆盖在婴儿脸上的温暖感觉，与母亲肌肤相亲的喜悦与欢乐汇合成一股巨大的能量，不断促进婴儿智慧、情感发育，并建立牢固的心理基础。

婴幼儿期间消费对象带有长辈的指令性，如书刊画报、玩具、琴棋书画等。这个阶段的消费心理处于被动接受状态，蒙昧地按长辈的意志去行动，对消费品的需要主要以物质产品为主。开始对食物或穿戴萌发初步的需求心理。

小学阶段的少年儿童的心理需要开始变化，从物质需要向精神、文化需要过渡。由于家庭生活水平的提高及父母对子女的期望，少年儿童基本成为家庭的消费中心人物，尽量给予最大的满足，因而他们的消费心理指向往往可能超过家庭经济的承受能力，也使少年儿童用品形成最广阔的市场。

初中阶段的少年儿童由于心理开始产生独立与自我意识，可能出现企图摆脱家长控制的独立自主，又在经济上强烈依赖家庭的矛盾心理。不但明显表现出消费的需求心理与倾向，而且希望自己的消费心理独立。

少年儿童的消费心理表现出好奇与天真的特性，充满美好的幻想，他们的心理是真正的童话世界，因而对消费品的态度也充满童心。比如与科幻故事相同的玩具，模仿动画片，电视剧中的人物，追求相同的穿着打扮，都是纯真幼稚消费心理的表现；少年儿童的消费心理还表现出感性与朦胧的特性。在消费中不注重商品的内在质量，是否卫生安全，是否合格，而从感性出发，凭喜爱消费。在他们的心理中，尚未建立理性的消费意识，从不顾及消费的效果，甚至盲目的互相模仿，往往能形成短期但流行势头很猛的消费潮流。比如一种玩具，可以在几天内达到人手一件的程度。少年儿童的消费心理还表现出依赖性，首先由经济依赖所决定，没有独立自主消费的经济实力，同时由于消费心理的稚嫩，缺乏主见，在家庭、学校、社会、同伴等外界因素作用下，消费始终处在依赖的心理状态中。

（2）青年阶段消费心态

人生的16岁至40岁处在时间段很长的青年阶段。由于年龄跨度大，在人口中占有较大比例。而且从经济上经历了依赖到自主的变化，因而消费心理呈现复杂的特点。

首先，青年时代消费心理前瞻。随着年龄与知识的增长，思维品质，情操境界，情感意识等心理要素均达到人生最辉煌，最壮丽的顶峰。思维活动极其活跃，具有挑战力。既成熟了少年儿童时代的天真幼稚，又尚未承受中老年的心理压力。在消费心理中，富有青春浪漫的色彩，还有标新立异的时尚特征，由于知识视野开阔，消费行为有较强的理性支配。

崇尚快节奏的消费方式，对穿着讲究名牌、款式，而且不计价格，是服装市场的主要消费者。服饰更新速度很快，甚至有的服装购置后，因样式或流行等原因尚未穿用便舍弃。现代青年的服饰意识与上一代人形成强烈的反差，几乎很少裁剪制衣，也不再有上一代人"新三年，旧三年，缝缝补补又三年"的服装概念，更没有用于缝补的针线包；对服装的样式、色彩追求体现出大胆豪爽的个性；在饮食消费中，讲究现代意识，往往不计价格而追求一种情调；不再有上一代人如牛负重的各种负担；对于住房讲究现代化，体现超前意识，很多青年在住房的开支占一生经济很大比重，贷款住房，而且没有心理压力；出行方式逐渐出现自购汽车的趋向，讲究出行的舒适与快捷。青年时代对衣食住行的消费方式具有现代特色，也成为这些商品的主要顾客。

注重浪漫的消费方式。青年聚会，庆典成为一种时尚，既有情感的交流，尽兴的娱乐，也有追求情调的浪漫色彩。在精神文化消费中，追求形式，如送鲜花表示祝贺或慰问，读新思潮的作品，观赏新电影，购置新家具用品，往往不注重内在品质。浪漫的消费心理还表现在对化妆品、营养品的消费上，往往不惜重金。在青年人中流行的手机，消费的代价远远大于实际的使用价值。

由于青年时段的跨度，十几岁的青年与四十岁左右的青年的消费心理也有阶段的差别与变化。十几岁未脱童年的稚气，充满理想，消费形式是浪漫的，形式。随着年龄的增长，消费心理逐步向理性、实用性变化，尤其在成家立业之后，为人父母，开始承担子女的消费，面对沉重的养育负担，消费心理由注重自身开始向子女、父母方向转化。经济负担日见增长，开始品尝人间的艰辛。所以，消费心理不但逐渐稳定成熟，而且更加注重消费的实效性与经济性。

（3）中年阶段的消费心态

人生的 40 岁到 65 岁阶段，划归为中年阶段。这个年龄段是最稳定、最成熟的消费阶段。消费心理呈现理性状态，消费心理趋于稳重。中年消费者有丰富的生活阅历，对消费有明确目标。经历了青年时代的消费，取得了消费的经验，对消费有准确的把握。比如，曾经使用过全自动洗衣机，但生活实际中，最实用、最便捷的洗衣机还是功能单一，经久耐用的洗衣机。因为用水量小，节省时间，而不再计较款式，变得非常实际。在这个年龄段中，对消费习惯开始反思，不再为时尚、情调、浪漫等因素所干扰。随着岁月的流逝，怀旧情绪的增长，对消费品也有逆反心理，向往从前的用品，甚至对眼前华而不实的用品开始更换，宁可购置样式陈旧，但有实用价值的耐用商品。比如，经常有中年人将自己很高档的家具，家用电器送给亲友或他人，因为在使用中有深切的感受：豪华气派的家庭影院，由于占据空间很大，声响吵闹，不如一台尺寸适中的电视好用；功能齐全的收录机不如手握的袖珍半导体收音机；对家中的摆设越少越好，使居住环境宽敞、清静。在这个年龄段中，家庭事业的负担要求身体健康，开始注意用品对身体的影响。生活经验使他们知道，还是祖祖辈辈传统生活方式及用品很有养生的科学道理：睡硬板床可以保养腰椎；枕头用稻皮、荞麦皮、橘子皮充填，有利于睡眠；一日三餐、粗茶淡饭，人不会招惹疾病；穿棉服装，多走路，少乘车等等。为了身体健康，使消费心理发生本质的变化。

消费心理更加面对现实。中年处在人生最艰难的阶段，为子女花费心血，为父母排忧解难。一般家庭中经济要精打细算，消费心理更为朴素。由于子女正处在青少年的消费阶段，消费的需要更为新潮，需要经济支承，中年人必须紧缩个人的消费。即使个人有爱好，有情趣，也不得不收敛，甚至暂时停止这些消费，面对现实重新调整消费心态。所以，中年消费者将自身的消费范围缩小到保障正常生活，简单实际的程度。追求价格低廉，简便实用，质量可靠的消费品，而且消费观念变得保守而坚定。

（4）老年阶段的消费心态

人生的65岁以上是老年阶段。他们带着一生的艰辛和业绩远离了工作岗位，从此不再为事业的竞争而烦恼，完成了子女成家立业的操劳，一身轻松，可以颐养天年了。但不免有"夕阳无限好，只是近黄昏"的惆怅心理感觉。老年人退出了社会工作舞台，但在家庭生活中有保持独立的强烈心态，无论独居或与子女同住，生活与消费力求排除干扰，不依赖他人。消费中有较突出的个性心理。

老年人随着视力、听力、行动等感知能力的减弱，对生活用品要求操作简便，耐用，而且尤其注意安全。所以老年人对功能先进多样的生活用品并不欣赏，因为没有精力详细阅读产品的使用说明书，按照规定一步一步的操作。尤其对标有外文字母的操作按钮，过于细小的文字说明，或印在色彩上面的文字最反感，给识读带来极大的麻烦。对消费品的变化敏感，而且总要与从前使用过的用品相比，一旦在使用中出现质量问题，会抱怨用品今不如昔。由于一生丰富的经历，对用品的安全性要求很高，加上心理上年老力不从心的意识，希望借助用品的安全可靠求得正常使用，不出意外。

老年人的嗅觉、味觉、咀嚼能力，消化能力等生理机能相对迟钝，但在保证健康，延年益寿心理促使下，产生饮食与生理机能的心理矛盾。对饮食消费既讲究营养与保健，又要符合身体机能的特点。对主食与副食的精细加工甚为反感，比如加工成带有香味的稻米，磨制过细掺有增白剂的面粉，洗净包装的蔬菜，花样翻新的糕点等等，都感到不尽人意。由于对环境的适应能力下降，对气候变化敏感，要求服装随和质地好，而不讲究样式。

老年人的怀旧心态作用，使他们从物质与精神追求上，都反映传统的文化意识与观念。讲究传统的民族节日与民俗习惯，把从前节日中留下的记忆作为一种精神享受。为了寄托怀旧的情感，往往以书法，绘中国画，象棋，民族乐器，养花，养鱼为主要活动，甚至达到痴迷的程度。有很多老年人舍得开销，从头学习一种技艺，由于专心致志，能达到很高的艺术水平，而且还可能有别开生面的艺术作品。近年来，老年人对中国的民族文化的继承与弘扬作用越来越明显：他们把书法视为一种宁静致远，淡泊明志的生命运动；对中国画情有独钟，能品出其中传神的意境，并用来装饰居室，给人以古朴优雅的感受；有的老年人研究京剧，是最忠实的观众及爱好者，这些与青年人形成强烈的对比。如果设计者能为老年人创造条件，提供民族文化的产品，可能是传承民族文化的一条途径。所以，从设计的角度关注老年人，不单是送给他们称心的物质产品，而是借老年人怀旧的心态，共同保护中华民族文化的宝贵财富。使每一代人进入老年阶段时都这样做，不但有利于修身养性，而且使民族优秀文化代代相传。

老年人既怕孤独，又求清静；盼望吉祥，向往温馨，他们需要关爱，需要尊重；尤其到了疾病缠身，子女因工作很难关照时，更需要有亲人般的体贴为即将熄灭的烛火遮风挡雨。在老龄化社会逐渐上升的趋势中，设计作为人类物质文明与精神文明的推动力量，应当研究老年人的消费心态，让老年人感到设计对他们的关爱。

12.3 面向毕生消费心理的设计思考

20 世纪 80 年代，意大利一位设计师提出一种新的设计思想。他认为：设计就是设计一种生活方式，因而设计没有确定性，只有可能性。设计是产品与生活之间的一种可能关系。这样的功能含义就不只是物质上的，也是文化上的，精神上的。

"人的一生要经历生长，发育和衰老的几十年岁月，人们从社会的需求和个人的需要出发，思索着走什么路去历尽自己的人生。青年在开始探索，中年在沉重地实践着，而老年在回溯与总结。不仅如此，年轻的父母还在为自己的子女设计未来，为他们的学业和事业，为他们的发育与成长，做着各方面的准备。这种准备应当从零岁，甚至从胚胎期开始，这一点已逐渐为人们所认识"[1]。

由此可见，设计不仅要满足人的一生的物质需要，还要从心理上满足精神需要，树立面向人类毕生消费心理的设计思想。

（1）为少年儿童设计清新

处于少年儿童年龄阶段的消费主要由父母设计与控制，即使有消费心理的需求，也往往是对物质的直接需求。但是，少年儿童从幼小到长大，从幼稚到成熟，从不谙世事到饱经阅历，要经历智力、能力、人格等方面的发展。每一位家长对子女都有极高的期望值，只要有益于他们的成长，都尽其所能为子女创造条件，除了保证生活需求及学习外，还要课外发展孩子的智

---

❶ 孟昭兰《普通心理学》第一版，北京大学出版社，1994 年 9 月，第 527 页。

力与特长。为此，设计不单向少年儿童提供消费品，用来满足物质需要，而有责任让父母懂得少年儿童的心理特征，掌握科学的养育方法，让设计与父母共同营造少年儿童成长的清新环境。

孩子从母腹中的胎儿起，母亲对胎儿正常发育起着重要的作用。如母体提供的营养是否齐全，疾病是否有不良的影响，母亲的情绪直接影响胎儿。母亲经常处于恬静愉快状态对胎儿的成长甚至出生后生理节律周期的建立都很有利。出生后的婴儿逐渐对母亲贴近的面孔和微笑产生欢跃的反应，母子互相强化着对方的感情反应。母亲哺乳，婴儿偎依，成为母子双方快乐的源泉。可见，设计能为婴儿提供高级代乳产品，但隔断了母子信息与情感的交流，可能影响孩子的情感发育。所以，设计要让父母了解子女从胎儿到降生，成长的心理发展常识，把握与子女的亲子交往，相互依恋，婴儿的早期行为模式，语言发展与认知发展等阶段，使少年儿童从小就有健康成长的清新环境。

父母的养育也要给少年儿童一个清新的心理环境。比较理想的父母是善于对孩子施以规范的教导，能对孩子提出成长的准则，但又给孩子充分发展的空间。尊重孩子的独立性和创造性，孩子因为家长的肯定而感到自尊与自信。孩子与父母情感相通，也学会善待他人。相反，父母专横或放任子女，或盲目地追求孩子的智商，温情桎梏等教育方法，对少年儿童都是极大的心理伤害。

设计还要为少年儿童营造清新的社会环境，与社会、家庭和学校共同建立抵挡不良诱惑的心理防线，为少年儿童设计健康的物质产品和精神产品。比如：新颖别致的学习用品；适合少年儿童的生活用品，精心为孩子设计像样的学生装，让孩子们穿在身上能有自豪幸福的心理感受，重现上一代人那种儿童是祖国花朵的感觉；为孩子们提供有益的书刊，音像制品，影视节目；用高科技手段创造科学的乐园，在玩耍中滋生对科学探索的向往；让网络世界启迪孩子们美好的心灵等等。让少年儿童和父母感到设计者的良苦用心，感到设计活动的伟大力量。

（2）为青年设计理想

青年是人生、事业、奋斗的最壮丽的阶段，是将理想变成现实，迈进人生道路的重要时期。现代青年相信通过自己的奋斗能带来成功和财富，但面临的就业压力，社会经济结构巨大的变革，心理是不安的，焦虑的。当代青年缺乏父辈的艰苦奋斗的精神与承受困难的耐力，几十年来建立的社会价值标准在青年一代意识中荡然无存，反而不能像上一代人那样轻而易举的就业工作，找到人生的位置。因此，设计要为当代青年设计人生的理想。

青年人朝气蓬勃，富于理想。当代青年不愿意把自己束缚在限制自我表现和自我发展的某一岗位上，他们希望按个人兴趣和志愿自由度很大地工作，发展与展示自己。设计要根据青年的特点与心理，为他们建立展示人生价值的社会环境。比如：让他们在设计领域中，承担新产品开发的设计任务，充分发挥他们的创造能力和聪明才智，在充满风险的工作中经风雨见世面，为实现人生的理想去探索，去冒险。鼓励他们张扬个性，与众不同。

在改革的大潮中，总有社会沉渣泛起，对当代青年是严峻的心理与意志的考验。设计要引导青年，正确认识索取与奉献，奋斗与享乐的辩证关系，用高尚、健康、积极的物质与精神产品，增强心理免疫力。设计完全可以为青年人扩展广阔的空间与框架，让青年人在复杂多变的设计实践中，按自己的设想充填这个框架，锻炼他们运用知识的能力，独立工作的能力，既有理智又有热情，既能进取又敢于冒险，既能直面挫折又变得成熟。设计完全可以满足青年人的物质产品消费心理，但设计还要满足青年人的精神产品消费心理，帮助他们实现人生的理想，是当代设计值得探讨的课题。

（3）为中年设计健康

中年人体力和精力下降，可能产生了在事业上消极的观念，失去探险和进取的动力。对外界的积极态度日益减退，对自身的作用服从于消极的适应，对自身内在生活的集中注意导致内在性格加强。中年人经历了青年时代的奋争，创造了事业，但也留下疲惫与创伤。在养育子女、赡养老人的双重负担压力下，身心不免憔悴，深感力不从心。设计应当为中年人送来健康，帮助他们对生活方式，工作节奏做适当调整，继续开展创造性的活动。设计应充分发挥中年人成熟，生活阅历丰富的优势，承担设计活动中的指导性工作，统领新生力量，承前启后。尽管中年人感到自己不再年轻，理想还没有完全实现，但设计活动的诱惑能使中年人忘记年龄，以年轻的心态抓住实现幻想的时机，不是否定自己，而是重新建立起一种心理上的灵活性，跨越中年心理停滞的障碍，发挥特殊能力与专业特长。

既然设计面临人类毕生心理发展的新问题，中年人完全可以用身在其中的人生经验，现身说法，研究怎样以设计的新思想、新对策，打开消费心理的新局面，为人生不同年龄阶段的人，提供精神产品。让每一位中年人从自身做起，寻求身心健康。

（4）为老年设计幸福

老龄社会趋势，产生了新的社会问题和老年心理问题，设计要为老年人带来幸福。

首先，设计要提供适于老年使用的产品，解决老年人生活中的困难，缓解因健康，机能日趋下降而产生的心理问题。比如供老年人使用的消费品尽量符合他们的生理特点，有利于他们的视力，听力，记忆力和缓慢的生活节奏。可以说设计对这类产品的开发远远没有引起足够的重视，因而老年消费品尚属设计与开发遗忘的空白角落，这也是加重老年人心理问题的因素之一。

设计要为老年人送来幸福，最大的工程是创造老年物质享受的环境，用来解决心理问题。当前，产品开发的决策层驱使设计偏离了人类毕生心理发展的规律，忘记了老年人。当这些人老态龙钟时，会自食其果，方知犯了不可饶恕的错误。如今，中国老年人大多开始与子女分居，子女忙碌无法精心照顾老年人，而社会保障受经济负担或经济利益的影响，还没有建立合适的机构。目前无论雇用保姆或老年福利院的形式，没有规范的模式，致命的弱点在于完全是经济利益运作，缺乏最根本的人性心理关爱，缺少那种不是父母，胜过父母的真情。曾经有过报道，学医的学生为了表现对老年人的关爱，去病房为老年人洗发，拍下了感人的照片之后，扬长而去，头顶肥皂沫的老人茫然无措。可见，现代设计提出了以人为本，人性化设计的口号，那么，设计面向老年人的幸福确实需要有一场革命，一场为老年幸福的设计观念的革命。所以，学习心理学，了解老年人的心理特点，怀着我到老年时，该会怎么样的心境，开发设计关爱老年幸福的工程。设计活动像对待儿童那样，像对待经济效益颇丰的工程那样，为老年人设计幸福，弘扬中华民族伦理道德的光荣传统，开创中国设计的特色。

思　考　题

12-1　名词解释
　　　消费　生产消费　生活消费
12-2　怎样为少年儿童设计清新？
12-3　怎样为青年设计理想？
12-4　怎样为中年设计健康？
12-5　怎样为老年设计幸福？
12-6　设想怎样办好托儿所或敬老院？

第 13 章

面向营销的设计思考

- 营销的商业气息与购买欲望
- 设计的宣传方式
- 产品展示
- 产品售后的情感投入

　　营销是指为满足消费需求，谋求商品畅销的策略与手段。在面向人类的消费行为中，有面向生产消费的营销与面向生活消费的营销。营销的最终目的是倾销商品，收回成本，获取利润等经济效益；营销最突出的特征是同行与同类产品的竞争。

　　面向营销的设计思考，是从设计的视角，研究营销的策划与谋略。设计者与艺术家最了解自己设计的成果，最有宣传产品的资格与能力。设计者虽然不直接参加产品营销活动，但设计者研究营销心理，探索产品宣传广告创意，展示产品，传递情感等活动，是科学理性营销的有效对策。

13.1　营销的商业气息与购买欲望

　　营销的商业气息与购买欲望是指在买卖活动中，形成的其乐融融，乐知天命的人气，热气腾腾，红红火火的气势，以及吉祥伴着祝福，平和饱含深情的购销气氛。

　　古老的商业气氛是令人怀念的：一条街的两侧，经营不同商品的门市一家挨着一家，门上悬挂着牌匾，往往是名人题写的店名，而且是厚木板材，雕刻的字体，再配上轻轻晃动的挂幌，各家门面不尽相同，但经营的商品却一目了然。店铺的场面并不豪华，但很是热闹，买东西的人们伏在柜台前，端详着商品。交款时，算盘乒乓作响，店铺伙计将钱款与货单装在一个小盒子中，用手一推，沿着一条细绳滑落到收款处。出得门来，人们还要在阳光下，端详一下所买的商品的成色，逛街的人三五成群，好不快活。

　　上灯时分，摆满针头线脑的地摊排成长龙，用乙炔气点亮的瓦斯灯明明灭灭，迎候着逛夜市的人们。老奶奶领着孙子孙女，漫步而行。人群中穿杂着肩挎玻璃箱子，蜡烛摇晃的小吃叫卖的小伙计，不远处，杂耍的，唱戏的，说书的，好不热闹。

　　逛街的人，不一定买什么，但在商业气息的笼罩中，也想购买一些商品。买卖双方是自由的，老百姓说的风水，实际是指营销的商业气息，是占尽天时地利人和，自然形成的。所以，营销的商业气息与人的购买欲望好比小河流水，随形附势的流淌。买卖，店铺，夜市让老百姓乐在其中，商业气息热闹，却从不干扰宁静，这才叫过日子。

人对艺术的接受与欣赏也如同商业气息与购买欲望一样，艺术吸引观众，要有吸引观众的兴奋点和魅力，不断地点燃观众的激情，让观众激动不已，难以割舍。假若一场文艺演出，水平低得不如观众，或者，艺术作品只有业内人士懂得，弄得离奇古怪，莫名其妙，还要人家欣赏，便是强人所难了。

艺术要贴近观众，如同老店铺让人感到温暖一样。如今，人们还是特别怀念从前的电影院和老剧场的演出环境与气氛。普普通通的木板坐椅与水泥地面让人感到随意，简简单单的舞台让人感到亲切。人们热热闹闹，为演出烘托了热烈的气氛。

从前，一个单位经常为职工或学生包一场电影或剧目，等待演出前，大家互相问候或攀谈，是难得的宽松与欢乐。

当年，有的电影院是专门为少年儿童设置的，看电影之前，在电影院里的游戏室中，有专门的老师教一教下棋，学一学乐器，还专门开辟小园地，让同学们写电影观后感等。这不单是人们对往事的怀念，也表明了人们欣赏电影及其他艺术的心理趋向。

今天，如果重新将老电影院、老剧场开辟成熏陶少年儿童心灵的园地，开辟成帮助青年实现理想的航船，开辟成中年缓解压力的港湾，开辟成老年人派遣寂寞的乐园，谁都会高高兴兴地回到怀念已久的老地方，去享受平平常常的快乐。因为坐在家里看电视，不但冷冷清清，看坏了身体，而且永远也找不到大家在一起看电影的那种热闹与欢乐。只要电影有真情实感，贴近老百姓，舍弃豪华与包装，不媚俗，不急功近利，电影就会有一个新的辉煌时代。

可见，无论电影，各门艺术还是商业，传统与风貌越古老、越久远，人们的欣赏或购买欲望则欲强。因为商业与艺术的气息，传承着文化，送来了祝福，让老百姓的心中，既装着柴米油盐，也装着如意吉祥。

13.2　设计的宣传方式

设计成果的宣传方式有多种多样，有专门的产品介绍样本，使用说明书，而且还有利用媒体的音像材料等。艺术创作的作品，如文学作品的版本、音乐、舞蹈、影视的宣传海报、首映式或新闻发布会等等。设计成果的宣传，已达到设计、艺术、展示多种多样活动融为一体的程度，目的在于充分介绍设计的成果。

这里，仅就下面设计开发的实例，简述设计宣传的创意。

健身洗衣机：将健身洗衣机的品牌定为"牵手"，缘由是以健身洗衣机为纽带，实现健身娱乐与家务劳动的牵手、人际间情感的牵手、设计开发与保护生态的牵手。力求通过设计的宣传，让人体味人生的欢乐与艰辛。比如：夫妻是共同奋斗的牵手，到颐养天年的牵手。如同歌中所唱："这是牵了手的手，今生今世不好走。这是牵了手的手，来生来世还要一起走"，从此，夫妻相依为命，共同书写人生的画卷。

东北虎钟表：在宣传中突出东北虎的珍贵，唤起人们对自然生态的关注。其中，广告用语要显示东北虎的大气与风范，如："雍容华贵，舍我其谁"；"王者风范，稀世独尊"；"钟表世界，王者为冠"；"山中老虎，雄风犹在"。

美人参钟表：力求在宣传中营造一种人参文化，广告用语如"人参钟表，仙子风采"等。

13.2.1　产品宣传广告

产品广告像空气，包围着每一个人。如果是清新的空气，会令人心旷神怡；若是污浊的废气，会令人心里生厌。设计者要了解产品广告的一般特征，提高广告设计必需的文化修养，使人能产生良好的心理效应。

（1）广告的概述

广告是一种宣传方式，通过报纸、广播、招贴等介绍商品或文娱体育节目等。

在中国，由中国历史博物馆保存着世界上最早的一幅印刷广告，是公元960年至1127年间，北宋时代济南刘家针铺的一幅铜板雕制的广告，如图13-1。广告幅面高130mm，宽125mm。

图 13-1　刘家针铺广告图

整幅造型酷似一家古色古香的店铺门面：最上横眉写着"济南刘家功夫针铺"字号，两侧竖匾对称写着"认门前白兔儿为记"，中间绘有一只白兔，下首铭刻功夫细针的制作与行销宗旨："收买上等钢条，造功夫细针，不偷工，民使用，若被兴贩，别有加饶，请记白"。

宋代画家张择端绘制的《清明上河图》，画中仅在汴洲城东门外十字路口处，就有横匾，竖牌30余幅。古朴别致的广告招牌让人感受到当年汴京繁华、祥和的意境。

　　值得人们怀念与追惜的广告形式，是现代民族歌唱家郭颂所唱的《新货郎》那首歌中"打起鼓，敲起锣，推着小车来送货"的情调，刻画了古来行商走街串巷，手晃拨浪小鼓，或箫管备举的行销广告。

　　而近年来才消逝的挂幌广告，热闹而不纷杂，古朴而不低俗的生活气息留在一代人的记忆中，如图 13-2。

图 13-2 店铺挂幌

　　图中，酒店以葫芦为造型，饭馆以宫灯为造型等等，逛街的人一目了然。挂幌披着岁月的沧桑，从久远的过去走来，向现代人倾诉，祖祖辈辈的商人，是以诚信的品德经商济世，不但铸就了中华民族的商业文化，而且更让人们怀念昔日老店的风貌、祥和的意境。

　　今天，说不定还有很多人，盼望这些挂幌依旧高悬，再混杂着如歌的吆喝叫卖声，让老店在眼前重现。

　　（2）广告的内容

　　无论制作哪种形式的广告，构成的内容都有如下三项。

　　① 广告插图：广告插图是介绍产品的具体形象，是广告的主体内容。可采用产品照片、产品外观图，也可以采用漫画、动画等形式。

　　广告的插图要形象逼真，给人以强烈的视觉感受与吸引力，留下深刻的印象。广告的插图也可以用衬景，烘托产品的特性，给人以物境生动、情境含蓄、意境深邃的视觉享受。

　　② 广告用语：广告用语是对产品的介绍，是与广告插图交汇呼应，发人深思的诱导语言。

　　广告用语巧妙简洁，言简意赅，回味无穷，无疑是广告创意的目标。广告用语可采用各种语言艺术形式，如诗词歌赋，散文佳句，典故对联，幽默谐语等等，力求表达的准确、深刻、新颖、奇特。

　　③ 广告落款：广告中要明确产品的生产厂家或营销地址，便于联系，也可以将产品商标或企业的标识展示出来，起到画龙点睛的作用。

13.2.2 广告的心理效应

广告的目的是让人知道产品，而且知道的人越多越好。广告可以使人产生一系列的心理活动，包括感性的、理性的、情感的和意志的、个体的或群体的心理反应。

① 广告可以引起人的注意：使人心理进入对产品感知的反应阶段。广告以信息的实用性一般会引起人的有意注意。无论何种广告，电视的、广播的、报刊的，甚至是走在街上被人硬塞在手中的，都不免要看一看。广告就是这样刺激人的感觉，吸引人的注意力。

② 广告可以诱发人的兴趣：人们看到或听到广告，往往可能产生联想，在心理上假设，如果像广告这样，将会怎样。必定怀着好奇与兴趣，在心中琢磨一番。

③ 广告可以强化人的记忆：新奇有趣的广告，可以使人留下深刻的印象，甚至念念不忘；而令人生厌的广告往往又因为人们厌烦，反而加深了记忆。现代广告传播方式抓住了人的这一心理特征，总是不厌其烦地刺激人们的感觉器官，达到了不想看也得看，不想听也得听的程度，最后终于实现了这条广告让你不想记也得记的目标。

④ 广告可以引起人的欲望：今天，每个人都有这种感受，谁的广告轰炸力最强，谁的产品就占据了购买者的心理。这使人产生一个错觉：世界上仿佛这种产品只有这独家生产的一个品牌，再无分号。广告的这种心理攻势，使人假若决定购买时，可能成为首选的对象，因为这种产品的广告影响实在太深了。当然，产品的广告如雪中送炭应和了人的使用需要，必定引起购买欲望。

⑤ 广告可以召唤人的行动：一旦确信了广告，会坚定信心，立即采取购买行动。比如：一则以旧电视换新电视的广告，语重心长地告诫，如果电视超过使用时限，可能会有不良后果。这让人们立即行动，纷纷参与以旧换新的活动。

13.2.3 广告与文化素质

广告是艺术作品，而且是构图与语言等多门艺术综合创造的结晶；是设计者根据自己对产品的审美认识和审美理想，利用工程实践体验到的丰富素材，通过审美想象，创造出源于产品，又高于产品的艺术作品。产品广告以意蕴丰富，亲切生动的画面与语言，为人们提供了审美的精神享受，并从中得到艺术的陶冶，留下对产品的美好记忆。广告创作需要设计者在审美能力，语言修养及艺术个性等方面有较高的文化素质与修养。

（1）审美能力

人类在长期的生产实践中逐渐确立了自我意识，进而又形成了审美意识。广告是美的艺术，是宣传产品的艺术。但广告设计不是照产品本来的样子去模仿，而是按设计者的目的和愿望，创造出新的具体的艺术形象。

广告创作首先是画面。是运用产品形象、衬景、色彩等绘画语言，通过构图、造型、色彩设计等艺术手段，在二维平面上，塑造出具有一定形象、体积、重量、质感与空间感，可诉诸视觉的形象艺术。这种二维的产品形象艺术，既是真实产品活生生的反映，又是设计者对设计活动的审美感受、审美理想、审美评价的形象体现，因而能使人们从中获得审美愉悦与艺术享受。

广告画面的首要特征就是产品艺术形象的准确性与可观赏性。运用绘画技法具体精确地刻画产品的形态，光泽及衬景的深度与广度，能显示出产品的精良与典雅。广告画面还要体现设计者的主观表现性，富有形象生动性及情感的鲜明性，并巧妙处理产品形象的再现与表现。强调迁想妙得，形神兼备，抒情达意。使产品的艺术形象犹在写实与写意之间，神似胜过形似，艺术表现更为强烈。

广告画面还要烘云透月，以景托物，使产品与衬景，动静交融，虚实相生。既有思想的含蓄性，又有形象的凝聚性，达到画中有景，画外有意，象外有旨，弦外有音的艺术境地。可见，广告设计对设计者审美创造能力有很高的要求，设计者要不断加强绘画、造型等艺术技能的训练，学会创造艺术意境，使广告画面汇集设计者的艺术才能，皆成妙境。

（2）语言修养

广告创作要设计广告用语。广告用语的作用是画龙点睛，使广告作品图文并茂，声情兼备。在电视广告中，画面一闪即逝，来不及定格与落幅。在以秒计价的有限时空范围内，广告用语既要感动人们，又要用抑扬顿挫的语言节奏抒发情怀。广告用语要高度凝练，确实要达到一字千钧，语不惊人誓不休的程度。文学艺术家可以洋洋洒洒，尽抒胸臆的成全大作。但是，浓缩广告用语却是很难的创作。法国在申请奥运会主办权时引用了文学巨匠尼采的一句话："人人可以享受巴黎"。将法国人民对主办奥运会的渴望，对世界各国人民的深情厚谊表达得淋漓尽致，也成为广告用语创作的典范。

设计者怎样构想广告用语？这就要求设计者有很高的语言艺术的修养。首先，要博览群书，只有广阅人间的大作，才有启迪心灵的感悟；只有广泛采集片言只语，才有厚积薄发的经典佳句。比如：一位中学生，在一家啤酒广告用语的构思中，巧妙地借用了"众里寻他千百度，蓦然回首，那人却在灯火阑珊处"的传世佳作，脱颖而出，给人耳目一新的感觉。第二，要学习语言。语言与文字是人类创造的，为人所特有的交流符号。设计者要擅长使用科学语言，能用工程界共同的语言，像工程图样那样将产品描绘得极为精确。设计者为了构想广告用语，还要学习文学语言，像文学艺术家那样有意识地创造语言的含义系统，最大限度地造成语义的丰富性，使广告用语升华到言有限，意无穷的境地，使人品来总有说不尽，道不完的感觉。这是设计者要训练的语言想象艺术，也是广告用语短小精悍，意境宏阔深远的追求目标，让人百听不厌。比如：教育家蔡元培为北京大学留下的座右铭："学术民主、兼容并行、海纳百川"，寥寥几句，却使人感到北大博学笃志与面向世界的学术氛围和高远的胸怀。已有300多年历史的同仁堂，以"兢兢小心，汲汲济世，修合（制药）无人见，存心有天知"作为创业的信仰。同仁堂的创始人，清代名医乐显扬信奉"可以养生，可以济世者，惟医药为最"，讲究"同仁"。"同仁，二字可以命堂名，吾爱其公而雅，需志之"。"同仁堂"的价值可以用亿元估量。第三，要练习语言的开阔性与奔放性。像艺术家那样既能述古也能道今，既有形象又有抽象，既能抒情又能倾诉。设计者的思维所及、经验所及、情感所及与想象所及，都应当成为语言艺术的源泉，用来修炼广告用语海阔天空的构想能力。《人民日报》海外版的广告用语："对恋念故土的华人、华侨，是亲切的乡音；对关心中国的外国朋友，是友谊的纽带；对欲展身手的工商企业，是成功的指南"。以乡音、纽带、指南传递了对海外华人的情感。第四，要追求语言的生动性与趣味性。运用语言由逆转顺的艺术手段，会使人为之一振。有的广告用语，先是仿佛在阻止人们使用，但继而道出缘由后，方知其中的奥妙。

（3）艺术个性

广告作品要独特，就要讲究艺术创作的个性。广告艺术要达到独特新颖，不可重复的程度，既不重复别人，也不重复自己。对广告艺术创作的本质，可做出这样的概括："作家、艺术家按照自己的创作个性，把自己在社会生活中累积的表象材料，知识经验，人生感受和情绪体验等等，凭着理智与直觉，情感与欲望的推动，在自由的、虚拟的想象世界中，按照情理的逻辑与美的尺度，独创性地予以重新组合，形成一种能体现出社会审美理想，包蕴着丰富的社会人生内容，渗透着旺盛的生命力和真挚情感的假定性的社会人生画面。"❶ 设计者要学习艺术家张扬艺术个性的创作风格，从独特的视觉，在人们习以为常的现象中挖掘广告的创作素材。比如有一幅摩托车的广告创意：在山村崎岖的山路上，一位农民把一辆崭新的摩托车骑得歪歪扭扭。当他看到别人骑得顺顺当当时，又流露出很不甘心的神情。又如，有的广告大作名人的文章：英国一家不知名的小店，一天张灯结彩，路人以为一定会有高贵人物光顾，于是驻足等待，媒体记者也闻风而来。果然不出所料，一辆豪华马车款款而至，当两位客人在众人的簇拥下走进商店，人们狂热地欢呼起来，媒体也播放了热烈的场面。英国王室对此提出强烈抗议，谴责冒充查尔斯王子与戴安娜的行为。但这家商店声明，我们欢迎的贵宾是两位平常人，我们从未说过这两位贵宾是王室的人，引得这家商店名声大振。前美国总统克林顿为许多企业做形象代言人，也正是商家借总统的名声扩大影响。美国总统布什不仅亲做推销员到日本要求当地人买美国汽车、美国米，而且还破天荒地登场做广告，向英国民众介绍美利坚的优美风光。布什对着摄像机镜头说："今天是到美国观光的最好时机。"1983年2月，当新上任的美国总统布什访华时，天津自行车厂了解到布什夫妇爱骑自行车，便专门制作了两辆飞鸽牌自行车作为礼物送给布什夫妇。当中央电视台播送这条新闻时，人们都赞叹天津自行车厂这一广告做得漂亮。

13.2.4　广告与心理效应

广告宣传究竟能引起人们怎样的心理反应，每一个人都有亲身的体会。产品的设计者，生产厂家，商家及从事广告创意及专营广告的企业，也与平常人一样对广告有相同的心理感受。因此，只有承认现实，才能针对人们的

---

❶ 蒋国忠《大学美育》第一版，复旦大学出版社，2002年9月，第271页。

广告宣传作出心理反应，研究怎样做好广告宣传，逐步取得更好的效果。

（1）逆反心理

总的说来，人们对广告宣传都或多或少存在着逆反心理。导致这种心理的原因有：推销商品是为了赚钱，这是天经地义的道理。因为天下没有不花钱的筵席，天上不会掉下馅饼。所以在成语中才有"唯利是图"、"无商不奸"、"见利忘义"的成语。古往今来的商品交换形式使人产生一种思维定式与戒备心理。

在20世纪人们经历了商品匮乏的时代，从自行车到肥皂都要凭票凭证购买，从未见过推销产品的广告宣传。直到20世纪80年代，还很难弄到一张购买彩色电视机的票证。今天，各种商品极大丰富，人们不再为购买而分心。于是在愈演愈烈的商品大战中，人们感到商品过剩了，因而从心理上对产品的广告宣传漠不关心。

假冒伪劣的商品，更促成了人们对广告宣传的逆反心理。媒体不断揭露，使人们感到防不胜防的危急时刻在身边，因而更加小心翼翼，甚至放弃购买的欲望。而且，人们又发现，愈是名牌的产品，愈是容易被假冒，比如：媒体调查名为山葡萄酿制的酒，是用酒精勾兑的；假蜂蜜让养蜂人都难于辨认；茅台空酒瓶价值20多元；汽车零配件有真有假；废旧塑料再生的塑料袋销往大城市；回收的废铜制成的电线冒充名牌；用硫磺熏制新姜；用福尔马林泡制腐竹；某市领导人不吃本市生产的面粉；黑工厂、黑窝点、黑心棉等等。人们无法分清真假，任凭广告宣传攻势再猛，人们的心态却抱定能不买的尽量不买。

（2）偶尔接受

尽管广告宣传的形式繁多，信息量很大，但能给人留下记忆的却不多。当一旦想购买一种商品时，可能在广告攻势较强的品牌中进行选择。而且对商品需求周期的规律也使得消费者没有必要记忆广告，如日常生活用品购买周期短，只要买到真货即可，比如粮油副食。购买周期长的，如家电产品，可能在广告宣传的作用下，在熟知的品牌中挑选。有时贴在门上的广告并不被人们留意，但需要时反而很方便，如搬家、疏通下水、开锁等不是经常发生的。因而，对广告宣传大多持以偶然接受的心态。

（3）漠然置之

尽管广告宣传不遗余力，消耗广告人的精力与财力，但人们没有义务去注意广告并对广告做出反应。比如看了电视新闻节目后，为了等待天气预报，插播的广告不必去管，只当成一种过场；报纸上整版广告，人们除了感到浪费纸张外，并不想仔细阅读；街上巨幅广告牌匾，行人不屑一顾，只有刮风时人们才格外留神，千万别掉落下来砸了自己；电视节目中插播广告，人们会暂时看别的频道节目；塞在手中的广告宣传可能随手扔掉，或躲开散发传单的人。

（4）适得其反

不管促销的手段多么巧妙，许多营销运作或多或少带有的欺骗性，已使世人产生了不介入的防范心理。如果广告宣传在人们这种心态下出现，会产生相反的效果。上门推销的规律是先赠送，紧紧缠住后，再要钱；降价大甩卖可能比原来的价位还高；当日没售罄的熟食是否如广告宣传那样销毁；烹炸油条的油多长时间内更换等等。人们接受商品首先关注的是起码的营销规范与职业道德，如果广告宣传与营销实际出现强烈反差，会适得其反。

（5）令人生厌

如果一本很受欢迎的报刊或杂志，刊载广告后，在读者的心目中立即会为之惋惜，可能不再订阅。尤其学术性很强的刊物，读者需要的是科学知识，广告冲淡学术气氛；带有威胁性的广告宣传，企图运用危言耸听，反复说服等技巧，这种威胁性说服往往又由专家来宣讲，但这只是广告运作的一厢情愿，给人们带来的心理压力远远大于广告宣传的效果；一种活动冠以赞助商的名称；一条大街以出资企业命名，人们都清楚缘由，心中自有一番评价。

当前广告运作无论多么炽热，但都以正面强攻，立体轰炸的模式，使广告犹如细菌一样无孔不入，而且大多形式并无新意。现在，广告宣传应当冷静思考的是，尊重心理学对人的心理研究的常识，了解广告的心理效应，让广告面目一新，受到人们的欢迎。

13.3 产品展示

商品摆在柜台里有一定的格式，产品展示与销售涉及环境。如同演出一样，演员化装，舞台优美。产品在商场、展销会、交易会、博览会上展示，产品所处的环境与氛围形成了一种展示艺术。是多种艺术样式交融而成的，能发挥综合整体优势的艺术类型。凡是能引起视觉、听觉同时感受，观赏的艺术形式都可以成为产品展示艺术的内容：如建筑、园林艺术的三维空间结构与虚实相生的布局等艺术技巧；色彩、构图、形态、光影等艺术语汇；美工、布景、灯光、工匠的通力合作等等。使展示艺术成为一种由许多艺术要素构成的有机统一体。如何通过产品的展示活动带给人以审美与艺术的精神享受，是产品展示艺术设计的宗旨。

13.3.1 产品展示的艺术氛围

（1）展示环境的形式美

一种产品的展示首先要有展示的主题，即以产品形象为基础升华的引导与象征，而不是直接使用产品的品牌或名称，使观赏者不只浏览产品，而是受到启发、教育与思索。使观赏者首先要琢磨主题的含义，在景与情、形与神、虚与实的展示环境中，产生"登山则情满于山，观海则意溢于海"的慕名心理感受。

产品展示以产品为主，环境为辅。展示设计要尊重美学法则，产品与环境的比例与尺度，对称与均衡，节奏与韵律，比拟与联想等等。环境的可变距离，可变角度，场景分割，整体与细节，全景与特写都要开阔视野。采用借景的手段，远借，邻借，仰借，俯借与镜借，都能增添隐逸越世，寄情山水，意境含蓄的艺术效果。

展示环境如一座建筑，材料的选择不一定以豪华为上乘。既然是艺术创造，在艺术家眼里，一段朽木、一张废纸、一件被人丢弃的什物反而很有艺术价值，可以化平庸为神奇。中国古代建筑只有石、木，但它傲视现代水泥钢筋、玻璃幕墙。可见展示环境的形式美也在于追求特色，比如：汽车的展示环境若以一段沥青路面及白色标志线为衬托，以交通红绿灯为背景，环境材料廉价，而且有亲近感；收割机以麦田为衬托，蓝天白云为背景，使人联想希望的田野，丰收的喜悦；金属切削机床以加工的零件为衬托，用铁屑编织为衬景，会别具意境。

（2）展示环境的意境美

不同产品有不同的使用功能，也给人不同的心理感受。比如茶叶的展示环境，若使用铝合金，镀金等现代材料，很难让人有清新的心理感受，因为破坏了茶的意境。茶庄素以清香、味纯为特色，经营者严禁化妆，以防邪香侵入茶叶。茶叶的名字都带有幽香沁人的意味。所以，展示环境要古色古香，雕字的木匾，紫檀的围栏，琴棋书画，花鸟石山点缀之下，才有茶香的意境。同样，同一类型的产品家族，簇拥于一个空间，人们会感到美不胜收，赞叹企业的实力；反过来，多种品牌的不同厂家产品挤在一起，总给人残次品处理的感觉。假如运用连锁展示的方式，如一台轿车，用透视规律配制远景，配有驾车上班，出游等画面，使人联想车的用途及给人生活带来的便捷与乐趣；或以产品为主，以与产品相关联的配套产品为陪衬，如展示照相机，夸张地将胶片变成一幅幅照片，使观赏者在展示中欣赏，感到产品先进而且又充满生趣。巧用展示的色彩、照明、音响，渲染一种意境，在于艺术构想的丰富及对生活的体会。

（3）展示环境的个性美

围绕产品展示的主题，突出展示的特色，是追求个性美的一种方法。而在许多展示会上，各展位不惜耗巨资求得富丽堂皇的效果，都用相同的材料，结果是相互展位没有对比，显示平淡没有生趣。俄罗斯莫斯科的地铁车站，每一站有独特的设计，犹如走进一座又一座宫殿；颐和园的长廊，间隔均匀的横匾绘制一幅幅不同传说的故事画面，让人驻足不前，这都因为别开生面。

围绕观赏者关心的话题，展示产品的功能结构，用透明材料制作产品外形，而将产品内部构造清楚地展示出来，让人了解产品的工作原理；针对使用的安全话题，把产品控制机构演示出来，比如：热水器究竟怎样用防电墙防止事故，让参观的人亲眼见到，会对产品产生信任感。用设计的科学技术优势，把产品展示变成科学知识普及的课堂，为参观者提供使用、拆装、排除故障等实践操作的环境，设计者亲临现场，传授使用常识，倾听人们的意见与设想，这不但有产品实物的交流，还有使用者与设计者心灵间的沟通，可能要比几位陪衬产品的模特，一问三不知的效果好得多。

13.3.2 产品展示的文化氛围

（1）产品展示的科学气氛

产品展示告诉人们，是科学技术改变着人类生存的世界，不断提升生活的档次。设计作为科学技术转化为生产力的创造活动，给人们带来美好的生活，为人们实现许多古老的神话。产品展示让人们看到的是产品，而想到是科学技术的伟大动力与设计者劳动的深远意义。所以仅限于感官刺激的展示可能使人激动一时，因为是缺乏理性的肤浅；而科学文化气氛是引人入胜，深层次的心灵震撼。比如：中学物理介绍了内燃机吸、压、爆、排的工作原理，展示汽车时将原理延伸一下，让人们亲眼看一看学过的科学知识的具体应用，会深有感触，知道由原理到应用要走过多么复杂而艰难的路程，设计者要花费多少心血。一件产品应用的科学技术十分复杂，让参观者了解一些，也增长了科学知识，同时还有可能引发他们新的设想。今天，人们乘坐现代化的交通工具，从未有过类似马车的颠簸感觉，其实人们不知道设计时有多么艰难，把减振的悬挂装置展示一下，让人们感受一下，会恍然大悟；人们常在产品广告中听到汽车的电喷新技术，电视的数字化，如果借产品展示帮助人们破解这些新技术、新名词的奥秘，产品展示也成为解惑的科学园地与课堂。

（2）产品展示的文化气氛

法国一年一度的葡萄酒节从世界各地聘请礼仪小姐，象征酒文化的世界性。世界很多国家都以自己的文化传统，创造着产品的品牌文化：美国的牛仔文化使服装流行于全世界，对青少年有极大的影响力；而在中老年人的眼里，不过就是当年他们穿过的劳动布制成的工作服，这是由于文化拉动了品牌。在中国，文化对产品的促进作用还很稚嫩，白山黑水，人参、貂皮、乌拉草一直被称为东北三宝、内蒙古广阔的大草原、中原古风、江浙秀丽、喜马拉雅山的清纯、新疆的歌舞、台湾、海南宝岛的风光，还有数不尽的传说、典故，都还没有充分挖掘文化的内涵，用来装点产品。近年来各地也举办文化节、民俗节，但深层地理解文化，弘扬文化，用文化振动人们的心弦，用文化装点产品还有待深入地探讨。创造产品展示的文化气氛，决不是停留在以某种文化命名的层面上。比如：举办人参节，将上好的人参摆在展台上，但地上丢弃的人参任参观者踩在脚下，让人感到人参不过如此，大煞人参神奇的风采。仅有人参产地的人才知道，扔在地上的人参是因生长期没有充分灌浆的瘪参，没有营养价值。其实人参有很多神奇的传说：深山老林中的山参，有七两为参，八两为宝的说法；发现了山参要用红线系牢，挖参要用伞遮阳，细心到毫发无损的程度。即使人工种植的园参，必须开垦新的土地，而且种植一茬人参后，不能复种。在人参的故乡，人们只是口传着这些故事，但没有把它作为文化来推崇人参的身价。相反，出口的人参，曾经10千克一木箱，让人感到不如萝卜珍贵。汽车博览会上，车旁有模特陪衬，参观的人可以与模特合影，但参观者向模特了解汽车的简单问题时，却一概不知。

中国老字号的品牌各地都有很多，历经几百年的沧桑岁月。老字号企业与产品开始创业时，世界上还有许多国家尚未建立。但竞争是残酷的，富于悠久文化传统的老字号品牌也可能被淘汰。所以，继承和发扬民族文化不是一句空话。产品的文化环境直接影响着人们的生活方式，消费心理，购买行为和价值观念。同样，产品展示中的文化气氛，对树立产品形象，扩大产品的影响都有重大作用。

　　一位美国摄影师斯坦·特里波尔特别喜欢中国的胡同和宅门。他发现胡同里有些砖瓦房看上去仍很古老，结构、环境及修饰都很美观，甚至每件石料和瓦片都精雕细琢，每一块、每一件都堪称艺术品。他拍摄了许多庭院的宅门，有大杂院的宅门，有昔日的富家宅第，有透着简朴，也让人觉着亲近的宅门，有包含祝福与吉祥的农家宅门，胡同人家，日子红火的农家小院，门墩儿与宅门。这古老并开始残破的胡同与宅门，在中国人眼里很平常，甚至推倒了事，但在外国人的眼里，却深感岁月沧桑，是人们生活的一部分，是中国古老文化的标志。看到人们乐知天命悠然自得，是令人感到亲切的风景，如图 13-3。

图 13-3　宅门

　　在创造产品展示的文化气氛中，人们不一定去冥思苦想，祖先留下的灿烂文化，可以随手拈来。重要的是要珍视世世代代积累的文化成果，让她在产品展示中焕发青春。

13.4　产品售后的情感投入

　　售后服务是在产品使用阶段中，从安装、调试、使用、操作、培训直到维修的整个过程中，专职人员承担的服务活动。今天，产品售后服务尤其重要，不单影响到使用的效果，而且是生产厂家、设计者、售后服务人员对情感的投入。

13.4.1　售后服务的情感

　　传统心理学把心理现象划分为 3 个方面，即认识过程，情感过程和意志过程。售后服务活动要以心理学情感理论为指导，把售后服务变成情感服务的过程，送给人们一个宽松的心境，快乐的情绪与深厚的情感，营造设计与使用的和谐关系。

（1）送来宽松的心境

心境是一种比较微弱而在较长时间里持续存在的情绪状态，具有广延、弥散的特点，它似乎成为一种内心世界的背景，每时每刻发生的心理事件都受这一情绪背景的影响，使之产生与此相关的色彩。比如：人的工作状况、健康状况，甚至天气、环境都可能影响人的心境。当然，良好的心境对人有积极作用，不良的心境必定影响人的身心健康。

很显然，无论是谁使用产品都应当引出一个良好的心境。比如：减轻了体力消耗，改善了生活与生产的环境，而且售后服务人员热情周到，这些积极因素滞留在人的心理状态之中，就形成了使用产品的良好心境。现在，许多产品的售后服务已经相当完善，人们是满意的。但是，当所有产品的售后服务都完善时，大家又站在同一起跑线上，所以，要求售后服务活动不断研究人的心理状态，不断创造有利于良好心境形成的各种因素。比如：接到产品生产厂家的电话或走访人员上门访问时，当产品出现一点故障立即有人赶来维修时，人们感激的心境不言自明。人们时常听到：运动员取得优异成绩时，最深的感触是因为心中有十三亿人民；华侨们时刻为祖国是强大的后盾而自豪；那么，有厂家无微不至的售后服务活动，人们也同样感到有坚强的后盾，因而可以放心地、轻松地使用产品。

售后服务的活动没有止境，送上宽松的使用心境更是永恒的话题。厂家的售后服务活动还有不断完善的巨大空间。比如：有许多销售部门，送货上门临时雇用人力板车，而且大多时间集中在晚间，即使是价格不菲的高档用品，在送货人的眼里也不过是随意搬扛的重物；有的厂家雇用销售地点的人员，参加售后服务活动，都可能引起人们不良的心理感受。假如厂家责成销售网点，统一送货专车，售后服务人员统一着装，可能是产品生产厂家情感诉诸的延伸。

（2）送来快乐的情绪

情绪是情感形成的运动过程。不同的人在使用产品过程中，会产生各种各样的情绪，有轻松快乐的，有紧张焦虑的，有适应或不适应的等等。售后服务活动要有助于使用者的情绪调节与情绪健康，采用积极有效的手段，帮助人们学会对紧张情绪的释放。比如：售后服务人员送货上门时，真诚地祝贺你成为这种产品大家庭的成员，表明送来的不仅是产品，还有一片温暖的关怀，谁都会由此产生有信心和有意义的意识状态，伴随着满意感和满足感。快乐使人们对产品厂家产生亲切感，处于轻快、活跃、主动和摆脱束缚的状态，使人感到享受生活，使用产品的乐趣。与此类似的，当学生接到大学录取通知书时，心情都非常激动；但往往由于通知书印得很简陋，加上缴纳费用等要求事项，弄得学生心情沉重；还有评定职称的人接到职称证书时，心情也很激动，因为这是多年心血与业绩得到承认的象征，但职称证书上书写的潦草的字迹，不能不使人感到一丝凉意。这些现象表明，在人与人的和谐关系中，无论是谁都应明白心理学的普通道理：人类的情绪靠相互调节，快乐的情绪是保持生活愉快，维持心理健康的天然机制，是人类天然的需要。

当售后服务人员帮助调试一台新的计算机时，并告诉怎样操作有利于健康；当操作者启动机床，高速运转时，售后服务人员陪伴在身边，投以信任、鼓励的目光时；当长途汽车抛锚在荒郊旷野时，售后服务人员雪中送炭……人们的情绪始终受到售后服务的密切关注。可见，情绪就像染色剂，能给生活染上快乐的色彩，情绪又恰似催化剂，催生美好与惬意。

（3）送来深厚的情感

既然情感包括一个"感"字，又包括一个"情"字，那么售后服务就应当既能送来有良好感觉的产品，又能送来深厚的情感。所以，售后服务要让使用者有安全感、信任感，受到尊重的感觉。现在很多企业都提出了"顾客一切都是对的"口号，在今天的产品竞争中，全心全意为顾客服务是赢得信任的基本条件。美国通用电气公司认为：为了确保顾客满意，不仅要关心产品的质量，而且也要关心广告、服务、产品说明、配送、售后服务等活动的质量。该公司营销战略专家对产品质量的分析颇有独特的见解：企业除了传递生产质量之外，还要传递市场营销的质量。为此，需要建立一种企业文化，使企业内的每一位员工都以顾客满意为目标。扩大了产品质量的含义，已不限于产品的功能及耐用等内在质量，还包括顾客的满意程度，即情感的质量。由此可以推论：产品的质量开始于人的需求，终结于使用的满意程度。如果有人要求产品或售后服务能达到何种程度，那么这个程度就是他心中的质量目标，设计者及营销者要无条件地实现，并贯穿于整个设计，制造及售后服务的全过程中。法国有一种娇兰香水就是在不同需要的心声中共推出了321种供不同类型、不同喜好的人使用的品种。尽管法国香水品牌强者如林，但由皮尔·弗朗索瓦·巴斯科尔·古尔兰创办的香水品牌从1828年起，历经170多年而不衰，是因为他们特别体谅各类需求的心理，直到生产专为婴儿使用，不含酒精的香水，为稍大儿童配制清淡的香水，始终给人们带来新鲜感、满足感。

最令人值得深思的是，英国"立顿"牌袋泡红茶居然打进盛产碧螺春和龙井茶的苏杭市场，并利用当地茶叶制成袋泡茶就地销售，不能不说是天下一大奇闻。可见，古往今来，只沿袭着闻香气、品滋味、观汤色、赏叶底的雅趣，让人家一反规矩，以茶叶快餐的方式重创了名茶的故乡。其实，在浙江绍兴还有一种饱含茶乡深情的采茶方式：由18岁以下天真清纯的女孩儿，将采集的新茶装在胸前的袋子里，名为"乳香毛尖"的茶叶品牌。如果也想到用来制成袋泡茶，那么任凭外国人费尽心机，也难撼动中国的品牌。可见，产品厂家一往情深，还要不断研究传递情感的方法。

松下公司售后服务有专注情感的名言：售前的奉承不如售后的服务。他们竭尽全力做到：牢固树立服务至上的观念，全方位地满足消费者的需要，分内服务决无遗漏，分外服务尽力为之，一视同仁，决不厚此薄彼；北京长城饭店以于细微处见真情的服务，感动了外宾，服务员打扫房间，看到客人床上一本打开的书，不但没有信手合上，还放上一张纸条当作书签；美国一家百年老店西尔斯提出一条与众不同的规矩，货物出门，负责到底；世界现代旅馆业奠基人，美国的埃尔斯沃思·斯达特勒，年仅 15 岁时，就在旅馆的服务实践中总结了一句话："客人永远是对的"；还有商场卖琴又教琴，为顾客送产品又送花，祝贺生日；在顾客子女考上大学时，产品厂家居然送来了祝福的贺卡等。

今天，产品竞争达到白热化的程度，企业之间的拼杀残酷无情。但是，谁善于应用心理学的原理，不断改变传递情感的航线，不枉费了设计者，产品厂家售后服务的一片深情，让世人时时感受深情，才是产品大战中情感竞争的智谋者。

13.4.2 售后产品信息反馈

怎样更快、更准、更多地收集人们对产品的意见，建议与设想，达到设计与使用心灵相通的程度，售后服务是设计贴近人们心理的重要活动。售后服务不只是解决退换产品，学习使用操作方法或维修等单向活动，更不是生产厂家的额外负担或公益活动，而是运载群体及社会心理的信息通道。今天如何不断拓展并占领这条信息通道，已成为厂家、商家新的必争之地。

（1）产品信息反馈内容

使用产品的主人，从感觉产品开始，进而感知产品，最后满足某种生理需求与心理需要。每个人凭借已有的生活经验与生产经验，对产品的感受是直接的具体的：通过视觉感受产品的外观造型、色彩和谐的美的形式；通过听觉感受产品的声音；通过手感感受操纵机构的舒适程度，进而形成对产品的总体感受。对产品的使用功能，先进程度，宜人性都有客观的评价，并产生意识、情绪、情感等深层的心理反映，这些对于设计者与生产厂家来说，是最宝贵的产品信息。

在使用产品过程中，人们会不断感受并发现产品的不尽之处，如产品运动机构的灵活与精确，对操作指令的反应的迅速性，操作用力大小，清理保养的方便，声音是噪声还是悦声，安全防护功能的可靠程度等等。由此，可能针对产品的某一部位或是更多的环节提出应当改进的意见。

还可能从产品给人的心理感受，来体验人与机器，机器与环境是否协调的人机工程心理过程，体验设计付诸的情感，评价产品的使用价值与文化价值，产生新的设想。

经历了选择产品，购置产品，售后服务的安装与调试，使用操作维修等完整循环，谁都能对产品质量，售后服务质量等有亲身的感受，成为既是产品的受益者，又是产品信息的富有者。

（2）产品信息反馈意义

信息无形，因而难以捕捉；信息无价，因而令人仰慕；信息无情，因而事关成败。尽管信息技术高度发达，但信息从来不会自动进入信息通道，不能自动传播。人是信息的制造者，但不一定是信息的受益者。人世间常有说者无心，听者有意的生活现象，但听者往往受说者的启发，顿开茅塞，成就了事业。而说者仍是信息无偿的提供者。

古来有"闭门造车"的说法，告诉人们关闭信息通道的大门，造出的车子未必受到认可；而"井底之蛙，未见过大世面"又告诉人们如果信息通道窄小，不能见多识广；"盲人摸象"还告诉人们轻信一家之言，一孔之见的信息，可能要承担风险。

开发产品是艰难的，尽管群策群力，集思广益，充分利用发散思维列举了众多答案；又经过抽象与概括，分析与综合，比较与类比，归纳与演绎的收敛思维；又进行市场调研，产品前景可行性分析等等，但是缺乏对产品的信息反馈就好比少了开发依据的半壁河山。因为参与产品开发的群体远不如百姓大众那种对产品细微的、反复的、心理的感受，产品开发者永远逊色于使用者如数家珍的洞察能力与丝丝入扣的心理感应能力。

设计产品是复杂的，尽管设计者苦思冥想，博览群书，广求信息，企盼设计灵感与顿悟，但业外人士提供的信息可能一箭中的，一举成为迷津之中的领路人。比如：刀具设计大王可以设计材料适中，结构合理的金属切削刀具，但得心应手地使用，还是由操作者磨制刀具的各种角度。尤其操作者凭切削经验，根据加工零件的特征，以手感将刀具向砂轮边缘轻轻一靠，磨成的断屑槽，操作者俗称刀具开鞘，是刀具大王从未有过的心理感受。

（3）怎样畅通信息反馈的通道

延伸习得行为，猎取信息。心理学告诉人们：人和动物的行为有两类，一类是本能行为，如鸭子会游水，婴儿会吸奶，是生来就有的。传统的设计酷似这种本能行为，虽然设计者经历过专业理论与知识的训练，工程实践的磨炼，但广泛采集产品设计信息，尤其是来自各方的珍贵信息还尚未受到重视。比如：对工业设计的定义："就批量生产的工业产品而言，凭借训练，技术知识，经验及视觉感受而赋予材料、结构、构造、形态、色彩、表面加工以及装饰以新的品质和规格。"也未涉及凭借人的生理与心理需求及对产品的深层感受等信息，作为设计活动的重要参考，或多或少有重设计头脑，轻信息的欠缺。心理学研究，本能行为是非常刻板的，当外界环境发生变化时，仅靠本能行为就很难与环境取得平衡了。试想，不了解百姓的心声，单凭设计的推导或论证，可能是新时代闭门造车的活动。

人和动物还有一类行为是习得行为，即在后天环境中通过学习而获得的个体经验。在人类，习得行为更加常见。人的语言的习得，知识技能的掌握，生活习惯的养成，价值观念的获得，甚至人的情感、态度和个性，无一不受后天学习的影响。习得行为既然是通过学习得到的，它同样也可以通过学习而加以改变。正因为如此，习得行为比本能行为更灵活，具有更大的适应性，它能使人们摆脱遗传基因的严格限制，适应复杂多变的外界环境。学习使人类具有了塑造自身和周围环境的巨大潜力，这种潜力为人们与环境保持动态平衡提供了可能。所以，最大限度的收集方方面面对产品的反馈信息，是摆脱本能行为，走向习得行为，创造习得行为设计模式的有效途径。

延伸信息触觉，丰富信息。对设计的情报信息部门进行改组，不限于国内外同行业，同产品信息的收集与探索，将信息触觉延伸到生活与生产实践活动中。传统的产品问卷调查，走访及座谈会等方式，只能取得层次肤浅的效果，属权宜之计。既然要丰富设计信息，情报部门的人员就要走出去，不是走马观花，而是与更多人厮守磨合；不是面对面地征求意见，而是洞察使用与操作，发现产品存在的难以言状的问题。比如：研究百米运动员的跑鞋，询问运动员喜欢何种结构很难得到改进的方案，因为要想将接近人极限能力的 10 秒左右的剧烈运动，哪怕要再缩短 0.001 秒，也是艰难的。科学的方法，是让运动员在实验台上奔跑，用精密仪器测量脚掌的压力分布，再来研究跑鞋底垫的结构。又如：新产汽车有野外破坏性实验，车队翻山越岭，驰骋大江南北，横贯东西。在各种地理、气候环境中记录汽车出现的问题。设计信息人员若不参与其中，只听实验后的汇报，显然缺乏身临其境，甚至是险象环生，心惊肉跳的切身感觉。谁也未曾预料，在 20 世纪中叶，中国的老解放车在边界自卫反击战中，因山路坡度而出现了爬坡能力受限的问题，急得战士们只能弃车徒步奔跑，影响了作战的运行速度。虽然尚未贻误战机，但只差一点点时间，没有生擒入侵的最高指挥官考尔中将。而当年将解放车作为军车，设计者思考是极为周全的。比如：车体陷入沼泽泥潭，有自动纹盘轻松拖出。可以说，为了战车的精良，该想的都想到了，该做的都做到了，唯独没有想到战场上汽车要爬坡的问题，却恰好在战争中因此成为设计者深为内疚的一大憾事。

现在，媒体传播都力求新闻调查活动的现场性，真实性，要求记者在第一时间，像战场上的随军记者一样，一手拿枪战斗，一手拿摄像机，让观众如同亲历现场。

一家生产运动鞋的厂家，把所有型号的运动鞋送给体育学校的学生，除了连续穿用的要求外，别无所求。不同的只是学校多了几位新同学，他们与大家一道训练，共同相处。待这批运动鞋开始破损后，方知他们是鞋厂收集使用信息的人员。他们没有举办座谈，也没有专门的访谈，但对运动鞋存在的问题，如鞋扣眼欠光滑，鞋带穿行不顺畅；鞋后腰边缘凸厚，剧烈运动磨伤了脚踝；鞋透气性差，脚下出汗打滑等等。明察秋毫，获取了改进设计的信息。

（4）延伸心理感应，升华信息

由产品引发的情感与情思，意识与意境是抽象的，心理的思维活动，谁也不能绘声绘色地表述清楚。这就要求信息探求人员善于运用心理学的研究方法，通过人们的表情与动作，感应他人的心理。比如：高档轿车的司机，从装束、表情举止到言谈，处处都有展示身份，力求身份与轿车档次均衡的心理。摩登女孩驾车，从车身色彩、车牌号码都十分考究，与众不同，为了让人看到自己，要卸去车篷，在路人各种目光中款款而行，是一种桀骜不驯的心理。

心理学研究表明，人们对令人激动的事物无言无声，但不能认为他们没有内在感受。比如："情感经常用来描述具有稳定而深刻社会含义的高级感情。它所代表的感情内容，诸如对祖国的尊严感，对事业的酷爱，对美的欣赏时，所指的感情内容不是指其语义内涵，而是指对这些事物的社会意义在感情上的体验。"● "毛泽东号"机车，穿越 55 年，历经几代司机，无论哪位司机回顾光辉历程，言语不多，纯朴实在，但让人深深感到他们对机车的无限深情，对祖国繁荣昌盛，事业发展的自豪与骄傲。

"毛泽东号"机车是 1946 年由哈尔滨机务段工人，奋战 27 昼夜修复的蒸汽机车并命名为"毛泽东号"。从 1951 年牵引定数 1750 吨升至今日 4500 吨，机车结构面貌大变。机车组司机为了掌握现代化驾驶操纵，怀着为祖国为人民争光的强烈欲望，仅仅在 7 天之内，从开闭阀门的传统操作方式一跃改为轻轻按下键盘指令键，掌握了现代技术。或许，纯朴的铁路工人，不会运用名言佳句，不会诗意般的抒发刻划，更不会著书立说，然而他们对国家，对事业、对人生的思绪与情感，却是人世间永恒的壮美。

设计要走进生活，设计美好，就要心贴大众，感应心灵，升华获取的信息，于平淡之中觅神奇，在空白的纸上绘蓝图。

思　考　题

13-1　名词解释

　　　营销　挂幌　广告　产品展示　产品售后服务

13-2　试绘制一幅店铺的挂幌。

13-3　广告设计需要哪些素质？

13-4　模拟一种产品的展示设计方案。

13-5　怎样搞好产品售后服务？

● 孟昭兰《普通心理学》第一版，北京大学出版社，1994 年 9 月，第 390 页。

第 14 章

设计心理学实验

- 心理实验概述
- 设计心理学实验范式
- 设计心理学实验

设计的心理现象同其他心理现象一样，可以用实验的方法来研究。这样，设计心理学才能够不断地发展。而且是拥有设计特色的心理实验方法获得的经验数据，对于评估设计者的智慧，对于理解大脑是永远不可能缺少的。

实验心理学是涉及心理实验的基础。设计心理学实验在此基础上，是面向设计心理活动特征，探索设计者心理素质的评估方法与强化途径，使实验心理学由心理学之塔上走下来，服务于设计。

14.1 心理实验概述

古往今来，人们一直在思考人类自身一个有趣的问题：一个人对另一个人的心理永远是个谜，而且总是不得其解。幸亏人类靠语言、表情与动作等感性活动，才实现了人与人心灵的沟通。从实验心理学的建立到现在仅百余年，心理学的发展超过了以往许多世纪。

14.1.1 实验心理学的研究对象

实验心理学是以人类的心理现象为研究对象，探索一个人对另一个人心理迷困的破解方法。对人的视觉、听觉、知觉、注意、记忆、语言、思维、情绪、意识等心理现象进行实验方法的设计。实验心理学的教学目的在于训练理解心理学的研究，了解心理实验的一般方法，为学会做心理学实验奠定初步基础。

心理学的研究对象是人的内部心理过程，但是人们不能直接观察内部心理过程，所以才产生实验心理学理论，能巧妙而恰如其分地设计实验方法，才有准确推测心理现象的可能性。

14.1.2 实验心理学的研究意义

如果说普通心理学奠定了心理现象研究的理论基础，那么实验心理学则是探讨心理现象的科学方法，是心理学不可缺少的心理测量方法论。

在人口密度日益增加的社会环境中，人的心理问题变得更加复杂。不但需要心理学基础理论为社会现实服务，更需要有实验心理学的支撑，用来应对与解决人类活动领域中的心理问题。

人的心理活动在不断发展，心理学也要不断发展，实验心理学更要发展。实验心理学提供的实验方法可以发现人类心理活动的新现象，破解新的现象以及心理因果关系，发展与丰富心理学，调整人与自然、人与社会及人类一切活动领域中的心理和谐与平衡。

14.1.3　实验心理学的研究方法

实验心理学是用自然科学的方法，即实验的方法来研究的。自然科学的实验方法是以客观事实为依据，通过自然观察获得实验的素材。而实验方法则是在自然观察基础上，设计符合客观规律的控制条件进行观察，并依据采集的数据，进行判断与说明。

心理学实验一般注意三种变量的控制：一是自变量，是由主试者选择、控制的变量，比如进行视觉或听觉的心理实验，那么，主试者对灯光或声音的选择与控制即为实验的自变量；二是因变量，是被试者的反应变量，是自变量作用的结果，也是主试者要采集的行为变量，即实验的数据与素材；三是额外变量，即在实验过程中由于控制偏差造成自变量变化，从而引起变量变化。比如：在实验过程中，由于控制的时间、强度等出现偏差，结果造成实验中个别变量的相对平衡关系破坏，会使实验降低准确性。

当然，作为专业的心理实验研究，实验原理、方法及统计计算与分析等环节相当复杂，而且需要的基础科学知识也很高，是一种很难的探索与分析的科学活动。

14.2　设计心理学实验范式

目前，尚未见到关于设计活动中对心理现象的实验研究，这也是实验心理学尚未涉及的广阔实验领域。为了加快心理学向工程实际延伸的速度，有必要探索设计心理学实验范式。

14.2.1　设计心理学实验目的

设计心理学实验是延伸普通心理学的原理与方法，用来进行设计活动中的心理实验。通过实验总结设计心理活动的一般规律，提高设计的心理素质。

实验心理学指出："某种实验范式实际上就是相对固定的实验程序，它的设计一般有两种用途或目的。第一，为了使某种心理现象得到更清晰准确的描述和表达。第二，为了检验某种假设，新提出来的概念。有些实验范式只局限于某一领域，有些实验范式经改动可以适用于许多领域。实验范式还随着研究的扩展与深入不断地涌现出来"[1]。

14.2.2　设计心理学实验特征

心理学告诉人们：任何一种心理学实验的效果都不完美，因为始终受到自变量，因变量及额外变量动态变化的影响。所以，实验心理学的研究目的

---

❶ 朱滢《实验心理学》第一版，北京大学出版社，2000 年 7 月，第 10 页。

是如何提高实验的精度，而不在于那一种实验的具体应用。

设计心理学实验范式是面向设计，进行心理实验范式的研究。所以，设计心理学实验没有必要，也不可能达到心理学专业实验的程度。而是从宏观感性的方法开始，研究设计者都能理解的实验，先从局部的心理实验开始，使实验内容既符合设计，又有趣味性，都能以别开生面的新鲜感觉积极参加，并逐步深入与扩展，创造可行的实验范式。

14.3 设计心理学实验

为了实现设计心理学与普通心理学的衔接与过渡，共设计了三项实验：一是"记忆效果实验"，研究人的记忆规律，进行数量化的统计，用来学习与体会心理学介绍的艾宾浩斯的记忆实验；二是信息采集实验；三是"设计心理综合测试"。

14.3.1 记忆效果实验

实验目的：测定记忆的效果，学习记忆保持曲线的绘制方法。

实验原理：根据德国心理学家艾宾浩斯用科学方法对记忆进行数量化的研究，即学习后经过时间和记忆保持数量的关系。

本实验需注意以下四个问题。

① 实验阶段：包括学习活动、设计时间间隔、记录记忆效果。

② 实验自变量：包括课题的难易程度、练习次数、学习方法、被试者状况及指导用语。

③ 实验因变量：包括记忆正确保持量、记忆错误量、记忆遗忘量。

④ 记忆效果检测：

$$记忆保持量 = \frac{正确回忆的数量}{原始记数量} \times 100\%$$

绘制记忆保持曲线。

实验过程：要求被试者阅读下面 23 个以"一"开头的成语，不限时间，至被试者自己确定识记结束为止。

《一触即发、一发千钧、一概而论、一技之长、一见钟情、一箭双雕、一路平安、一落千丈、一脉相承、一面之词、一目了然、一目十行、一气呵成、一日千里、一日三秋、一叶知秋、一字一板、一成不变、一呼百应、一朝一夕、一鳞半爪、一马当先、一举两得》。

设定检测的时间间隔，如 24 小时、2 天、4 天、6 天、8 天，作为绘制记忆保持曲线的横坐标。

按时间间隔，让被试者默写规定记忆的成语。

其中所写的每个成语中有一个以上错字的按遗忘计算。

实验处理：整理测量记录，列表 14-1。

表 14-1　一位被试者测量记录

时间间隔	24 小时	2 天	4 天	6 天	8 天
原始数量	23	23	23	23	23
记忆数量	20	17	14	11	10

统计记忆百分数：

$$记忆量＝\frac{记忆数量}{原始数量}\times100\%，统计并列表14-2。$$

表 14-2 一位被试者的记忆量

时 间	24 小时	2 天	4 天	6 天	8 天
记忆量/%	87％	74％	60％	48％	44％

绘制保持曲线，如图 14-1。

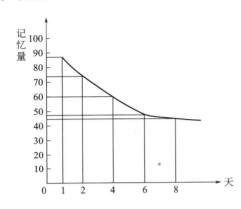

图 14-1 保持曲线

实验评价：保持曲线明显可见，愈趋近水平，说明记忆力愈强。

被试者若为一组若干人，则可在保持曲线中比较各被试者的记忆差别。

本实验由于自变量固定，易于控制，受干扰很少。额外自变量可能在被试者记忆中受到原有成语的干扰。因为以"一"开头的成语共有一百多个，实验是从其中选取 23 个，被试者可能难于区分，因而更能从中控制检测记忆质量。

本实验是对心理学实验方法的初步尝试与体会，主试者与被试者对此都有浓厚的兴趣。如果反复多次试验，不但可以验证艾宾浩斯关于记忆的研究，也能对记忆效果进行测量与比较，对深入研究设计心理实验起到激发兴趣，增强学习意志的作用。

14.3.2 信息采集实验设计

在设计与创作活动中，尽管心理活动因人而异，但都会按着了解对象，设计构想，设计表达的心理进程思考。所以，是可以总结设计心理活动的一般规律的。

邀请几位设计者或艺术家，针对同一设计题目或创作对象，进行设计的构想，并各自填写信息采集表。经整理后，编制出设计的心理现象采集表。

实验题目：设计的心理现象信息采集实验。

实验目的：研究设计心理特征，总结设计心理进程的一般规律，为设计、创作与教学提供参考资料。

实验原理：应用心理学带有普遍性的，最基本的，可以作为设计心理规律的基础的规律，为实验的理论依据。

实验内容：设计题目——脚踏车式扫路机

设计进程	要解决的问题	设 计 思 路
了解设计对象	使用功能为既扫路又娱乐的结构设计；使用场合为清扫路面、休闲娱乐、婴幼儿娱乐	将脚踏车与扫路机结合，供清扫使用，也可供游人边娱乐边扫用，还可将婴幼儿脚踏车与微型扫路机结合起来，从小培养环保意识
	造型艺术	形态、色彩、线条、人机协调
	文化创意	劳动娱乐化，旅游环保化
设计构想	构想设计方案越多越好	用发散思维构想：脚踏车为单人、双人、多人、婴儿用车等；扫路机有滚筒式、转盘式、叶片式、吸尘式等多种
	确定一种最佳设计方案	用收敛思维构想：单人、前单轮、后双轮脚踏车，牵引前滚筒、后双轮盘式扫路机
设计论证	人机协调	用抽象逻辑思维：计算人的脚踏力与扫路机的功率匹配
	使用规格	计算人力为牵引力状态下，扫路机的规格及效率
	受力分析与校核强度	除标准件之外的零件，逐个受力分析，选择材料及校核强度
设计表达	总机装配图样	表达脚踏车式扫路机的工作原理、传动方式、装配关系及连接方式
	零件图样	表达每个零件的形状结构、大小尺寸与技术要求等
	外观图、模型	按比例绘制与制作，作为表达的辅助形式
加工制造	现场指导	按图指导，并修正图样中的错误
艺术造型	外观形态、色彩与线条等怎样与环境协调，怎样令人喜爱	运用人机工程理论，美学法则满足人的视觉美，引起人的心理愉悦
文化创意	劳动娱乐化	在轻松的娱乐活动中完成一种劳动，消除对劳动的烦躁心理，吸引人兴趣盎然地争相使用
	旅游环保化	在游玩休闲中，将清扫工作变成一种娱乐活动，创造既旅游，又环保的新文化
设计总结	设计的文献与资料	将修正后的技术文件整理规范，形成完整的指导生产制造的文献与资料
	产品宣传文件	为产品销售提供技术资料，如产品样本、使用说明书、产品构造图册等

实验评价：面向工程实际设计一种信息采集的实验范式，属于尚未开辟的新领域。本实验有利于扩大普通心理学理论对设计活动的指导。

实验报告：关于设计的心理现象信息采集的实验报告

（1）本实验的研究对象

以脚踏式扫路机为设计对象，探索设计的心理想象的实验，首先是让每个参加实验的设计者针对同一设计题目，从设计心理的启动至结束，自行描述设计的心理过程。比如：在设计的每个进程，针对具体问题，是怎样思考的。虽然每个人各有自己的想法，解决问题的方案也不尽相同，但在思考方向上必定有相近或相同的指向。在此基础上，经过分析归纳，总结出设计心理活动的共同特征与规律，形成一种信息采集的实验范式。

（2）本实验的研究意义

研究设计的心理活动的共同特征与规律，可进一步推动普通心理学向设计领域的扩展，奠定设计心理研究的指导思想和理论基础。由于设计心理学的研究领域广泛，涉及工程的，艺术的，文化的设计创造活动，所以，探索设计的心理活动规律，对丰富普通心理学的理论，具有实际意义。

在教学中，如何让学生尽快地了解设计与创作的心理活动规律，明确学习目的，不在于说教，最有效的方法是心理的启发与驱动。所以，本实验可以让学生身临其境，受到借鉴与激励。

如果能为设计与创作提供心理活动规律，就能够减少很多人的尝试与摸索的过程，使他们沿着一条可能的途径，集中精力投入设计与创作活动中。

（3）本实验的研究方法

设计心理的共同规律是可以运用质化与量化结合的方法进行研究的，比如：针对设计的具体问题，让参加实验的设计者各自写出解决的方法与方案，然后进行数理统计，实验则更具有科学性。

由于人的心理趋向往往有相同性，思维的方式极有可能不约而同。因而，为实验提供了可行的条件。比如：实验中提出的扫路机的结构，作为专业的设计者，都会想到扫路机如何驱动，如何清扫，如何存储垃圾，并能提出设计的构想与方案，而且，其中必定有很多是共同的想法。又如，扫路机的驱动，常规能源有电力、人力、畜力、太阳能、风能等等，设计者只能在此范围内选择。心理规律的共同特征则很突出。

当然，在实验中，不排除设计者有自己标新立异的想法，并不影响实验的总结与统计。同时，对设计与创作的心理活动的进程，划分的方式也不尽相同，实验中可能有自己的习惯与特色。

14.3.3 设计心理综合测试

实验目的：应用本课程阐述的内容，进行设计心理的综合测试，借以分析设计者的心理趋向。主动调整心理与心态，提高设计心理素质，促进个性发展和潜能开发。

实验范式：这是一种问卷式测验，问卷中除第一单元为"心智与技能测验"评定分数或差异程度外，其余各单元为陈述性题目，可根据题意进行选择或回答"是、不一定、否"，"能、不大能、不能"，不做优劣、对错评价。

问卷可用于自我测量或团体实测。

第一单元　心智与技能测试题

① 下列图形中各含多少个三角形

② 各用十种方法将等腰梯形二等分，等边三角形三等分，将圆形、正方形及缺口正方形四等分。

③ 用六根火柴摆四个等边三角形。

④ 用四根火柴摆五个正方形。

⑤ 用图示八根杆摆三个相同的正方形。

⑥ 种四棵树，要求每棵树之间都相等。

⑦ 将图中 A 处三个长方形移至 C 处位置相同，移动时不能大压小。

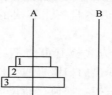

⑧ 用七巧板摆出让人看得懂的图形越多越好，如图示。

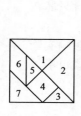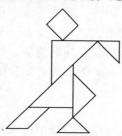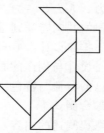

⑨ 移动图示中的两枚硬币，使纵向与横向均为六枚，且成一个正十字形。

⑩ 连续四笔画线通过 9 个点，每点只能通过一次。

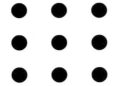

⑪ 仿照图例，绘制两种两可图形。

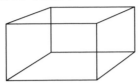

⑫ 下列图中问号处，各填何数符合原有规律？

⑬ 以圆为基本形，绘制有意义的简笔画，参见图例。

⑭ 将方格中的数字由初始状态挪成目标状态，每步只能向空格挪一个数字，最佳操作为 26 步。

初始状态

8	5	2
4	1	3
	7	6

目标状态

1	2	3
4	5	6
7	8	

⑮ 按所给示例联接成语，但不能自造成语。

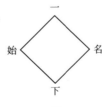

⑯ 成语填空。

马			
	马		
		马	
			马

一			
	一		
		一	
			一

春			
	春		
		春	
			春

天			
	天		
		天	
			天

一	二	三	四	五	六	七	八	九	十

⑰ 列举纸的 60 种用途。

⑱ 用一根透明塑料软管装水，怎样在墙上画出一条水平线？

⑲ 只用一把不能弯曲的直尺量出一个篮球的直径？

⑳ 同时用一只手画正方形，用另一只手画圆形，看效果如何？

㉑ 出门后，发现钥匙被锁在家里，怎么办？

㉒ 开始检票进站时，突然发现火车票忘在家里，怎么办？

㉓ 进考场时，发现准考证忘在家里，怎么办？

第二单元　认知心理测试题

① 夜晚能否看到天上的北斗星或是闪亮的飞机？（　　）

② 能否清楚分辨视力表上标准视力的字母方向？（　　）

③ 目视电视或计算机屏幕 1 小时，眼睛是否感到疲劳？（　　）

④ 能否看清楚 30 米处人的面庞？（　　）

⑤ 能否比较准确分辨红、红橙、黄橙、黄或普蓝、湖蓝等色相？（　　）

⑥ 观看蓝、绿色有无冷的感觉，红、黄色有无暖的感觉？（　　）

⑦ 在有很多人的食堂中，5 米处有人喊你的名字，能否马上听到？（　　）

⑧ 看电视、听音乐喜欢声音很大，而且喜欢用耳塞听？（　　）

⑨ 刚走进室内，能否准确判断空气是否清新，或有怪的气味？（　　）

⑩ 能否准确分辨汽油、醋、酱油的气味？（　　）

⑪ 对酸、甜、苦、辣、咸等味觉是否敏锐？（　　）

⑫ 对注射等针刺并不觉得很痛。（　　）

⑬ 喜欢饮用很热的水或汤。（　　）

⑭ 冬天再冷，也不爱穿棉衣。（　　）

⑮ 闭目走一段路，偏离正前方很小。（　　）

⑯ 不弯腿，双手掌可完全贴地。（　　）

⑰ 从头到脚全部贴墙站立的时间很长。（　　）

⑱ 单脚站立时间很长。（　　）

⑲ 不用仪器，对南北方向判断比较准确。（　　）

⑳ 不看钟表，估计时间不差 10 分钟左右。（　　）

㉑ 梦境中的景物是有色彩的。（　　）

㉒ 投篮球能达到投十中八的程度。（　　）

㉓ 知道丁香花的花瓣为四片。（　　）

㉔ 能准确知道一棵树、一株花、一棵草的名称。（　　）

㉕ 云朵在月亮前面移动，从不觉得是月亮穿过云层。（　　）

㉖ 夜晚独自一人行路，从未有过后面有人追赶的错觉。（　　）

㉗ 思考问题时，笔在手上被摆弄转的很灵活。（　　）

㉘ 叙述一件事，从不重复，而且别人听得很明白。（　　）

㉙ 喜爱解题，但写作文感到头痛。（　　）

㉚ 记忆英语单词很轻松。（　　）

㉛ 小学同学的名字记得很准确。（　　）

㉜ 办一件事前，能想出多种办法。（　　）

㉝ 无论想什么问题，常常能反过来想一想。（　　）

㉞ 能无条件地接受父母的观念或旨意。（　　）

㉟ 听音乐或读小说，能闪现其中的意境。（　　）

㊱ 从未想过将来做什么工作。（　　）

第三单元　心理状态测试题

① 做一件事时，从不留意周边的干扰。（　　）

② 能很快读完一本书，而且了解内容较多。（　　）

③ 将一只手表置于隐约听到嘀嗒声处，时而能听到，时而听不到。（　　）

④ 边工作，边与旁人说话，对工作影响很小。（　　）

⑤ 能及时看到黑夜中闪过的流星。（　　）

⑥ 有人难过时，自己也会产生难过的心情。（　　）

⑦ 心中时常想到父母、同学或同事。（　　）

⑧ 观看体育比赛，心中特别不平静。（　　）

⑨ 无论做什么事，都能想到他人。（　　）

第四单元　个性心理测试题

① 对生活和工作都有明确的追求。（　　）

② 关心外界发生的事，喜欢追求刺激与冒险。（　　）

③ 生活乐观，爱开玩笑，易怒也易平息，行动很少思考。（　　）

④ 乐于与别人交谈，好为人师，容易冲动。（　　）

⑤ 喜欢交朋友，喜欢变化。（　　）

⑥ 重视情操、道德与修养，但有些悲观。（　　）

⑦ 生活有规律，但不爱言谈或交朋友。（　　）

⑧ 不满足现有工作，总喜欢调换。（　　）

⑨ 喜爱传统或过去的事情。（　　）

⑩ 不敢大胆批评别人的言行。（　　）

⑪ 在众人聚会中，谈吐自如。（　　）

第五单元　创造心理测试题

① 能长时间盯住一个难题不放。（　　）

② 常常能在不具体做什么时想出最好的主意。（　　）

③ 在解决问题过程中，我是凭直觉。（　　　）

④ 解决一个问题前，常常获得灵感。（　　　）

⑤ 我是左撇子，确实喜爱文学艺术、绘画等。（　　　）

⑥ 如果得不到回答，提问题就是浪费时间。（　　　）

⑦ 在他人眼里，越是不可能的事，我越想去做。（　　　）

⑧ 工作中受到责难或嘲讽，我并不介意，甚至感到很愉快。（　　　）

⑨ 喜欢屡败屡战。（　　　）

⑩ 是金子无论放到哪里都发光，什么工作都不能埋没人才。（　　　）

⑪ 我认为艰苦奋斗是成功的基础。（　　　）

⑫ 我宁愿和集体共同努力而不愿单枪匹马。（　　　）

⑬ 对我说来，被看作是集体的好成员是很重要的。（　　　）

⑭ 乐于接受很不熟悉的工作，因为边学边干又多了一技之长。（　　　）

⑮ 除了本职工作以外，还喜欢分外的工作。（　　　）

⑯ 为工作能舍弃爱好。（　　　）

⑰ 我喜欢"忙里偷闲"。（　　　）

⑱ 我总设想为幻想安装降落伞。（　　　）

⑲ 想好后再动手干，可以后来者居上。（　　　）

⑳ 有名皆从无名出，更有无名胜有名。（　　　）

㉑ 工作中自找苦吃，其乐无穷；屡遭嘲讽，倍感充实。（　　　）

㉒ "落后"是一种优势，"固守"能以逸待劳。（　　　）

㉓ 要想向前跳得更远，就得向后大步后退。（　　　）

㉔ 凡事坚持从小题目，做大文章。（　　　）

第六单元　审美心理测试题

① "看景不如听景"旅游劳累，得不偿失。（　　　）

② 亲临仰慕之境，感到不虚此行。（　　　）

③ 为了美容，舍得花钱，甘受皮肉之苦。（　　　）

④ 养鱼种花是生活的额外负担。（　　　）

⑤ 虽然头发稀少，但决不戴上假发。（　　　）

⑥ 塑料制作的鲜花再美也不惹我喜爱，因为它是假的。（　　　）

⑦ 宁可脸色黑一点，也不粉饰增白剂。（　　　）

⑧ 我能用优美冲淡心中的烦躁。（　　　）

⑨ 为了享受凌空俯瞰的壮美感，我想去跳伞。（　　　）

⑩ 你想为"断臂维纳斯"复原双臂吗？（　　　）

⑪ 达·芬奇绘制的"蒙娜丽莎"的微笑并不神秘。（　　　）

⑫ 颜真卿的书法笔锋再雄健，也不如计算机打字好。（　　　）

⑬ 不修边幅，也是一种美。（　　　）

⑭ 我喜欢绘画绣花的手工技巧，因为它能使人延年益寿。（　　　）

思　考　题

试设计一套问卷调查的实验资料。

参 考 文 献

[1] 孟昭兰. 普通心理学. 北京：北京大学出版社，1994.
[2] 全国十二所重点师范大学联合编写. 心理学基础. 北京：教育科学出版社，2002.
[3] 卢家楣. 心理学与教育. 上海：上海教育出版社，1999.
[4] 朱滢. 实验心理学. 北京：北京大学出版社，2000.
[5] 陈琦. 教育心理学. 北京：北京师范大学出版社，1997.
[6] 徐谨. 消费心理学教程. 上海：上海财经大学出版社，2001.
[7] 蒋国忠. 大学美育. 上海：复旦大学出版社，2002.
[8] 赵淑华，徐冶. 美育基础. 北京：中国财政经济出版社，1996.
[9] 程能林. 工业设计概论. 北京：机械工业出版社，2003.
[10] 李亦文. 产品设计原理. 北京：化学工业出版社，2003.
[11] 谢大康. 基础设计. 北京：化学工业出版社，2003.
[12] 尚玉昌. 普通生态学. 第2版. 北京：北京大学出版社，2002.
[13] 简召全. 工业设计方法学. 第2版. 北京：北京理工大学出版社，2000.
[14] 丁玉兰. 人机工程学. 第2版. 北京：北京理工大学出版社，2000.
[15] 美学小辞典. 上海：上海辞书出版社，2004.